Ulrich Hemel

„Sich vor dem Siege über Vorgesetzte hüten"

Meinem Vater

Ulrich Hemel

„Sich vor dem Siege über Vorgesetzte hüten"

Gracián für Manager

HANSER

Mix
Produktgruppe aus vorbildlich bewirtschafteten
Wäldern und anderen kontrollierten Herkünften
www.fsc.org Zert.-Nr. GFA-COC-1262
© 1996 Forest Stewardship Council

Die in diesem Buch verwendeten Originaltexte von Gracián sind entnommen dem Buch:
Gracián, Baltasar: *Handorakel und Kunst der Weltklugheit*, München 2005.
Auf diese Ausgabe auf der Basis der Übersetzung von A. Schopenhauer aus dem Jahr 1832 beziehen sich auch die Verweisziffern des vorliegenden Buches. Orthographie und Interpunktion wurden wie im Originaltext belassen.

Bibliografische Information der Deutschen Nationalbibliothek
Die Deutsche Nationalbibliothek verzeichnet diese Publikation in der Deutschen Nationalbibliografie; detaillierte bibliografische Daten sind im Internet über *http://dnb.d-nb.de* abrufbar.

1 2 3 4 5 6   11 10 09 08

© 2008 Carl Hanser Verlag München
Internet: http://www.hanser.de
Lektorat: Martin Janik
Herstellung: Ursula Barche
Umschlaggestaltung: Büro plan.it, München, unter Verwendung eines Bildmotivs von © INTERFOTO
Satz: Kösel, Krugzell
Druck und Bindung: Friedrich Pustet, Regensburg
Printed in Germany

ISBN 978-3-446-41593-5

Inhalt

„Den glücklichen Ausgang im Auge behalten"

Persönlichkeitsbildung und Erfolgsregeln bei Gracián

Warum lohnt es sich für einen Manager und Unternehmer, sich mit den Aphorismen eines spanischen Jesuiten aus dem 17. Jahrhundert zu beschäftigen?

Baltasar Gracián hat 1647, also vor fast 400 Jahren, ein Büchlein mit dem gar nicht so leicht verständlichen Titel *Handorakel und Kunst der Weltklugheit* (*Oraculo manual y arte de prudencia*) veröffentlicht. Er verwendete dazu die Fiktion eines Herausgebers namens Vincencio Juan de Lastañosa, aber die heutige Forschung neigt überwiegend der Auffassung zu, er selbst sei der Autor.

Knapp 200 Jahre später übersetzt der wirkmächtige Philosoph Arthur Schopenhauer (1788–1860) dieses Werk in einer bewunderungswürdigen, bis heute maßgeblichen Übersetzung ins Deutsche (1832). Es gelingt Schopenhauer teilweise sogar, die spanischen Wortspiele in unsere Sprache zu übertragen. Bis auf wenige Passagen wirkt sein Text bis heute so frisch, dass ich ihn als Grundlage für die hier vorgelegte Auswahl verwende.

Schopenhauer arbeitete seine erst nach seinem Tod 1862 gedruckte Übersetzung in einem eher restaurativen politischen Klima aus, denn Napoleon war besiegt, und mit Fürst Metternich triumphierte auf dem Wiener Kongress 1814/1815 ein Geist der Zensur, der Reaktion und der Wiederherstellung früherer Verhältnisse. 1832 – also genau im Jahr von Schopenhauers Übersetzung – fand das Hambacher Fest statt, das zum Verbot politischer Vereine und öffentlicher Kundgebungen führte.

Gracián selbst wirkte in Verhältnissen, die ihrerseits zur Vorsicht Anlass gaben. Er lebte im spanischen „Siglo de Oro", im Goldenen Zeitalter, das – wie es häufig geschieht – kulturelle Blüte und politischen Niedergang miteinander vereinigte. Das Gold und Silber der Neuen Welt diente zur Finanzierung der europäischen Kriege der Habsburger im 16. und 17. Jahrhundert bis hin zum niederländischen Erbfolgekrieg. Spätestens seit der vernichtenden Niederlage gegen die Engländer mit ihrem Sieg gegen die spanische Armada 1588, aber auch mit der Unabhängigkeit Portugals ab 1640 war Spaniens europäische Rolle für einige Zeit ausgeträumt. Eine neue Kraft entstand, denn 1643 betrat Ludwig XIV., der „Sonnenkönig", den französischen Thron (1643–1715).

Spanien war zunehmend mit sich selbst und seinen – bis heute – auseinanderstrebenden Regionen beschäftigt. Politische Repression und kulturelle Spitzenleistungen waren daher zwei Seiten einer Medaille. Miguel Cervantes (1547–1616) hatte seinen *Don Quixote* veröffentlicht (1605/1615); El Greco (1547–1614) stand für eine neue Form der Wahrnehmung religiöser Malerei. Gleichzeitig wüteten Inquisition, Zensur und Unterdrückung.

Kein Wunder, dass für Gracián die Begriffe Trick, Kniff, Kunstgriff und Täuschung fast nahtlos in den Kunstbegriff übergehen, denn: „Die Täuschung ist Kunst, die Kunst Täuschung" (W. v. Koppenfels 2005, S. 172). Begegnet mir im anderen ein Mensch mit kalkulierter Fassade, dann ist es nur Klugheit, diese Fassade zu durchschauen und sich zum eigenen Nutzen taktisch mit ihr auseinanderzusetzen!

Gracián (1601–1658) war Jesuit und wirkte unter anderem als Professor und Rektor des Jesuitenkollegs von Tarragona. Den Druck

8

repressiver Verhältnisse erlebte er am eigenen Leib, als er einen Arrest bei Wasser und Brot erdulden musste, weil er gegen die Ordensregel verstoßen hatte, zunächst eine Druckerlaubnis zu erwirken und erst dann ein Werk zum Druck freizugeben. So gesehen, war er nicht unbedingt der Weltmeister im Anwenden seiner eigenen Lebens- und Karriereregeln.

Erst nach seinem Tod gewann sein Werk Nachruhm und größere Bedeutung, so etwa durch die 1684 erschienene freie Übertragung des *Handorakels* ins Französische. Bezeichnenderweise wählte der Bearbeiter, Amelot de la Houssaies, den Titel *Der Hofmann* (*L'Homme de Cour*) – passend für die Zeit Ludwigs XIV. in Frankreich, und offensichtlich sehr schnell auch am Hof des preußischen Königs Friedrich I. (1713 – 1740) und Friedrich II. (1740 – 1786) rezipiert (vgl. D. Briesemeister 1991, S. 226).

Graciáns *Handorakel* besteht aus 300 kurzen Abschnitten, die aus Aphorismen, Gedankensplittern, Geistesblitzen und Kommentaren zur praktischen Lebensführung und zur Persönlichkeitsbildung bestehen. Fast nie bezieht er sich auf einen konkreten Handlungskontext, auch wenn die von ihm erlebte Gegenwart gelegentlich spürbar wird.

Gerade diese weitgehend kontextunabhängige Ausformulierung von Lebensregeln erlauben die Übertragung oder „Rekontextualisierung" in eine Zeit wie die heutige, am Beginn des 21. Jahrhunderts.

Einerseits ist die Aufgabe der Individualisierung, der Personwerdung, des Findens des eigenen Lebenswegs anspruchsvoller denn je geworden. Große Freiheiten und große Zumutungen bedingen einander. Gerade für jüngere Menschen ist so etwas wie ein Orientierungsstress spürbar, der es ihnen schwer macht, den richtigen Kurs für das eigene Lebensschiff zu finden. Auch für Menschen mit einigen Jahren Berufserfahrung stellen sich Fragen: Wie viel kann und will ich für die eigene Karriere aufgeben? Welche Alternativen stehen mir zur Verfügung? Wie gehe ich mit menschlich problematischen Situationen im Arbeitsleben um?

Andererseits leben auch wir in einer Zeit zunehmender Kontrolldichte. Wir haben uns zwar angewöhnt, die Thematik der Inquisition und der Zensur geistig in vergangene Jahrhunderte oder in Länder mit diktatorischem Regime zu verlegen. Die ungebremste Dominanz und Dynamik neoliberaler Wirtschaftskräfte haben aber gleichzeitig ein wachsendes Misstrauen zwischen Wirtschaft und Gesellschaft erzeugt. Skandale wie die umfassende Korruption bei Volkswagen (2006) und Siemens (2007), aber auch der Rücktritt des damaligen Postchefs Zumwinkel wegen des Vorwurfs der Steuerhinterziehung in Liechtenstein (2008) heizen dieses Misstrauen noch an.

Gesetzgeber, aber auch Unternehmen selbst reagieren mit zunehmender Strenge: Compliance-Abteilungen werden aufgebaut, die sämtliche Aspekte des Geschäftsverkehrs kontrollieren sollen. Gesetze werden verabschiedet, die mühsam erworbene individuelle Freiheitsrechte tendenziell einschränken. Die einzelne Person gilt nicht mehr als unantastbar – sonst hätten wir keine Diskussion über Flugzeugabschüsse, Folter und Eingriffe in die Privatsphäre.

Das Individuum kommt hier mehrfach unter Druck: Es hat die Zumutungen aus Familie, Beruf und Gesellschaft mühelos unter einen Hut zu bringen. Dennoch wird es – scheinbar oder wirklich – nur am erreichten äußeren Erfolg, weniger am persönlichen Glück oder an seiner erreichten Zufriedenheit gemessen. Die Bedrohungen des Subjekts sind vielfältig, teilweise undurchschaubar oder sogar widersprüchlich. Praktiker der Psychologie und der Psychiatrie, aber auch Allgemeinärzte können ein Lied davon singen: Depressionen sind zur Volkskrankheit geworden – auch bei Managern. Nur hört man davon ungern; denn vielleicht geht ja schon vom Hören eine Ansteckungsgefahr aus!

In diesem Zusammenhang kann ein sehr nüchterner Blick hilfreich sein, und genau hier hat Gracián erhebliche Vorzüge. Er verkürzt, spitzt zu, übersteigert, pointiert, widerspricht sich – aber er moralisiert nicht.

Seine eigenen Überzeugungen hält er so weit zurück, dass die Literaturwissenschaftler bis heute darüber streiten, wie ernst seine christlichen Überzeugungen überhaupt zu nehmen wären. Geht es um ein „innerweltliches Ethos des Maßes" (W. v. Koppenfels 2005, S. 173), sodass seine religiösen Bezüge eher taktischen Rücksichten der Zeit entspringen? Sind seine biblischen Zitate nur „willkommener Fundus für seine Zitierliebe" (G. Eickhoff 1991, S. 118) oder geht es ihm letztlich doch um persönliche Überzeugungen im Widerstreit mit den Anforderungen des Überlebens in schwieriger Zeit? Ist das Ziel „ein Heiliger sein" (Nr. 300), das im letzten Textabschnitt – und nur dort – auftaucht, Ausdruck zensurtauglicher, taktischer Rücksichtnahme oder Inbegriff religiösen Strebens, angemessen für einen gelehrten Jesuitenpater?

Wir wissen es letztlich nicht. Manches spricht dafür, beide Deutungen in paradoxem Zusammenklang gelten zu lassen. Das Geheimnis jeder Person ist unergründlich, vielleicht sogar für sie selbst. Tatsache ist sicherlich, dass Gracián umfassend gebildet war. Zu offensichtlich sind seine Bezüge zur biblischen Weisheitsliteratur, die aber – nicht zufällig – ihrerseits in einem höfischen Kontext entstand, der im alten Orient von den Sumerern bis zu den Akkadern, von den Babyloniern bis zu den Ägyptern vor 2000 bis 3000 Jahren weit verbreitet war. So wurde die ägyptische Weisheitsdichtung in Schreiberschulen gepflegt „und richtete sich auf die Erziehung der Beamten" (H. Ringgren 1980, S. 3).

Die grundlegende Idee dabei ist der „Tun-Ergehens-Zusammenhang": „Wer richtig handelt, erntet Glück, und der böse Mensch wird mit Unglück bestraft" (ebd., S. 9). Es gehört bis heute zu den grundlegenden Erwartungen vieler Menschen, dass diese Aussage gelte – ob beruflich oder privat. Tatsächlich gilt sie häufig gerade nicht. Gracián hat sich im *Handorakel* intensiv mit diesem Sachverhalt auseinandergesetzt, wie die Mischung aus seinen „kausal wirksamen" Handlungsempfehlungen und der beobachteten Abhängigkeit von günstigen Umständen deutlich zeigt.

Bei Gracián überwiegt ein Handlungsoptimismus mit skeptischem Unterton. Dadurch schlägt er sich letztlich auf keine Seite, sondern regt den Leser und die Leserin zum Nachdenken an. Schließlich kann auch er sich nicht über die grundlegende Erkenntnis aus dem biblischen Buch Hiob hinwegtäuschen: Der Tun-Ergehens-Zusammenhang gilt – wie gesagt – nicht immer. Nicht immer erntet Glück, wer richtig handelt. Noch viel weniger gilt durchgängig, dass „der böse Mensch mit Unglück bestraft" wird (ebd.).

Dies gilt selbstverständlich auch in heutigen Wirtschaftsunternehmen oder sonstigen Organisationen. Jeder Berufsanfänger wird im Lauf der Zeit erleben, dass Menschen befördert werden, deren rhetorisches Talent sich umgekehrt proportional zu ihrer Sachkunde und Führungskompetenz verhalten mag. Dies mag nicht durchgängig so sein, aber die Glaubwürdigkeit im Führungsverhalten großer Unternehmen fängt bei der Auswahl neu eingestellter Personen an und hört bei der als „nachvollziehbar" geltenden Beförderung wirklicher Leistungsträgerinnen und Leistungsträger nicht auf.

Ebenso klar ist, dass heutige Unternehmungen hohe Anpassungsleistungen verlangen. Strategien ändern sich, neue Führungskräfte lösen die bisherigen ab. Ist nun heute alles falsch, was gestern richtig war? Macht derjenige die schnellste Karriere, der auf den in andere Richtung fahrenden Zug am schnellsten aufspringt? Oder ist es sinnvoller, sich auf seine fachliche Arbeit zurückzuziehen, um nicht von der nächsten Welle der Veränderungen erfasst zu werden?

Gracián hat die Zumutungen an das Subjekt in einer komplizierten und von Wechselfällen geprägten Umgebung knapp und klar auf den Punkt gebracht. Er moralisiert nicht und hält sich mit Bewer-

tungen zurück. Offen geht er mit der Möglichkeit von Hinter-
gedanken, taktischen Absichten und instrumentellem Verhalten im
Sinne einer „intentio secunda", einer „zweiten Absicht", um. Das
Subjekt entfaltet sich daher in doppelter Art und Weise: mit seiner
gegenüber dritten Akteuren gezeigten Außenseite, aber auch mit
einer ihm eigenen inneren Welt im Sinne einer nach außen nicht
sichtbaren Persönlichkeit. Gerhart Schröder spricht hier geradezu
von einem „strategischen Subjekt" (G. Schröder 1966, S. 270).

Es ist kein Zufall, dass die Persönlichkeitskonstruktion Graciáns bis
in unsere Zeit immer wieder Aufmerksamkeit fand. Die naive Iden-
tifikation des Einzelnen mit seiner Familie, seiner Berufsgruppe
oder seiner Kulturgemeinschaft ist dahin. Die Spannung zwischen
individuellen Bedürfnissen und widersprüchlichen äußeren Anforderungen führt zu situativen Anpassungen des Handelns, die
taktisch wirken, aber jeden Einzelnen vor die Aufgabe einer eigenen Identitätskonstruktion stellen: Wer bin ich eigentlich, wenn
ich immer nur taktisch handle? Was passiert, wenn ich den Mut
aufbringe, meine eigenen Bedürfnisse unter der Gefahr des Schei-
terns, der Sanktion, der Abstrafung zur Geltung zu bringen? Wie
weit geht der legitime Raum der Selbstbehauptung, wo hingegen
ist der richtige Ort für Selbstbeherrschung und „strategische Affektkontrolle" (W. Lasinger 2000, S. 202)?

Graciáns Aphorismen stehen letztlich für eine bewusste „Selbsttechnik" (ebd., S. 188), das heißt für den bewussten Umgang des
Individuums mit äußeren Anforderungen in der Form, die den
größten Erfolg versprechen. Der „glückliche Ausgang" (Nr. 66),
auf den zu achten Gracián empfiehlt, verweist im Grunde auf den
modernen Begriff des zweckrationalen Erfolgs, grundgelegt in der
Rationalität zweckrationalen Handelns (J. Habermas 1981).

Dabei ist es zwar richtig, mit Norbert Elias auf den Prozess der
Zivilisation im Sinne eines sich verfestigenden gesellschaftlichen
Zwangs zur Selbstkontrolle hinzuweisen (N. Elias 1976, S. 312 –
341). Der auch von Max Horkheimer (1946) betonte repressive

13

Charakter gesellschaftlicher Affektkontrolle und Unterwerfung des Subjekts im Prozess der Zivilisation hat aber auch eine andere Seite, die Gracián listig beschreibt: die sowohl taktische wie auch strategische Reaktionsfähigkeit des Subjekts! Dieses kann sich nämlich in widersprüchlichen Anforderungen durch scheinbares Zurückweichen und taktisches Mitschwimmen im Meinungsstrom der Mehrheit behaupten, ohne auf eigene Interessen zu verzichten! Die kluge „Selbsttechnik" versteht es also, sich im Gegenteil durch scheinbare Anpassung umso wirksamer durchzusetzen!

Wir erörtern diese Themen heute gängigerweise eher durch die Frage nach Konformität und abweichendem Verhalten. Wir wissen, dass es zu einer erfolgreichen Karriere gehört, Initiative zu zeigen und Risiken einzugehen; genauso deutlich ist klar, dass es unnötige Risiken, unfruchtbare Initiativen und mehr oder weniger subtile Sanktionsmechanismen in allen Unternehmen gibt, die den Handlungsspielraum des Einzelnen erheblich einengen. Spannend wird es dort, wo es darum geht, die Dialektik zwischen Konformität und Initiative aufzulösen oder die Fähigkeit zu erwerben, im richtigen Augenblick Handlungschancen zu erkennen und mutig zu ergreifen.

Genau das wiederum ist das Thema Graciáns. Seine Menschenbeobachtung führt ihn zu nüchterner Analyse. Er zählt zu den großen Moralisten des Siglo de Oro, des Goldenen Zeitalters, in Spanien, aber der Begriff Moralist kommt hier nicht vom Moralisieren, sondern eher von der dominant deskriptiven Ausrichtung in der Beschreibung von menschlichen Verhaltensweisen, Sitten und Gebräuchen (= „mores"). Gracián interessiert zuerst das Sein, das heißt die menschliche Ausgangslage, und erst dann das Sollen, das heißt die tugendhafte oder wenigstens Erfolg versprechende Handlungsweise!

Gleichzeitig hat er den didaktischen Ehrgeiz, seine Beobachtungen an interessierte Leserinnen und Leser weiterzugeben. Noch mehr:

Er strebt handfeste Vorteile für diejenigen an, die sich als „sabios", das heißt als in der Erkenntnis fortgeschrittene „Weise" betrachten, und die dennoch nie auslernen. Wer Gracián liest, so lässt der Autor durchklingen, gehört zu einer Elite, deren „Inszenierung" der Persönlichkeit mit einem „strategischen Kalkül auf Wirkung" verbunden ist (W. Lasinger 2000, S. 211). Individualisierung und Eliteanspruch gehen Hand in Hand.

Ein solches Lob der Leserinnen und Leser, die als „Elite" angesprochen werden, mag durchsichtiger Berechnung auf eine Steigerung der Auflage entspringen. Ob es ernst gemeint ist, bleibt mit einem Augenzwinkern offen. Graciáns Art zu schreiben bringt immer wieder neue Facetten der Auslegung hervor. Nie ist ganz klar, ob es um paradoxe Formulierungen, ernst gemeinte Absichten oder gewissermaßen neutrale Beobachtungen geht. Sein zugleich lakonischer wie auch manieristischer Stil führt zu einer gewissen hermetischen Abschließung, die in ihrer Wirkungsgeschichte unabschließbar ist. Stilkunst wird hier zur Lebenskunst – obwohl Gracián sich sehr deutlich dafür ausspricht, dass man ein Mann von „Gehalt" sein solle (Nr. 175).

Solche echten oder scheinbaren Widersprüche wirken wie unterschiedliche Perspektiven auf ein und denselben Gegenstand. Wirklichkeit scheint damit niemals ganz real, sondern immer ein Stück weit konstruiert zu sein. Genau dies entspricht in weiten Teilen dem heutigen Lebensgefühl: Ob im Radio, im Fernsehen oder im Internet – wir wissen niemals genau, was konstruiert und gestaltet, was ursprünglich und gewissermaßen primär ist. Die „manieristische Stilkunst des ornamentalen Konzeptismus Graciáns", wie es der Literaturwissenschaftler Wolfgang Lasinger mit einer gewissen Feierlichkeit ausdrückt (2000, S. 218), ist also von unserem eigenen Lebensgefühl am Ende gar nicht so weit entfernt! Anders, und sehr prägnant, drückt es ein anderer Autor aus, der unter anderem nach der Ernsthaftigkeit von Graciáns christlichem Hintergrund fragt und zum Schluss kommt: „Theologie wird zur Glücksstrategie" (G. Eickhoff 1991, S. 125).

15

Die funktionale Indienstnahme von Sprache, Begriffen und Vorstellungen ist speziell dem heutigen Wirtschaftsleben nicht fremd. Ob es sich um Übertreibungen, leere Ankündigungen, optimistische Prognosen oder handfeste Lügen handelt, auf jeden Fall wird mit der Sprache Politik betrieben. Zur Kommunikation, aber auch zur Selbstinszenierung in jeder Organisation gehört daher immer auch die feine Unterscheidung der Glaubwürdigkeit einer Äußerung: Wer sagt was warum? Kommunikation funktioniert gelegentlich wie ein fremdsprachiger Film mit deutschen Untertiteln: Nicht das zählt, was hörbar gesagt wird, sondern das, was als Decodierung und „Untertitel" sichtbar wird. Nicht der Text zählt, sondern der Kommentar!

Deutet man diesen Sachverhalt negativ, gelangt man zu einer pessimistischen Sicht des Menschen und der Welt überhaupt. Die „Scheinhaftigkeit der Welt", die „Vanitas", ist tatsächlich ein zentraler Topos barocken Denkens (vgl. S. Neumeister 1991, S. 270). Hans-Gerd Schulte schreibt dazu: „Das Grundschema von Täuschung und Ent-Täuschung bestimmt die einzig mögliche Art der menschlichen Beziehungen zur Umwelt und zu sich selbst. Es ist für Gracián der Lebensrhythmus des denkenden Menschen schlechthin" (H. Schulte 1969, S. 77, 83).

Es ist kein Wunder, dass die Philosophie Schopenhauers (*Die Welt als Wille und Vorstellung*, 1819) in Gracián ein Vorbild für ein eher negatives Bild vom Menschen findet.

Die höfische und gewissermaßen elitäre Pragmatik Graciáns lässt sich allerdings auch hier letztlich nicht vereinnahmen: Gracián beschreibt, was er sieht, und nimmt paradoxe Formulierungen ebenso in Kauf wie inhaltliche Spannungen zwischen einzelnen seiner Aphorismen. Diese leben ja nicht nur von ihrer konzisen Kürze, sondern auch von ihrer didaktischen Absicht. Ziel ist das „Person-Sein" im Sinne einer auf Vollendung offenen Entfaltung oder „an eine einmalige individuelle Entwicklung gebundene Identität" (W. Lasinger 200, S. 189). Nicht letzte Wahrheiten sind gefragt, sondern eine soziale Moral zielführender Interaktion (vgl. ebd., S. 193).

Hier liegt die Idee einer rein funktionalistischen Erfolgsmoral nahe. Gracián lässt sich aber auch in diesem Punkt letztlich nicht fassen oder festlegen. Er besteht ja gerade auf der Bildung zur selbständigen Persönlichkeit, die hinter die Kulissen schaut, daraus aber auch ihren Vorteil zieht. Er sieht sehr wohl, dass die Substanz einer Persönlichkeit wesentlicher ist als alles Taktieren. Er hütet sich vor Festlegungen und passt seine Ratschläge für taktisches Verhalten an wechselnde Situationen an, aber er hat doch einen Selbstentwurf vor Augen, der sich über die Wechselfälle des Schicksals hinaus treu bleibt und gerade dadurch nicht einfach vom Kriterium äußeren Erfolgs abhängig wird.

Warum also lohnt es sich für Manager und Unternehmer, sich mit Graciáns *Handorakel* zu beschäftigen?

Vielleicht deshalb, weil taktisches Verhalten auch in der Welt heutiger Unternehmen und Organisationen von Vorteil ist, zugleich aber tabuisiert wird? Vielleicht deshalb, weil die Eleganz der Sprache Graciáns helles Licht auf heutige Sprechweisen in all ihren Facetten wirft? Vielleicht deshalb, weil seine Ratschläge zur Persönlichkeitsbildung immer noch beherzigenswert sind? Oder deshalb, weil er trotz allem Ehrgeiz und Talent auch die Wechselfälle des Glücks in seine Überlegungen einbezieht, es also tröstlich wirkt, wenn doch nicht alles planbar und kontrollierbar ist?

Eine eigene Antwort darauf werden die Leser und Leserinnen selbst entdecken müssen. Denn jeder wird für sich selbst zu entscheiden haben, welche Beobachtungen für die eigene berufliche und persönliche Entwicklung von Belang sind – auch nach fast 400 Jahren!

Für die Zwecke dieser Ausgabe wurde Schopenhauers Übersetzung orthografisch an die heutige Zeit angepasst. Wo er „Männer" schreibt, würden wir heute zumindest „Männer und Frauen" oder aber „Menschen" sagen. Graciáns Welt war allerdings von solcher Emanzipation weit entfernt, auch wenn er sich voraussichtlich eher locker auf sie eingelassen hätte. Einzelne Begriffe in Schopenhauers Bearbeitung sind altertümlich. Um über die Rechtschreibung hinaus nicht in seinen Text einzugreifen, erläutert ein Glossar im Anhang diejenigen Begriffe, die heute nicht mehr mit allgemeinem Verständnis rechnen dürfen.

Die Reihung und Zuordnung der graciánschen Aphorismen ist subjektiv, so wie auch die Wahl der Kapitelüberschriften in der Verantwortung des Herausgebers liegt. Gracián selbst hat seine Aphorismen nur durchnummeriert. Häufig kommt es vor, dass die „Trennschärfe" der von mir als Herausgeber vorgenommenen Zuordnung mit gutem Recht infrage gestellt werden kann. Einzelne Aphorismen werden in mehreren Kapiteln erwähnt (Nr. 3, Nr. 31, Nr. 143 und Nr. 263). Schließlich überlappen sich einige Aussagen, andere sind sowohl für den einen wie auch für den anderen Kontext geeignet.

Der Haupttitel des Buches stammt vom Verlag, aber wie immer gilt: Die Verantwortung für jedweden Fehler übernimmt der Bearbeiter, der gleichwohl darauf hofft, dass der Text zu anregender Lektüre verleitet.

Dass nach so langer Zeit auch noch heute ein Lesevergnügen an den scharfsinnigen Gedankensplittern eines spanischen Jesuiten des 17. Jahrhunderts entstehen kann, das werden die einzelnen Texte selbst vermitteln!

Ulrich Hemel   17. März 2008

„Sogar die höchsten Eigenschaften sind der Mode unterworfen!"

BEOBACHTUNGEN DES SOZIALEN UMFELDS

Kein Manager und Unternehmer kann erfolgreich sein, wenn er sich den Strömungen und Bedürfnissen der eigenen Zeit verschließt. Die kluge Beobachtung des Umfelds ist aber kein Selbstzweck: Sie richtet sich am Ende nicht auf das Sammeln, sondern das Bewerten von Daten und Informationen.

Gracián war offensichtlich ein begabter Beobachter seiner Zeit und durchschaute gerne und leicht Manöver der Täuschung und Blendung. Der politische Niedergang Spaniens, der gleichzeitig stattfindende 30-jährige Krieg in Deutschland (1618–1648) und der Rückgriff auf die Geschichte als „Lehrmeisterin des Lebens" (magistra vitae) führen ihn zu einer Position entspannter Skepsis.

Er ist selbst weder König noch Regent, weder General noch Feldherr, weder Unternehmer noch Spitzenmanager: Aber er betrachtet die Welt aus einer gewissen tätigen Distanz: Er bringt sich ein, aber ohne Übertreibung. Er fühlt sich anderen überlegen – sonst würde er wohl nicht von „Narren" und „Pöbel" sprechen (Nr. 201, Nr. 206). Seine Beobachtungsgabe verhilft ihm aber dazu, Ratgeber und „Coach" über Jahrhunderte hinweg zu werden – denn er wertet niemand ab, ist niemals ideologisch verbohrt, bringt die Verhältnisse aber messerscharf auf den Punkt.

Im vorliegenden Kapitel sind einige seiner eher allgemeinen Beobachtungen versammelt. „Alles hat heutzutage seinen Gipfel er-

19

reicht, aber die Kunst, sich geltend zu machen, den höchsten" (Nr. 1). Hier spricht er von der Kunst der Selbstdarstellung, aber natürlich auch vom Selbstbewusstsein seines eigenen Jahrhunderts, das den Menschen – wie uns heute – das Gefühl vermittelte, alles sei doch wesentlich komplexer, aufwendiger, schwieriger als in vergangenen Zeiten.

Selbstdarstellung ist die eine, die tatsächlich handelnde Person die andere Seite. Nicht umsonst bemerkt er sehr pointiert: „Die Dinge gelten nicht für das, was sie sind, sondern für das, was sie scheinen" (Nr. 99). Durch die Fülle der angebotenen Information ist es im Alltag wie auch in den Unternehmen praktisch unmöglich, sich zu jedem Sachverhalt eine eigene Meinung zu bilden. Man muss anderen vertrauen – also die richtigen Menschen um sich scharen. Oder man muss sich auf das Spiel zwischen Sein und Schein (ebd.) einlassen.

Selbst für außerordentliche Begabungen gilt freilich der Vorbehalt der eigenen Zeit (Nr. 20): „Nicht alle haben die gefunden, deren sie würdig waren", denn „sogar die höchsten Eigenschaften sind der Mode unterworfen" (ebd.). Gracián weiß eben, dass Talent und Fleiß alleine nicht genügen – es muss auch noch ein Quäntchen Glück dazukommen. Ruhm freilich, so meint er, wirke über die Zeit hinweg (Nr. 10) – auch dort, wo das Glück fehlt.

Ihm ist allerdings klar, dass einige seiner Aussagen nicht verallgemeinerbar sein können: „Narren sind alle, die es scheinen, und die Hälfte derer, die es nicht scheinen" (Nr. 201). Noch mehr: „Und obschon die Welt voll Narren ist, so ist keiner darunter, der es von sich selbst dächte, ja nur argwöhnte" (ebd.).

Zur Bewertung der Leistung von Menschen und zu jeder Sache gibt es nun einmal unterschiedliche Auffassungen: „Jedes ist gut und jedes ist schlecht, wie es die Stimmen wollen. Was dieser wünscht, hasst jener" (Nr. 101). Gracián richtet sich hier am Urteil der Besten, also „am Beifall berühmter Männer" aus. Unter diesen gibt es Ausnahmeerscheinungen, die einfach anzuerkennen sind: Manche von ihnen zeigen eine „angeborene Herrschaft", die durch die „verborgene Macht natürlicher Autorität" anerkannt wird und „Herz und Verstand der übrigen" gefangen nimmt (Nr. 42).

Dass nicht für jede komplexe Problemkonstellation der Gegenwart ein Gegenstück aus der Geschichte oder ein Vorbild aus der Gegenwart zur Verfügung steht, weiß Gracián wohl. Er vertraut der Urteilskraft der wenigen Spitzenkräfte aber so sehr, dass er es nicht eigens erwähnt – und implizit macht er natürlich den Leser und die Leserin zu seinen Vertrauten, die eingeweiht und selbst Mitglieder der von Gracián so hoch geschätzten „Elite" sind.

Wie wichtig Gracián stets und ständig der richtige Umgang ist, ergibt sich auch aus seinen kritischen Aussagen über den „Pöbel", den es „selbst in der auserlesensten Familie" gäbe (Nr. 206). Er empfiehlt, solche Leute einfach zu ignorieren und den Pöbel nur als „Bundesgenossen der Klatscherei" zu betrachten: „Man beachte nicht, was er sagt, noch weniger, was er denkt" (ebd.).

Gelegentlich scheint aber auch er an der Widrigkeit der Verhältnisse zu verzweifeln. Seine Aufforderung, sich redlich zu verhalten und seine Verpflichtungen anzuerkennen (Nr. 280), fällt in Verhältnisse, die für den besten Dienst „den schlimmsten Lohn" bereiten (ebd.), sodass unsere Redlichkeit erschüttert würde.

Gracián hält gleichwohl die Fahne der Redlichkeit hoch: „Allein das schlechte Benehmen anderer sei für uns kein Gegenstand der Nachahmung, sondern der Vorsicht" (ebd.).

Rupert Lay und Ulf Posé haben 2006 ein Werk mit dem Titel *Die neue Redlichkeit* veröffentlicht. Kernprinzip ist das verantwortliche Handeln, aber auch die Auseinandersetzung mit den zahlreichen Formen instrumenteller Rhetorik, bei der mit Begriffen Politik gemacht, konkrete Verantwortlichkeit aber geradezu gemieden wird.

So berichtet ein bekanntes Unternehmen seinen Aktionärinnen und Aktionären angesichts eines leichten Gewinnrückgangs dennoch von einem Anstieg der „Nettoumsatzrendite in Prozent". Wie kann dies funktionieren? Ganz einfach: Unterhalb des Konzernergebnisses fügt man eine nirgendwo genau definierte Zeile „operatives Konzernergebnis" ein und bezieht die Rendite dann auf diese neu, gar nicht präzis bestimmte Größe! Bestimmte, das Ergebnis belastende Effekte, die nicht näher genannt werden, verschwinden dadurch. Und schon lässt sich der Gewinnrückgang als Erfolg des tüchtigen Managements feiern!

Es ist eben alles eine Frage der Betrachtung.

Gracián sagt dazu: „Im Himmel ist alles Wonne, in der Hölle alles Jammer, in der Welt, als dem Mittleren, das eine und das andere" (Nr. 211). Die richtige Farbe des Anstrichs kann schon den Unterschied zwischen Erfolg und Misserfolg ausmachen, denn „das Schicksal wechselt: alles soll nicht Glück, noch Missgeschick sein."

Schon in der Mitte des 17. Jahrhunderts formuliert Gracián recht klar den theatralischen Show-Charakter vieler Erscheinungen des öffentlichen Lebens, und das gilt heute sicher nicht weniger als damals! Unser Leben, so schreibt er, „verwickelt sich in seinem Fortgang wie ein Schauspiel und entwickelt sich zuletzt wieder; daher sei man auf das gute Ende bedacht" (ebd.).

„Auf das gute Ende" bedacht sein: Das setzt allerdings die entsprechende Zurückhaltung voraus. „Der Leichtsinn ist das größte Hindernis unseres Ansehens" (Nr. 289), und: „Ein leichtsinniger Mensch kann nicht von Gehalt sein, zumal wenn er alt ist, wo die Jahre ihn zur Überlegung verpflichten" (ebd.).

Gracián formuliert es sogar noch drastischer, ja sogar übertrieben: „Nichts setzt den Menschen mehr herab, als wenn er sehen lässt, dass er ein Mensch sei" (ebd.). Gemeint ist damit insbesondere der vermeidbare Leichtsinn. Und die Kombination von Leichtsinn und vermuteter Unredlichkeit wurde Klaus Zumwinkel, dem langjährigen Chef der Deutschen Post, zum Verhängnis.

Dem über viele Jahre durch Erfolg verwöhnten Zumwinkel wird Steuerhinterziehung vorgeworfen, weil er die Erträge von in Liechtenstein angelegtem Geld nicht versteuert habe. Entweder hat er dabei Anlageberatern leichtsinnig geglaubt, oder er hat die Gier nach „immer mehr Reichtum" Gewalt über sich gewinnen lassen und die entsprechenden Risiken unterschätzt.

Nicht nur seine eigene Reputation, sondern auch das Ansehen von Managern und Unternehmern überhaupt erreichten mit diesem Ereignis neue Tiefstände, selbst wenn das Breitwalzen solcher Ereignisse durch die Boulevardpresse sicher zur angeheizten Stimmung beigetragen hatte.

Gracián ist nun alles andere als ein Moralapostel. Wer Spielregeln nicht einhält, muss allerdings mit Konsequenzen rechnen, so hält er dem Leser und der Leserin den Spiegel vor. Für Gracián ist das eine schlichte Sache des richtigen Kalküls. Er hat zwar ein klares Bild von einem fähigen und redlichen Menschen vor Augen, aber er scheut sich nicht, seinen Leserinnen und Lesern taktisch wirksame Sozialtechniken an die Hand zu geben, die für die eigene Karriere von Bedeutung sein können.

Auf diese wird im 2. Kapitel einzugehen sein.

1   ALLES HAT HEUTZUTAGE SEINEN GIPFEL ERREICHT, aber die Kunst, sich geltend zu machen, den höchsten. Mehr gehört jetzt zu einem Weisen, als in alten Zeiten zu sieben, und mehr ist erfordert, um in diesen Zeiten mit einem einzigen Menschen fertig zu werden, als in vorigen mit einem ganzen Volke.

10   GLÜCK UND RUHM. So unbeständig jenes, so dauerhaft ist dieser; jenes für das Leben, dieser nachher; jenes gegen den Neid, dieser gegen die Vergessenheit. Glück wird gewünscht, bisweilen befördert; Ruhm wird erworben. Der Wunsch nach Ruhm entspringt dem Werte. Die Fama war und ist noch die Schwester der Giganten, stets folgt sie dem Übermäßigen, den Ungeheuern oder den Wundern, dem Gegenstand des Abscheus oder des Beifalls.

20   DER MANN SEINES JAHRHUNDERTS. Die außerordentlich seltenen Menschen hängen von der Zeit ab. Nicht alle haben die gefunden, deren sie würdig waren, und viele fanden sie zwar, konnten aber doch nicht dahin gelangen, sie zu nutzen. Einige waren eines besseren Jahrhunderts wert, denn nicht immer triumphiert jedes Gute. Die Dinge haben Periode, und sogar die höchsten Eigenschaften sind der Mode unterworfen. Der Weise hat jedoch einen Vorteil, den, daß er unsterblich ist: Ist dieses nicht sein Jahrhundert, so werden viele andere es sein.

42   VON ANGEBORENER HERRSCHAFT. Sie ist die geheim wirkende Kraft der Überlegenheit. Nicht aus einer widerlichen Künstelei darf sie hervorgehen, sondern aus einer gebietenden Natur. Alle unterwerfen sich ihr, ohne zu wissen wie, indem sie die verborgene Macht natürlicher Autorität anerkennen. Diese gebietenden Geister sind Könige durch ihren Wert und Löwen kraft angeborenen

Vorrechts. Durch die Hochachtung, die sie einflößen, nehmen sie Herz und Verstand der übrigen gefangen. Sind solchen nun auch die andern Fähigkeiten günstig, so sind sie geboren, die ersten Hebel der Staatsmaschine zu sein; denn sie bewirken mehr durch eine Miene, als andre durch eine lange Rede.

99 WIRKLICHKEIT UND SCHEIN. Die Dinge gelten nicht für das, was sie sind, sondern für das, was sie scheinen. Selten sind die, welche ins Innere schauen, und viele die, welche sich an den Schein halten. Recht zu haben, reicht nicht aus, wenn mit dem Schein der Arglist.

101 DIE EINE HÄLFTE DER WELT LACHT ÜBER DIE ANDERE, und Narren sind alle. Jedes ist gut und jedes ist schlecht, wie es die Stimmen wollen. Was dieser wünscht, haßt jener. Ein unerträglicher Narr ist, wer alles nach seinen Begriffen ordnen will. Nicht von einem Beifall allein hängen die Vollkommenheiten ab. So viele Sinne als Köpfe, und so verschieden. Es gibt keinen Fehler, der nicht seinen Liebhaber fände, auch dürfen wir nicht den Mut verlieren, wenn unsre Sachen einigen nicht gefallen; denn andere werden nicht ausbleiben, die sie zu schätzen wissen; aber auch über den Beifall dieser darf man nicht eitel werden, denn wieder andere werden sie verwerfen. Die Richtschnur der wahren Zufriedenheit ist der Beifall berühmter Männer und derer, die in dieser Gattung eine Stimme haben. Man lebt nicht von einer Stimme, noch von einer Mode, noch von einem Jahrhundert.

201 NARREN SIND ALLE, DIE ES SCHEINEN, und die Hälfte derer, die es nicht scheinen. Die Narrheit ist mit der Welt davongelaufen; und gibt es noch einige Weisheit, so ist sie die Torheit vor der himmlischen. Jedoch ist der größte Narr, wer es nicht zu sein glaubt und alle andern dafür erklärt. Um weise zu sein, reicht nicht hin, daß man es scheine, am wenigsten sich selber. Der weiß, welcher nicht denkt, daß er wisse, und der sieht nicht, der nicht sieht, daß die andern sehen. Und obschon die Welt voll Narren ist, so ist keiner darunter, der es von sich selbst dächte, ja nur argwöhnte.

206 MAN SOLL WISSEN, DASS ES ÜBERALL PÖBEL GIBT, selbst im schönen Korinth, selbst in der auserlesensten Familie. Jeder macht ja die Erfahrung in seinem eigenen Hause. Nun gibt es aber Pöbel und Gegenpöbel, der noch schlimmer ist; dieser spezielle teilt mit dem allgemeinen alle Eigenschaften, wie die Stücke des zerbrochenen Spiegels, er ist aber schädlicher: er redet dumm, tadelt verkehrt, ist ein großer Schüler der Unwissenheit, Gönner und Patron der Narrheit und Bundesgenosse der Klatscherei; man beachte nicht, was er sagt, noch weniger, was er denkt. Es ist wichtig, ihn zu kennen, um sich von ihm zu befreien, denn jede Dummheit ist Pöbelhaftigkeit, und der Pöbel besteht aus den Dummen.

211 IM HIMMEL IST ALLES WONNE, in der Hölle alles Jammer, in der Welt, als dem Mittleren, das eine und das andere. Wir stehen zwischen zwei Extremen, und sind daher beider teilhaft. Das Schicksal wechselt: alles soll nicht Glück, noch alles Mißgeschick sein. Diese Welt ist eine Null: für sich allein gilt sie nichts, aber mit dem Himmel in Verbindung gesetzt, viel. Gleichmut bei ihrem Wechsel ist vernünftig, und Neuheit ist nicht die Sache des Weisen. Unser Leben verwickelt sich in seinem Fortgang wie ein Schauspiel und entwickelt sich zuletzt wieder; daher sei man auf das gute Ende bedacht.

280 EIN BIEDERMANN SEIN. Mit dem redlichen Verfahren ist es zu Ende. Verpflichtungen werden nicht anerkannt, ein gegenseitiges lobenswertes Benehmen findet sich selten, vielmehr erhält der beste Dienst den schlimmsten Lohn, und so ist heutzutage der Brauch der ganzen Welt. Es gibt ganze Nationen, die zur Schlechtigkeit geneigt sind: bei der einen hat man stets den Verrat, bei der andern den Unbestand, bei der dritten den Betrug zu fürchten. Allein das schlechte Benehmen anderer sei für uns kein Gegenstand der Nachahmung, sondern der Vorsicht. Die Gefahr dabei ist, daß der Anblick jener nichtswürdigen Verfahrungsweise auch unsere Redlichkeit erschüttere. Aber der Biedermann vergißt nie, was die andern sind und wer er ist.

289 NICHTS SETZT DEN MENSCHEN MEHR HERAB, ALS WENN ER SEHEN LÄSST, DASS ER EIN MENSCH SEI. An dem Tage hören sie auf, ihn für göttlich zu halten, an welchem sie ihn recht menschlich erblicken. Der Leichtsinn ist das größte Hindernis unseres Ansehens. Wie der zurückhaltende Mann für mehr als Mensch gehalten wird, so der leichtsinnige für weniger als Mensch. Es gibt keinen Fehler, der mehr herabwürdigte, weil der Leichtsinn das gerade Gegenteil des überlegten, gewichtigen Ernstes ist. Ein leichtsinniger Mensch kann nicht von Gehalt sein, zumal wenn er alt ist, wo die Jahre ihn zur Überlegung verpflichten. Und obgleich dieser Makel an so vielen haftet, so ist er nichtsdestoweniger ganz besonders herabwürdigend.

„Es zu verstehen, Luft zu verkaufen"

TAKTISCHES VERHALTEN I:
PRAKTISCHE KARRIEREREGELN

Gracián hat didaktisches Interesse und besitzt große Freude am Mitteilen seiner Erfahrungen. Ihm ist klar, dass nicht alle seine Empfehlungen unmittelbar in die Praxis umgesetzt werden können, zumal sie gegenseitig manchmal in Spannung stehen. Gracián baut darauf, dass seine Leserinnen und Leser von sich aus den Schritt zur Anwendung im eigenen Handlungskontext tun. Er traut ihnen die Kompetenz zu, für sich selbst zu entziffern, was auf die eigene Situation passt. Aus diesem Grund verfasst er auch keinen systematischen Karriereratgeber, sondern eher eine Blütenlese von Empfehlungen, die ihrerseits kreativ anzuwenden sind!

Dies beginnt mit einfachen **Verhaltensregeln**: Man müsse schon „Haare auf den Zähnen haben" (Nr. 54), um sich durchzusetzen und um nicht ausgenützt zu werden, so meint er: „Gibst du dem ersten nach, so musst du es auch dem andern, und so bis zum letzten." Mut schirmt einen vor zudringlichen Bitten ab: „So sei der Geist auch nicht lauter Sanftmut" (ebd.).

Die schönste Beobachtung dieser Verhaltensregel findet sich regelmäßig in den Vorzimmern von Vorständen und Ministern. Die dort tätigen Damen, so charmant sie auch sein mögen, bilden in großer Regelmäßigkeit genau die von Gracián erwähnte Eigenschaft aus. Dies ist auch konsequent, denn ohne eine solche Dienstleistung wäre die Ausübung einer wichtigen Position fast nicht möglich.

29

Umso wichtiger ist es, dass die Zugangskriterien zwischen den wesentlichen Beteiligten gut abgestimmt sind – dann kann man sich im Idealfall blind aufeinander verlassen.

Zur Taktik gehört es aber auch, sich die richtigen Aufgaben zu suchen, also solche, die zur Sonne des Erfolgs führen. „Beifällige Ämter vorziehen" (Nr. 67), so nennt das Gracián. Da die meisten Dinge „von fremder Gunst" abhängen, sei es für die eigene Laufbahn praktischer, nach Ämtern und Beschäftigungen zu suchen, „die dem allgemeinen Beifallsrufe offen stehen", statt sich mit denen zu verbrauchen, die „sich keines Ansehens erfreuen".

Dieser Ratschlag gilt beispielsweise auch für Berufsanfänger. Wer sich freiwillig für ein wichtiges Projekt meldet, dort eine Aufgabe übernimmt, die Fingerspitzengefühl erfordert, und diese dann erfolgreich durchführt, der qualifiziert sich für Höheres! Dabei ist zweifellos die Zahl der Aufstiegsmöglichkeiten in jedem Unternehmen begrenzt. Dass Erfolg in diesem Zusammenhang also möglicherweise zum Nullsummenspiel wird, ist Gracián bewusst: Schließlich können nicht alle in die erste Reihe gelangen.

Ebenso taktisch ist sein Ratschlag: „Nie ein Mitbewerber sein" (Nr. 114). Natürlich gehört Wettbewerb zum Leben. Gracián spricht aber eher von der Schlauheit, unnötige Wettbewerbssituationen zu vermeiden, denn: „Jeder Anspruch, dem andere sich entgegenstellen, schadet dem Ansehen" (ebd.). Der Grund liegt darin, dass Mitbewerber danach streben, „uns zu verunglimpfen, um uns zu verdunkeln" (ebd.). Denn, so die nüchterne Sentenz Graciáns: „Wenige Menschen führen auf eine redliche Art Krieg" (ebd.).

Zur Verhaltensklugheit gehört es also, sich in einem Unternehmen so zu positionieren, dass sich eine Alternative erst gar nicht aufdrängt. Dazu tragen auch scheinbar unwichtige Details bei, etwa die Kunst, sich „den Ruf der Höflichkeit" zu erwerben, „denn er ist hinreichend, um beliebt zu sein" (Nr. 118). Und: „Sie kostet wenig und hilft viel" – ja sie ist sogar „eine Art Hexerei, welche die Gunst aller erobert" (ebd.).

In die gleiche Richtung führt es, wenn Gracián einschärft, ganz allgemein stets Positives zu erzählen: „Löbliches zu berichten haben" (Nr. 188). Den Effekt daraus sieht er darin, dass dies „die gute Meinung von unserem Geschmack" erhöht (ebd.). Wer immer positiv auftritt, handelt mit einer gewissen Form der Höflichkeit. Auch die naheliegende Gefahr der Schmeichelei nennt er, allerdings nicht so sehr, um vor ihr zu warnen, sondern um sich vor ihr zu schützen und sie im Bedarfsfall bei anderen zu durchschauen!

Höfliche Aufmerksamkeit hilft auch dazu, bei Dritten ein Gefühl der Verpflichtung zu erzeugen. Gracián spricht hier von „Verbindlichkeiten" (Nr. 226): „Mit Worten erkauft man Taten" (ebd.). Entscheidend ist hier allerdings ein Gefühl für die richtige Balance, denn Zudringlichkeit wäre schädlich: „Man sei nicht zudringlich, so wird man nicht zurückgesetzt werden" (Nr. 284).

Hier geht es vor allem um das Verhalten gegenüber Höheren und gegenüber Vorgesetzten: „Nie komme man ungerufen und gehe nur, wenn man gesandt wird" (ebd.), denn unerbetene Initiative führe zu „Unwillen", wenn sie schiefläuft. „Läuft es hingegen gut ab, weiß man ihm doch nicht Dank". Gleichzeitig geht es natürlich sehr wohl darum, „seine Sachen herauszustreichen" (Nr. 150), weil „ein großer Teil der Kunst" darin besteht, „seine Sache in Ansehen zu bringen" (ebd.).

Die Spannung zwischen beiden Aussagen lässt sich nur in konkreten Situationen auflösen. Dabei kommt es wesentlich darauf an, sich der eigenen Wirkung auf andere bewusst zu werden: „Das Wie tut gar viel bei den Sachen, die artige Manier ist ein Taschendieb der Herzen" (Nr. 14).

Gracián geht sogar noch weiter und empfiehlt „seidene Worte und freundliche Sanftmut" (Nr. 267): „Es ist eine große Lebensklugheit, es zu verstehen, die Luft zu verkaufen" (ebd.). Wer weiß, wie viel heiße Luft in den Führungskreisen auch großer Unternehmungen erzeugt wird, kann über Graciáns Bemerkung, es sei karriereförderlich, „Handel mit der Luft" zu treiben, nur schmunzeln (ebd.)!

Ein entscheidender Erfolgsfaktor ist dabei das geeignete **Kommunikationsverhalten**. Dabei ist es nach Gracián manchmal hilfreich, mit den Wölfen zu heulen: „Besser mit allen ein Narr als allein gescheit!" (Nr. 133). Schließlich müsse man „mit den übrigen leben, und die Unwissenden sind in der Mehrzahl" (ebd.). Rechthaberei schadet nur; ein gewisses Maß an Anpassung ist unvermeidbar. Dazu gehört es auch, die „Kunst der Unterhaltung" zu besitzen (Nr. 148). Diese sei enorm hilfreich, aber nicht einfach zu praktizieren, denn „man muss sich der Gemütsart und dem Verstande des Mitredenden anpassen" (ebd.).

Zu einer solchen Anpassungsleistung an unterschiedliche Mentalitäten gehört es auch, die eigenen Nationalfehler zu verleugnen. „Es ist eine rühmliche Geschicklichkeit, solche Makel seiner Nation an sich selbst zu bessern oder wenigstens zu verbergen" (Nr. 9). Wer in einem internationalen Unternehmen tätig ist, kann sich auch heute darunter einiges vorstellen – ob es sich nun um die unbekümmerte Forschheit einiger Amerikaner, die Suche nach Ruhm und Glanz nicht weniger Franzosen oder die gelegentliche Pedanterie mancher Deutschen handelt!

Besonders auffällig wurde mir diese kulturelle Anpassungsleistung bei einer Führungskraft aus dem Kongo, die auch dann, wenn es sehr heiß war und wenn eher lockere Kleidung („business casual") angesagt war, mit eleganten Anzügen und Krawatten erschien. Eines Tages fragte ich den betreffenden Mitarbeiter nach dem Grund. Er antwortete mir nicht ohne Stolz: „Jeder erwartet, dass jemand aus dem Kongo Armut und Elend verbreitet. Ich möchte auch dadurch für die Würde meines Landes eintreten, dass ich das Gegenteil zu erkennen gebe!"

Kommunikation hat verschiedene Perspektiven, wie dieses Beispiel zeigt. Umso mehr empfiehlt Gracián Zurückhaltung – „Aufmerksamkeit" nennt er das – im Reden (Nr. 160): „Ein Wort nachzuschicken ist immer Zeit, nie, eins zurückzurufen" (ebd.).

Die speziell jesuitische Tradition der „Reservatio mentalis", des inneren Vorbehalts, kommt dort zum Ausdruck, wo Gracián empfiehlt: „Ohne zu lügen nicht alle Wahrheiten sagen" (Nr. 181). Was man sagt, muss wahr sein, aber niemand ist verpflichtet, alles zu sagen, was er weiß und denkt.

Dies gilt beispielsweise dort, wo wir jemand um etwas bitten müssen und dann den richtigen Augenblick abwarten: Es ist also eine Kunst, in der richtigen Weise „zu bitten verstehen" (Nr. 235).

Gelingt es, diese Verhaltens- und Kommunikationsregeln umzusetzen, führt dies zum Erfolg auch gegen – offensichtlich eben doch unvermeidbare – Konkurrentinnen und Konkurrenten: „Über Nebenbuhler und Widersacher zu triumphieren verstehen" (Nr. 162), das ist auch für Gracián ein erstrebenswertes Ziel. Er zieht sogar eine gewisse Befriedigung daraus: „Nicht einmal stirbt der Neider, sondern so oft, als das Beifallsrufen dem Beneideten ertönt" (ebd.).

Die Reputation des einen ist „das Maß der Qual" des anderen (ebd.), wobei die höchste Kunst sogar genau darin besteht, gut zu reden „von dem, der von ihm schlecht redet" (ebd.).

Mit diesen Beobachtungen kommen wir bereits in den **Bereich taktischer Feinheiten**, der Gracián besondere Freude zu bereiten scheint. So empfiehlt er, sich „verzeihliche Fehler" zu erlauben (Nr. 83), um allzu großem Neid zu entgehen.

Schwieriger ist es schon, jederzeit „die Erwartung rege zu halten", denn „die glänzendste Tat kündige noch glänzendere an" (Nr. 95). In der Realität ist dieser Ratschlag allerdings kaum durchgängig durchzuhalten!

Auch lasse man seine Absichten nicht allzu deutlich erkennen: „Wer mit offenen Karten spielt, läuft Gefahr, zu verlieren" (Nr. 98), so meint Gracián. Im Gegenteil: Manchmal müsse man „Luftstreiche tun" (Nr. 164), also praktisch mit dem Schwert in die Luft schlagen, um den Gegner zu verwirren und die eigenen Absichten nicht deutlich werden zu lassen. Gleichzeitig erlauben solche „Luftstreiche" oder Probierballons das Ausprobieren einer bestimmten Position, die zur Diskussion gestellt wird, ohne gleich als die eigene Meinung gelten zu müssen.

Zu solchen Feinheiten gehört es auch, Verpflichtungen durch besondere Höflichkeit zu erzeugen: „Für den rechtlichen Mann ist keine Sache teurer als die, welche man ihm schenkt; man verkauft sie ihm dadurch zweimal und für zwei Preise, den des Wertes und den der Höflichkeit" (Nr. 272). Ihre Grenze findet diese Regel allerdings, wie Gracián zutreffend bemerkt, bei Menschen, für die „die edle Sitte" das Gleiche wie „Kauderwelsch" ist, die also nicht gelernt haben, sich an die ungeschriebenen Regeln bei Hofe, in einer großen Organisation oder in einem Unternehmen zu halten!

Die höchste Kunst entfaltet Gracián allerdings in **komplexen sozialen Manövern**, die bereits ein gewisses Maß an Geschicklichkeit voraussetzen. Dazu gehört es, hinreichend Spannung aufzubauen und die anderen „über sein Vorhaben in Ungewissheit" zu lassen (Nr. 3). Gänzlich ungeschickt handelt allerdings, wer seine Vorgesetzten übertrifft. Darum gilt: „Sich vor dem Siege über Vorgesetzte hüten" (Nr. 7), denn „sie mögen wohl, dass man ihnen hilft, jedoch nicht, dass man sie übertrifft" (ebd.).

Noch viel wichtiger ist es, auf die „Unergründlichkeit der Fähigkeiten" zu setzen (Nr. 94). Der Kluge „lasse zu, dass man ihn kenne, aber nicht, dass man ihn ergründe" (ebd.). Gibt man nämlich die Grenzen seiner Fähigkeiten zu erkennen, ist die „Gefahr der Enttäuschung" nahe!

Bei dieser Empfehlung Graciáns ist allerdings nicht zu verkennen, dass ein solches Verhalten ja bereits eine entsprechend hohe Begabung voraussetzt. Es handelt sich also um einen im wahren Sinn des Wortes elitären Handlungsvorschlag, der nur für wenige überhaupt gelten kann!

Ähnliches gilt, wenn auch deutlich praxisnäher, für den Rat: „Bei allen Dingen stets etwas in Reserve haben", denn dadurch „sichert man seine Bedeutsamkeit" (Nr. 170). Hier sind wir wieder im Bereich der individuellen Ressourcen, die Gracián Anlass geben, zu taktischem Verhalten zu raten. So empfiehlt er etwa: „Mit der fremden Angelegenheit auftreten, um mit der seinigen abzuziehen" (Nr. 144), denn „der vorgehaltene Vorteil dient als Lockspeise, den fremden Willen zu leiten" (ebd.). Die Grenze zur sozialen Manipulation ist hier sicherlich im einen oder anderen Fall überschritten!

Noch einen Schritt weiter geht Gracián, wenn er folgenden Rat erteilt: „Das Schlimme andern aufzubürden verstehen" (Nr. 149). Man benötige einfach die List, „jemanden zu haben, auf den der Tadel des Misslingens" zurückfalle (ebd.). Ein solcher „Ausbader unglücklicher Unternehmungen" sei für die eigene Laufbahn höchst hilfreich, denn schließlich könne einem selbst ja nicht alles gelingen.

Schwierig wird es nur, wenn der geplante Sündenbock das Spiel durchschaut und sich weigert, die ihm zugedachte Rolle einzunehmen! Gracián urteilt hier vermutlich eher aus der Beobachtung entsprechender Fälle im Rückspiegel, denn ansonsten handelt es sich um ein eher gefährliches Vorgehen!

Graciáns eher instrumentelle Herangehensweise an sozialen Erfolg zeigt schließlich auch das Manöver der „vorhergängigen Verpflichtung" (Nr. 236). Dabei geht es darum, andere dadurch zu verpflichten, dass man ihnen vor jeder Vorleistung einen großen Gefallen tut, denn „die Schnelligkeit des Gebers verpflichtet den Empfänger umso stärker" (ebd.)! Natürlich gelte auch diese Regel nur dort, wo

35

der andere ein Gefühl für das Wechselspiel gegenseitiger Verpflichtungen hegt. Anders gesagt: Auch hier kann die Anwendung der Regel in der Praxis gelegentlich misslingen!

So wie Gracián Freude an der komplexen Inszenierung von Regeln für den sozialen Erfolg hat und dabei keine übermäßigen ethischen Skrupel zeigt, so hat seine Beobachtungsgabe auch Verhaltensweisen im Visier, die eher schädlich wären und daher im Sinne der Optimierung des eigenen Erfolgs zu vermeiden sind. Diese sollen im folgenden Kapitel kommentiert werden (Kapitel 3).

3 ÜBER SEIN VORHABEN IN UNGEWISSHEIT LASSEN. Die Verwunderung über das Neue ist schon eine Wertschätzung seines Gelingens. Mit offenen Karten spielen ist weder nützlich noch angenehm. Indem man seine Absicht nicht gleich kundgibt, erregt man die Erwartung, zumal wenn man durch die Höhe seines Amts Gegenstand der allgemeinen Aufmerksamkeit ist. Bei allem lasse man etwas Geheimnisvolles durchblicken und errege, durch seine Verschlossenheit selbst, Ehrfurcht. Sogar wo man sich herausläßt, vermeide man, zu offen zu sein, eben wie man auch im Umgang sein Inneres nicht jedem aufschließen darf. Behutsames Schweigen ist das Heiligtum der Klugheit. Das ausgesprochene Vorhaben wurde nie hochgeschätzt, vielmehr liegt es dem Tadel bloß, und nimmt es gar einen ungünstigen Ausgang, so wird man doppelt unglücklich sein. Man ahme daher dem göttlichen Walten nach, indem man die Leute in Vermutungen und Unruhe erhält.

7 SICH VOR DEM SIEGE ÜBER VORGESETZTE HÜTEN! Alles übertreffen ist verhaßt, aber seinen Herrn zu übertreffen, ist entweder ein dummer oder ein Schicksalsstreich. Stets war die Überlegenheit verabscheut; wie viel mehr die über die Überlegenheit selbst. Vorzüge niedriger Gattung wird der Behutsame verhehlen, wie etwa seine persönliche Schönheit durch Nachlässigkeit im Anzug verleugnen. Es wird sich wohl treffen, daß jemand an Glücksumständen, ja an Gemütseigenschaften uns nachzustehen sich bequemt, aber an Verstand kein einziger; wie viel weniger ein Fürst. Denn der Verstand ist eben die königliche Eigenschaft und deshalb jeder Angriff auf ihn ein Majestätsverbrechen. Fürsten sind sie und wollen es in dem sein, was am meisten auf sich hat. Sie mögen wohl, daß man ihnen hilft, jedoch nicht, daß man sie übertrifft. Der ihnen erteilte Rat sehe daher mehr aus wie eine Erinnerung an das,

37

was sie vergaßen, als wie ein ihnen aufgestecktes Licht zu dem, was sie nicht finden konnten. Eine glückliche Anleitung zu dieser Feinheit geben uns die Sterne, welche, obwohl hellglänzend und Kinder der Sonne, doch nie so verwegen sind, sich mit ihren Strahlen zu messen.

9 **NATIONALFEHLER VERLEUGNEN.** Das Wasser nimmt die guten oder schlechten Eigenschaften der Schichten an, durch welche es läuft, und der Mensch die des Klimas, in welchem er geboren wird. Einige haben ihrem Vaterlande mehr zu verdanken als andere, indem ein günstigerer Himmel sie umfing. Es gibt keine Nation, selbst nicht unter den gebildetsten, welche davon frei wäre, irgendeinen ihr eigentümlichen Fehler zu haben, welchen die benachbarten zu tadeln nicht ermangeln, entweder um sich davor zu hüten, oder sich damit zu trösten. Es ist eine rühmliche Geschicklichkeit, solche Makel seiner Nation an sich selbst zu bessern oder wenigstens zu verbergen. Man erlangt dadurch den beifälligen Ruf, der einzige unter den Seinigen zu sein: und was am wenigsten erwartet wurde, wird am höchsten geschätzt. Ebenso gibt es Fehler der Familie, des Standes, Amtes und Alters; treffen alle diese in einem Menschen zusammen, ohne daß die Aufmerksamkeit ihnen entgegenwirkte, so machen sie aus ihm ein unerträgliches Ungeheuer.

14 **DIE SACHE UND DIE ART.** Das Wesentliche in den Dingen ist nicht ausreichend, auch die begleitenden Umstände sind erfordert. Eine schlechte Art verdirbt alles, sogar Recht und Vernunft; die gute Art hingegen kann alles ersetzen, vergoldet das Nein, versüßt die Wahrheit und schminkt das Alter selbst. Das Wie tut gar viel bei den Sachen, die artige Manier ist ein Taschendieb der Herzen. Ein schönes Benehmen ist der Schmuck des Lebens, und jeder angenehme Ausdruck hilft wundervoll von der Stelle.

54 HAARE AUF DEN ZÄHNEN HABEN. Den toten Löwen zupfen sogar die Hasen an der Mähne. Mit der Tapferkeit läßt sich nicht Scherz treiben. Gibst du dem ersten nach, so mußt du es auch dem andern, und so bis zum letzten; und spät zu siegen, hast du dieselbe Mühe, die dir gleich anfangs mehr genützt hätte. Der geistige Mut übertrifft die körperliche Kraft; er sei ein Schwert, das stets in der Scheide der Klugheit ruht für die Gelegenheit bereit. Er ist der Schirm der Person; die geistige Schwäche setzt mehr herab als die körperliche. Viele hatten außerordentliche Fähigkeiten, aber weil es ihnen an Herz fehlte, lebten sie wie Tote und endigten begraben in ihrer Untätigkeit. Nicht ohne Absicht hat die sorgsame Natur in der Biene die Süße des Honigs mit der Schärfe des Stachels verbunden. Sehnen und Knochen hat der Leib; so sei der Geist auch nicht lauter Sanftmut.

67 BEIFÄLLIGE ÄMTER VORZIEHEN. Die meisten Dinge hängen von fremder Gunst ab. Die Wertschätzung ist für die Talente, was der Westwind für die Blumen: Atem und Leben. Es gibt Ämter und Beschäftigungen, die dem allgemeinen Beifallsrufe offen stehen, und andere, die zwar wichtiger sind, jedoch sich keines Ansehens erfreuen. Jene erlangen die allgemeine Gunst, weil sie vor den Augen aller ausgeübt werden; diese, wenn sie gleich mehr vom Seltenen und Wertvollen an sich haben, bleiben in ihrer Zurückgezogenheit unbeachtet, zwar geehrt, aber ohne Beifall. Unter den Fürsten sind die siegreichen die berühmten; deshalb standen die Könige von Arragon in so hohen Ehren als Krieger, Eroberer, große Männer. Der begabte Mann ziehe die gepriesenen Ämter vor, die allen sichtbar sind und deren Einfluß sich auf alle erstreckt; dann wird die allgemeine Stimme ihm unvergänglichen Ruhm verleihen.

83 SICH VERZEIHLICHE FEHLER ERLAUBEN, denn eine Nachlässigkeit ist zuzeiten die größte Empfehlung der Talente. Der Neid übt einen niederträchtigen, frevelhaften Ostrazismus aus. Dem ganz Vollkommenen wird er es zum Fehler anrechnen, daß es keine Fehler hat, und wird es als ganz vollkommen ganz verurteilen. Er wird zum Argus, um am Vortrefflichen Makel zu suchen, wenn auch nur zum Trost. Der Tadel trifft, wie der Blitz, gerade die höchsten Leistungen. Daher schlafe Homer bisweilen, und man affektiere einige Nachlässigkeiten, sei es im Genie, sei es in der Tapferkeit, – jedoch nie in der Klugheit, – um das Mißwollen zu besänftigen, daß es nicht berste vor Gift. Man werfe gleichsam dem Stier des Neides den Mantel zu, die Unsterblichkeit zu retten.

94 UNERGRÜNDLICHKEIT DER FÄHIGKEITEN. Der Kluge verhüte, daß man sein Wissen und sein Können bis auf den Grund ermesse, wenn er von allen verehrt sein will. Er lasse zu, daß man ihn kenne, aber nicht, daß man ihn ergründe. Keiner muß die Grenzen seiner Fähigkeiten auffinden können, wegen der augenscheinlichen Gefahr einer Enttäuschung. Nie gebe er Gelegenheit, daß einer ihm ganz auf den Grund komme. Denn größere Verehrung erregt die Mutmaßung und der Zweifel über die Ausdehnung der Talente eines jeden als die genaue Kundschaft davon, so groß sie auch immer sein mögen.

95 DIE ERWARTUNG REGE ERHALTEN. Man muß sie stets zu kirren wissen: das Viel verspreche noch mehr, die glänzendste Tat kündige noch glänzendere an. Man muß nicht seinen ganzen Rest an den ersten Wurf setzen. Ein großer Kunstgriff ist, daß man sich zu mäßigen wisse, im Anwenden seiner Kräfte wie auch seines Wissens, so daß man immer mehr und mehr die Erwartungen befriedigen kann.

98 SEIN WOLLEN NUR IN ZIFFERNSCHRIFT. Die Leidenschaften sind die Pforten der Seele. Das praktischste Wissen besteht in der Vorstellungskunst. Wer mit offenen Karten spielt, läuft Gefahr, zu verlieren. Die Zurückhaltung des Vorsichtigen kämpfe gegen das Aufpassen des Forschenden: gegen Luchse an Spürgeist, Tintenfische* an Verstecktheit. Selbst unsern Geschmack darf keiner kennen, damit man ihm nicht begegne, entweder durch Widerspruch oder durch Schmeichelei.

 * *Bekanntlich läßt der Tintenfisch, wenn verfolgt, einen braunen Farbstoff von sich, das Wasser zu verdunkeln.*

114 NIE EIN MITBEWERBER SEIN. Jeder Anspruch, dem andere sich entgegenstellen, schadet dem Ansehen: die Mitbewerber streben sogleich, uns zu verunglimpfen, um uns zu verdunkeln. Wenige Menschen führen auf eine redliche Art Krieg. Die Nebenbuhler decken die Fehler auf, welche die Nachsicht vergessen hatte. Viele standen in Ansehen, so lange sie keine Nebenbuhler hatten. Die Hitze des Wettstreits ruft längst abgestorbenen Schimpf ins Leben zurück und gräbt die ältesten Stänkereien wieder aus der Erde. Die Mitbewerbung hebt an mit einem Manifest von Verunglimpfungen und nimmt nicht, was sie darf, sondern was sie kann zu Hilfe. Und wenngleich oft, ja meistens die Waffen der Herabsetzung nicht zum Zwecke führen, so suchen wenigstens durch solche die Gegner die niedrige Befriedigung der Rache und schütteln sie dermaßen in der Luft, daß von beschämenden Unfällen der Staub der Vergessenheit herabfliegt. Stets waren die Wohlwollenden friedlich und die Leute von Ruf und Ansehen wohlwollend.

118 DEN RUF DER HÖFLICHKEIT ERWERBEN, denn er ist hinreichend, um beliebt zu sein. Die Höflichkeit ist ein Hauptteil der Bildung und ist eine Art Hexerei, welche die Gunst aller erobert, wie im Gegenteil Unhöflichkeit allgemeine Verachtung und Widerwillen erregt; wenn aus Stolz entspringend, ist sie abscheulich, wenn aus Grobheit, verächtlich. Die Höflichkeit sei stets eher zu groß als zu klein, jedoch nicht gleich gegen alle, wodurch sie zur Ungerechtigkeit würde. Zwischen Feinden ist sie Schuldigkeit, damit man seinen Wert offenbare. Sie kostet wenig und hilft viel; jeder Verehrer ist geehrt. Höflichkeit und Ehre haben vor andern Dingen dies voraus, daß sie bei dem, der sie erzeigt, bleiben.

133 BESSER MIT ALLEN EIN NARR ALS ALLEIN GESCHEIT, sagen politische Köpfe. Denn, wenn alle es sind, steht man hinter keinem zurück, und ist der Gescheite allein, wird er für den Narren gelten. So wichtig ist es, dem Strom zu folgen. Bisweilen besteht das größte Wissen im Nichtwissen oder in der Affektation desselben. Man muß mit den übrigen leben, und die Unwissenden sind in der Mehrzahl. Um allein zu leben, muß man sehr einem Gotte oder ganz einem Tiere ähnlich sein. Doch möchte ich den Aphorismus ummodeln und sagen: besser mit den übrigen gescheit als allein ein Narr; denn einige suchen Originalität in Schimären.

144 MIT DER FREMDEN ANGELEGENHEIT AUFTRETEN, UM MIT DER SEINIGEN ABZUZIEHEN. Es ist ein schlaues Mittel zum Zweck: Allein sogar in den Angelegenheiten des Himmels schärfen christliche Lehrer den Gebrauch dieser List ein. Es ist eine wichtige Verstellung; denn der vorgehaltene Vorteil dient als Lockspeise, den fremden Willen zu leiten; diesem scheint seine Angelegenheit betrieben zu werden, und doch ist sie nur da, fremdem Vorhaben den Weg zu öffnen. Man muß nie unüberlegt vorwärtsschreiten, am wenigsten, wo der Grund gefährlich ist. Ferner auch bei Leuten, deren erstes Wort Nein zu sein pflegt, ist es rätlich, diesem Schuß auszubeugen und ihnen die Schwierigkeit des verlangten Zugeständnisses zu verbergen; noch viel mehr aber, wo sie gar die Umgestaltung schon ahnen könnten. – Dieser Rat gehört zu denen der zweiten Absicht (Nr. 13, vgl. S. 90), welche sämtlich von der äußersten Feinheit sind.

148 DIE KUNST DER UNTERHALTUNG BESITZEN – sie ist es, in der ein ganzer Mann sich produziert. Keine Beschäftigung im Leben erfordert größere Aufmerksamkeit; denn gerade weil sie die gewöhnlichste ist, wird man durch sie sich heben oder stürzen. Ist Behutsamkeit nötig, einen Brief zu schreiben, welches eine überlegte und schriftliche Unterhaltung ist, wie viel mehr bei der gewöhnlichen Unterhaltung, in welcher die Klugheit eine unvorbereitete Prüfung zu bestehen hat! Die Erfahrenen fühlen der Seele den Puls an der Zunge, und deshalb sagte der Weise*: „Sprich, damit ich dich sehe." Einige halten dafür, daß die Kunst der Unterhaltung gerade darin bestehe, daß sie kunstlos sei, indem sie locker und lose, wie die Kleidung, sein müsse. Von der Unterhaltung zwischen genauen Freunden gilt dies wohl; allein, wenn mit Leuten geführt, die Rücksicht verdienen, muß sie gehaltvoller sein, um eben vom Gehalt des Redenden Zeugnis zu geben. Um es recht zu treffen, muß man sich der Gemütsart und dem Verstande des Mitredenden anpassen. Auch affektiere man nicht, Worte zu kritisieren, sonst wird man für einen Grammatikus gehalten; noch weniger sei man der Fiskal der Gedanken, sonst werden alle uns ihren Umgang entziehen und die Mitteilung teuer feil haben. Im Reden ist Diskretion viel wichtiger als Beredsamkeit.

* *Sokrates.*

149 DAS SCHLIMME ANDERN AUFZUBÜRDEN VERSTEHEN. Einen Schild gegen das Mißwollen zu haben, ist eine große List der Regierenden. Sie entspringt nicht, wie Mißgünstige meinen, aus Unfähigkeit, vielmehr aus der höheren Absicht, jemanden zu haben, auf den der Tadel des Mißlingens und die Strafe allgemeiner Schmähungen zurückfalle. Alles kann nicht gut ablaufen, noch kann man alle zufriedenstellen; daher habe man, wenn auch auf Kosten seines Stolzes, so einen Sündenbock, so einen Ausbader unglücklicher Unternehmungen.

150 SEINE SACHEN HERAUSZUSTREICHEN VERSTEHEN. Der innere Wert derselben reicht nicht aus, nicht alle dringen bis auf den Kern oder schauen ins Innere; vielmehr laufen die meisten dahin, wo schon ein Zusammenlauf ist, und gehen, weil sie andere gehen sehen. Ein großer Teil der Kunst besteht darin, seine Sache in Ansehen zu bringen, bald durch Anpreisen, denn Lob erregt Begierde, bald durch eine vortreffliche Benennung, welche einer hohen Meinung sehr förderlich ist; wobei jedoch alle Affektation zu vermeiden. Ferner ist ein allgemeines Anregungsmittel, sie bloß für die Einsichten zu bestimmen, da alle sich für solche halten, und wenn etwa nicht, dann der gefühlte Mangel den Wunsch erregen wird. Hingegen muß man nie seinen Gegenstand als leicht oder gewöhnlich empfehlen, wodurch er mehr herabgesetzt als erleichtert wird: nach dem Ungewöhnlichen haschen alle, weil es für den Geschmack wie für den Verstand anziehender ist.

160 AUFMERKSAMKEIT AUF SICH IM REDEN: wenn mit Nebenbuhlern, aus Vorsicht; wenn mit andern, des Anstands halber. Ein Wort nachzuschicken ist immer Zeit, nie, eins zurückzurufen. Man rede wie im Testament; je weniger Worte, desto weniger Streit. Beim Unwichtigen übe man sich für das Wichtigste. Das Geheimnisvolle hat einen gewissen göttlichen Anstrich. Wer im Sprechen leichtfertig ist, wird bald überwunden oder überführt sein.

162 ÜBER NEBENBUHLER UND WIDERSACHER ZU TRIUMPHIEREN VERSTEHEN. Sie zu verachten, reicht nicht aus, wiewohl es vernünftig ist; sondern Edelmut ist die Sache. Über jedes Lob erhaben ist, wer gut redet von dem, der von ihm schlecht redet. Keine heldenmütigere Rache gibt es als die durch Talente und Verdienste, welche die Neider besiegen und martern. Jede neu erlangte Stufe des Glücks ist ein festeres Zuschnüren des Stranges am Halse des Mißgünstigen, und der Ruhm des Angefeindeten ist die Hölle des Nebenbuhlers; es ist die größte aller Strafen, denn aus dem Glück bereitet sie Gift. Nicht einmal stirbt der Neider, sondern so oft, als das Beifallsrufen dem Beneideten ertönt: die Unvergänglichkeit des Ruhmes des einen ist das Maß der Qual des andern; endlos lebt jener für die Ehre und dieser für die Pein. Die Posaune des Ruhmes verkündet jenem Unsterblichkeit, diesem Tod durch den Strang, wenn er nicht abwarten will, daß der Neid ihn verzehrt habe.

164 EINIGE LUFTSTREICHE TUN, um die Aufnahme, welche manche Dinge finden würden, vorläufig zu untersuchen, zumal solche, über deren Billigung oder Gelingen man Mißtrauen hegt. Man kann sich dadurch des guten Ausgangs vergewissern und behält immer Raum, entweder Ernst zu machen oder einzulenken. Man prüft auf diese Art die Neigungen, und der Aufmerksame lernt seinen Grund und Boden kennen; die wichtigste Vorkehr beim Bitten, beim Lieben und beim Regieren.

170 BEI ALLEN DINGEN STETS ETWAS IN RESERVE HABEN. Dadurch sichert man seine Bedeutsamkeit. Nicht alle seine Fähigkeiten und Kräfte soll man sogleich und bei jeder

Gelegenheit anwenden. Auch im Wissen muß es eine Arrieregarde geben, man verdoppelt dadurch seine Vollkommenheiten. Stets muß man etwas haben, wozu man bei der Gefahr eines schlechten Ausganges seine Zuflucht nehmen kann. Der Entsatz leistet mehr als der Angriff, weil er Wert und Ansehen hervorhebt. Der Kluge geht stets mit Sicherheit zu Werke, und auch in der hier betrachteten Rücksicht gilt jenes pikante Paradoxon: „Mehr ist die Hälfte als das Ganze."*

* *Hesiodus.*

181 OHNE ZU LÜGEN NICHT ALLE WAHRHEITEN SAGEN. Nichts erfordert mehr Behutsamkeit als die Wahrheit: sie ist ein Aderlaß des Herzens. Es gehört gleichviel dazu: sie sagen und sie zu verschweigen verstehen. Man verliert durch eine einzelne Lüge den ganzen Ruf seiner Unbescholtenheit. Der Betrug gilt für ein Vergehen und der Betrüger für falsch, welches noch schlimmer ist. Nicht alle Wahrheiten kann man sagen, die einen nicht unser selbst wegen, die andern nicht des andern wegen.

188 LÖBLICHES ZU BERICHTEN HABEN. Es erhöht die gute Meinung von unserem Geschmack, indem es anzeigt, daß derselbe anderwärts das Vortreffliche kennengelernt hat und daher auch hier es zu schätzen wissen wird; denn wer vordem Vollkommenheiten zu würdigen gewußt hat, wird ihnen auch nachmals Gerechtigkeit widerfahren lassen. Zudem gibt es Stoff zur Unterhaltung, zur Nachahmung, und befördert lobenswerte Kenntnisse. Man erzeigt dadurch auf eine sehr feine Weise den gegenwärtigen Vollkommenheiten eine Höflichkeit. Andere machen es umgekehrt: sie begleiten ihre Erzählung immer mit Tadel und wollen dem Gegenwärtigen durch Herabsetzung des Abwesenden schmeicheln. Dies glückt ihnen bei oberflächlichen Leuten, welche nicht inne werden, wie listig sie bei einem jeden recht schlecht vom andern reden. Manche haben die Politik, die Mittelmäßigkeiten des heutigen Tages höher zu schätzen als die vortrefflichsten Leistungen des gestrigen. Der Aufmerksame durchschaue alle diese Schliche und lasse sich weder durch die übertriebenen Erzählungen der einen mutlos machen, noch durch die Schmeicheleien der andern aufblasen; sondern sehe ein, daß jene sich an einem Orte gerade so wie am andern benehmen, ihre Meinungen vertauschen und sich stets nach dem Orte richten, an welchem sie eben sind.

226 STETS AUFMERKSAM SEIN, VERBINDLICHKEITEN ZU ERZEIGEN. Die meisten reden nicht gewissenhaft, sondern je nach ihren Verbindlichkeiten. Das Schlechte glaubhaft zu machen, ist jeder vollkommen hinreichend, weil alles Schlechte leichten Glauben findet, sollte es zuzeiten auch unglaublich sein. Das Meiste und Beste, was wir haben, hängt von der Meinung anderer ab. Einige lassen sich daran genügen, daß sie das Recht auf ihrer Seite haben, das ist aber nicht hinreichend; man muß ihm durch Bemühungen nachhelfen. Jemanden zu verbinden, kostet oft wenig und hilft viel. Mit Worten erkauft man Taten. In diesem großen Hause der Welt ist kein so unwürdiges Gerät, daß man es nicht wenigstens einmal im Jahre nötig haben sollte, und dann wird man es, so wenig es auch wert sein mag, sehr vermissen. Jeder redet von einem Gegenstand gemäß seiner Neigung.

235 ZU BITTEN VERSTEHEN. Bei einigen ist nichts schwerer, bei andern nichts leichter. Denn es gibt Leute, die nichts abzuschlagen imstande sind; bei solchen ist kein Dietrich vonnöten. Allein es gibt andere, deren erstes Wort, zu allen Stunden, Nein ist; bei diesen bedarf es der Geschicklichkeit, bei allen aber der gelegenen Zeit. Man überrasche sie bei fröhlicher Laune, wenn die vorhergegangene Mahlzeit des Leibes oder des Geistes sie aufgeheitert hat; nur daß nicht etwas schon ihre kluge Vorhersicht der Schlauheit des Versuchenden zuvorgekommen sei. Die Tage der Freude sind die der Gunst, da jene aus dem Innern ins Außere überströmt. Man trete nicht heran, wenn man eben einen andern abgewiesen sah: denn nun ist die Scheu vor dem Nein schon abgeworfen. Nach traurigen Ereignissen ist keine gute Gelegenheit. Den andern zum voraus verbinden, ist ein Austausch, wo man es nicht mit gemeinen Seelen zu tun hat.

236 EINE VORHERGÄNGIGE VERPFLICHTUNG AUS DEM MACHEN, WAS NACHHER LOHN GEWESEN WÄRE. Dies ist eine Geschicklichkeit sehr kluger Köpfe; die Gunst, vor dem Verdienst erzeigt, beweist einen Mann, der Gefühl für Verpflichtungen hat. Die so zum voraus erwiesene Gunst hat zwei große Vorzüge: die Schnelligkeit des Gebers verpflichtet den Empfänger um so stärker, und dieselbe Gabe, welche nachmals Schuldigkeit wäre, wird, zum voraus erteilt, zur Verbindlichkeit des andern. Dies ist eine sehr feine Weise, die Verpflichtungen zu vertauschen: die Verpflichtung des ersteren zum Belohnen jetzt in die des Verbundenen zum Leisten verwandeln. Jedoch ist dies nur zu verstehen von Leuten, welche Gefühl für Verpflichtungen haben; denn für niedrige Gemüter würde der zum voraus erteilte Ehrensold mehr ein Zaum als ein Sporn sein.

267 SEIDENE WORTE UND FREUNDLICHE SANFTMUT. Pfeile durchbohren den Leib, aber böse Worte die Seele. Ein wohlriechender Teig verursacht einen angenehmen Atem. Es ist eine große Lebensklugheit, es zu verstehen, die Luft zu verkaufen. Das meiste wird mit Worten bezahlt, und mittels ihrer kann man Unmöglichkeiten durchsetzen. So treibt man in der Luft Handel mit der Luft, und der königliche Atem vermag Mut und Kraft einzuflößen. Allezeit habe man den Mund voll Zucker, um seine Worte damit zu versüßen, so daß sie selbst dem Feinde wohlschmecken. Um liebenswürdig zu sein, ist das Hauptmittel friedfertig zu sein.

272 DIE SACHEN UM DEN HÖFLICHKEITSPREIS VERKAUFEN, dadurch verpflichtet man am meisten. Nie wird die Forderung des Interessierten der Gabe des edelmütigen Verpflichteten gleichkommen. Die Höflichkeit schenkt nicht, sondern legt eine Verpflichtung auf, und die edle Sitte ist die größte Verpflichtung. Für den rechtlichen Mann ist keine Sache teurer als die, welche man ihm schenkt; man verkauft sie ihm dadurch zweimal und für zwei Preise, den des Wertes und den der Höflichkeit. Inzwischen ist es wahr, daß für den Niedrigdenkenden die edle Sitte Kauderwelsch ist, denn er versteht die Sprache des guten Vernehmens nicht.

284 MAN SEI NICHT ZUDRINGLICH, so wird man nicht zurückgesetzt werden. Man setze selbst Wert auf sich, wenn die andern es sollen. Eher sei man karg als freigebig mit seiner Person. Wer ersehnt ankommt, wird wohl empfangen werden. Nie komme man ungerufen und gehe nur, wenn man gesandt wird. Wer aus freien Stücken etwas unternimmt, wird, wenn es schlecht abläuft, den ganzen Unwillen auf sich laden; läuft es hingegen gut ab, weiß man ihm doch nicht Dank. Der Zudringliche wird mit Geringschätzung und Wegwerfung aller Art überhäuft; eben deshalb, weil er sich mit Unverschämtheit eindrängte, wird er mit Beschämung fortgeschickt.

„Man hüte sich einzutreten, wo eine große Lücke auszufüllen ist"

TAKTISCHES VERHALTEN II: WAS ZU VERMEIDEN IST

In einem größeren Konzern stand die Auswahl des bundesweiten Vertriebsleiters für einen bestimmten Unternehmensbereich an. Alle Beteiligten waren sich einig, dass Herr N. für die Aufgabe hervorragend geeignet sei: kontaktstark, führungserfahren und dynamisch – so wurde er beschrieben. Bis einer aus der Runde ins Spiel brachte, dass er durch das Auftreten von Herrn N. regelmäßig irritiert werde. Warum? Fragte man ihn. „Er hat immer so ein massives goldenes Armband an, das passt doch nicht zu unserer Firma!"

Die nächsten 15 Minuten waren der Diskussion über das „Armband von Herrn N." gewidmet. Tatsächlich bekam er die Position nicht; es hat ihm aber auch niemand erzählt, woran seine Beförderung scheiterte.

Gracián hat vermutlich ähnliche Beobachtungen gemacht, sodass seine Empfehlungen über zu vermeidende Verhaltensweisen besonders reichhaltig ausfallen. Manches ist offensichtlich, anderes setzt ein gewisses Maß an Selbsterkenntnis und Distanzierungsfähigkeit gegenüber dem eigenen Verhalten voraus. Manche Empfehlungen wiederholt er mit Variationen, andere sind ausgesprochen originell (Nr. 237: „Nie um die Geheimnisse der Höheren wissen").

Ein Teil seiner „Vermeidungsregeln" entspricht **taktischen Empfehlungen** in einem Umfeld, in dem die eigene Reputation ein hohes Gut ist – wie es ja auch in vielen Unternehmungen der Fall ist.

Er rät beispielsweise dazu, „sich nicht zu Beschäftigungen zu bekennen, die in schlechtem Ansehen stehen" (Nr. 30) und vorsichtigerweise auch „Ehrensachen" zu meiden (Nr. 47).

Nun gibt es im 21. Jahrhundert in Europa keine Duelle mehr, aber Gracián geht es auch mehr um die Empfindlichkeit, die manche Menschen an den Tag legen.

Wer „im Lichte der Vernunft wandelt", so sagt er, „sieht mehr Mut darin, sich nicht einzulassen als zu siegen" (ebd.). Das heißt eben auch, auf manche Rechthaberei zu verzichten, weil diese in der Regel gar nicht zielführend ist. „Übel vermeiden und sich Verdrießlichkeiten ersparen, ist eine belohnende Klugheit" (Nr. 64), vermerkt Gracián lapidar. „Nie soll man gegen die eigene Wohlfahrt sündigen, um dem zu gefallen, der seinen Rat erteilt und aus dem Handel herausbleibt" (ebd.). Anders gesagt: Wer dem anderen dadurch eine Freude macht, dass er mit einer Handlung sich selbst im Endeffekt Schmerz bereitet, der sollte lieber vorher nachdenken und sich selbst Unglück ersparen (ebd.)!

Praktische Anwendung findet dieser Ratschlag bei der Übernahme bestimmter Ämter und Aufgaben. „Man hüte sich einzutreten, wo eine große Lücke auszufüllen ist" (Nr. 153). Es sei einfach schlau, darauf zu achten, „dass der Vorgänger uns nicht verdunkle" (ebd.). Gracián denkt also nicht nur an die sachliche Seite der Aufgabenerfüllung, sondern auch an die soziale Wirkung, die von ihr ausgeht. Nur die aber ist für die eigene Karriere von Bedeutung, so schärft er immer wieder ein!

In eine ähnliche Richtung geht die Aufforderung, sich nicht „aus Eigensinn auf die schlechtere Seite" zu stellen, nur „weil der Gegner sich bereits auf die bessere gestellt hat" (Nr. 142). Man trete

sonst „schon besiegt auf den Kampfplatz" (ebd.). Und mit ein wenig Glück treffe man auf einen „dummen" Gegner, der sich dann
„auf die entgegengesetzte, folglich schlechtere Seite" wende! Hier
haben wir wieder ein Beispiel für eine durchaus komplexe Verhal-
tenstaktik zum eigenen Vorteil!

Die Suche nach dem eigenen Vorteil führt Gracián auch dazu, sich
gegen falsches Mitleid und – im Kontext eines Unternehmens –
gegen falsche Verbündete auszusprechen. „Nie aus Mitleid gegen
den Unglücklichen sein Schicksal auch sich zuziehen" (Nr. 163).

Es gibt natürlich Leute, „die man stets nur mit Unglücklichen gehen
sieht", was bestenfalls von „edlem Gemüt", aber nicht gerade von
„Klugheit" zeuge (ebd.). Der gegenseitige Konkurrenzkampf war
offensichtlich auch in der höfischen, der gelehrten und der mili-
tärischen Welt des 17. Jahrhunderts schon so weit verbreitet, dass
die Suche nach dem eigenen Vorteil des Individuums den Vorzug
vor ethischen Solidaritätsregeln erlangen konnte!

In die ähnliche Richtung geht die Überlegung, niemand solle „an
fremdem Unglück sterben" (Nr. 285), denn „großer Vorsicht" be-
dürfe es „bei solchen, die zu ertrinken im Begriff sind", wenn man
ihnen „ohne eigene Gefahr" Hilfe leisten wolle (ebd.)!

Im betrieblichen Kontext kann die Umsetzung dieser Verhaltensregeln allerdings bis zu einer Art von Mobbing gehen. Ist jemand
angezählt, halten es viele Kolleginnen und Kollegen für klug, die
betreffende Person zu meiden. Dies kann zu verstärkter Unsicher-
heit und zu noch deutlicheren Konflikten und auch Leistungsmän-
geln führen, bis irgendwann eine solche Position gar nicht mehr zu
halten und das ungünstige Spielfeld zu verlassen ist! Gracián rät
hier allerdings nach der Devise, dass jeder zunächst einmal sich
selbst der Nächste ist.

Taktik ist es auch, wenn Gracián empfiehlt: „Nie seine Sachen sehen lassen, wenn sie erst halb fertig sind" (Nr. 231), denn sonst

53

bleiben sie in ihrer unvollendeten „Missgestalt" in der Einbildungskraft und in der Erinnerung zurück.

Freilich wird es in der Praxis Grenzen geben, denn nicht immer besteht die Möglichkeit, ein fertiges Ergebnis abzuliefern. In ähnlicher
Weise ist es zwar bedenkenswert, wenn Gracián empfiehlt: „Nicht
spitzfindig sein, sondern klug" (Nr. 239), aber die Grenze zwischen
beiden Verhaltensweisen ist nicht immer leicht zu ziehen. Dass
man „weitläufige Erörterungen" meiden und nicht mehr, „als die
Sache mit sich bringt", denken und grübeln solle, ist allerdings beherzigenswert und in aller Regel auch umsetzbar (ebd.)!

Ausgesprochen feinsinnig ist Graciáns Bemerkung, man solle es
vermeiden, dem „Widersprecher" selbst zu widersprechen (Nr. 279).
Man kann dann nämlich leicht in „Verwicklungen" geraten, in eine
rhetorische Eskalation, die letztlich keinen Nutzen bringt. Und
wenn man schon einen Fehler gemacht hat, dann ist es gut, ihn
blitzschnell zu korrigieren und „nicht aus einem dummen Streich
zwei" zu machen (Nr. 214). Wer eine Torheit durch eine größere
Dummheit oder eine Lüge durch eine noch größere Lüge verdecken
wolle, handle höchst ungeschickt und schade sich mehr als durch
die Korrektur des Fehlers!

Wir befinden uns hier bereits auf dem Gebiet der **Selbstkontrolle
im Verhalten**, die eine Reihe von Vorsichtsmaßnahmen erfordert,
um beim eigenen Karrierefortschritt nicht ins Stolpern zu geraten.
Dazu gehört es beispielsweise, dass man „nicht immer Scherz treiben" solle (Nr. 76), denn: „Wer immer scherzt, ist nie der Mann für
ernste Dinge" (ebd.). Wer lieber den Ruf habe, witzig als klug zu
sein, komme nicht voran (ebd.)! So gibt es in vielen Unternehmen
Mitarbeiterinnen und Mitarbeiter, die sich als „Betriebsnudeln" einer gewissen Beliebtheit erfreuen, hierarchisch aber so gut wie nie
voranzukommen pflegen!

Genauso wenig dürfe man aber auch „Selbstzufriedenheit" zeigen
(Nr. 107), zumal diese meist aus „Unwissenheit", das heißt aus man-

gelnder Fähigkeit zur Selbstkritik, entstehe (vgl. ebd.). Auch vermeide man es, als Kritikaster zu gelten, der sich nur für „anderer Schande" interessiert (Nr. 125).

Ebenso schade ständiges Klagen „unserm Ansehen"; man solle also „nie sich beklagen" (Nr. 129). Schließlich ernte man allenfalls Schadenfreude oder sogar Verachtung. Wer vorankommen will, rede eher von der Hochschätzung, die er genießt – und er vermeide es, „erlittene Unbilden oder eigene Fehler" überhaupt bekannt zu machen (ebd.).

Zu jeder erfolgreichen Laufbahn gehören auch Rückschläge. Während aber die einen über die Gründe und Umstände solcher Rückschläge jammern, nehmen die anderen einen zweiten und dritten Anlauf, lassen sich nicht entmutigen und kommen gar nicht so selten doch ans Ziel. Dort angelangt fragt niemand mehr nach den Herausforderungen der Vergangenheit!

Es bringe auch nichts, die eigene Verletzlichkeit oder – wie Gracián es nennt – „den schlimmen Finger" zu zeigen (Nr. 145), denn „immer klopft die Bosheit dahin, wo es der Schwäche wehe tut" (ebd.)!

Karrieretechnisch nicht weniger zweckmäßig ist seine Ermahnung, man solle „mehr darauf wachen, nicht einmal zu fehlen, als hundertmal zu treffen" (Nr. 169).

Natürlich wird immer wieder die „Fehlervermeidungskultur" in einigen großen Unternehmen angeprangert. Tatsächlich aber kommen Beförderungen häufiger zustande, wo Menschen gar kein ausgeprägtes Profil zeigen, aber dafür keine Angriffsfläche bieten, weil sie keine ausschlachtbaren Fehler begangen haben. „Nach der strahlenden Sonne sieht keiner, aber alle sehen nach der verfinsterten", bemerkt Gracián treffend (ebd.), und „nicht was dir gelungen, sondern was du verfehlt hast", werde einem nachgerechnet (ebd.).

Ausgesprochen naheliegend sind Ratschläge wie die Beherrschung der eigenen Affekte: „Nie handle man in leidenschaftlichem Zustande, sonst wird man alles verderben" (Nr. 287). Die Leidenschaft greife die Vernunft an, und dann sei es besser, „für sich einen vernünftigen Vermittler" eintreten zu lassen, „und das wird jeder sein, der ohne Leidenschaft ist" (ebd.).

Zu beachten ist, dass der Begriff der Leidenschaft (pasión) hier für das Handeln im emotional aufgewühlten Zustand verwendet wird, sodass wenig Raum für die abwägende Stimme der Vernunft bleibt!

Mindestens ebenso problematisch sind, gerade in Führungspositionen, diejenigen Menschen, die sich durch die jeweils letzte Meinung leiten lassen, die sie gehört haben. „Der Letzte behalte bei uns nicht allemal recht" (Nr. 248), so drückt es Gracián aus. Für solche Personen findet er eine drastische Ausdrucksweise: „Ihr Denken und Wollen ist von Wachs: der Letzte drückt sein Siegel auf und verwischt die früheren" (ebd.). Man hüte sich davor, solchen Leuten Vertrauen zu schenken, denn „ihr ganzes Leben bleiben sie Kinder" (ebd.).

Liegen derartige taktische Verhaltensweisen noch vollauf im Kontrollbereich des Individuums, so wird es schon schwieriger, Graciáns Überlegungen zur **Wirkungs- und Umfeldkontrolle** umzusetzen. Schließlich hängen Wirkungen nicht nur von einem selbst ab. So empfiehlt Gracián, man solle „übler Nachrede vorbeugen" (Nr. 86). Und er hat zweifellos recht mit seiner Beobachtung, dass es auf der Welt viel „Missgunst" gebe. Andererseits merkt er selbst, dass zwar „Wachsamkeit" geboten, es andererseits aber unmöglich ist, negative Äußerungen über die eigene Person oder das eigene Handeln zu vermeiden!

Leichter zu realisieren ist die Aufforderung, sich kurzzufassen und ohne Weitschweifigkeit auf den Punkt zu kommen. Zur praktischen Erfahrung gehört es aber auch, dass diejenigen am wenigsten auf einen solchen Ratschlag hören, die ihn am meisten beherzigen sollten. „Nicht lästig sein", ruft Gracián (Nr. 105) ihnen zu, denn „das Gute, wenn kurz, ist doppelt gut" (ebd.), und „Quintessenzen sind wirksamer als ein ganzer Wust" (ebd.).

Der weltweit agierende Konsumgüterhersteller Procter & Gamble war lange Zeit für seine Praxis der „Kurzmemos" berühmt. Wer vorankommen wollte, musste die Fähigkeit erwerben, selbst die komplexesten Sachverhalte und Projekte in ihren wesentlichen Punkten auf einer Seite zusammenzufassen! „In der Kürze liegt die Würze", heißt es schließlich auch in einem deutschen Sprichwort. Viele Sitzungen in größeren Unternehmen laufen allerdings geradezu nach einem anderen Motto ab: „Es ist zwar alles gesagt, aber noch nicht von jedem Einzelnen!"

Lästig im Unternehmen ist aber nicht nur der weitschweifige Schwätzer, sondern auch das gehässige Lästermaul. „Kein Ankläger sein" (Nr. 109), so schreibt Gracián und erläutert, dass er damit „Menschen von finsterer Gemütsart" meint, „die alles zum Verbrechen stempeln" und „über alle ihr Verdammungsurteil" aussprechen (ebd.). Dass solche Menschen in der Regel kaum in ihrer Karriere vorankommen, versteht sich von selbst.

Noch stärker bringt er dies in der Empfehlung zum Ausdruck, man solle „sich nicht verhasst machen" (Nr. 119). „Einige gefallen sich darin, mit allen auf schlechtem Fuß zu stehen" (ebd.).

Selbstkontrolle und Kontrolle der eigenen Wirkung gehören zusammen. Übertreibungen oder – wie Schopenhauer übersetzt – „Ungebührlichkeiten" (Nr. 168) nennt Gracián „Narrheit" oder – in heutiger Sprache – „Dummheit". Es sei also darauf zu achten, „nicht zu einem Ungeheuer von Narrheit" zu werden (ebd.). Solche Narrheit oder Dummheit bezieht Gracián auf eitle, arrogante, alberne und eigensinnige Menschen, kurz: auf „verschrobene Köpfe jeder Art" (ebd.).

Wer vorankommen will, solle sich außerdem „nicht mit dem einlassen, der nichts zu verlieren hat" (Nr. 172), denn solche Menschen können „sorglos" auftreten, und das wäre eine schreckliche Gefahr für den eigenen „unschätzbaren Ruf" (ebd.). Dass solche Ratschläge nicht ohne ein gerüttelt Maß an Opportunismus zu haben sind, versteht sich von selbst.

Noch feinsinniger ist Graciáns Hinweis darauf, man solle „nie sein Ansehen von der Probe eines einzigen Versuchs abhängig machen" (Nr. 185). Schließlich sind „Zeit und Gelegenheit" nicht immer günstig: „Die Dinge hängen von gar vielen und mancherlei Zufälligkeiten ab; daher eben der glückliche Ausgang so selten ist" (ebd.). In solchen Bemerkungen klingt vielleicht ein leicht resignativer Zug des Autors durch, dem ja offensichtlich im wirklichen Leben keineswegs alles so gelungen ist, wie er es sich vorgestellt hatte. Und auch er weiß natürlich, dass es Situationen gibt, wo jemand nur eine einzige Chance hat, die er entweder nutzt oder verspielt!

Eine solche, eher allgemeine Sentenz spiegelt sich auch in seinem Ratschlag: „Nicht an der Narrenkrankheit sterben" (Nr. 208). Narren sterben, wie er meint, „voll von gutem Rat", den sie allerdings nicht in die Tat umsetzen. Wie ein Narr sterben, heißt also, „an zu vielem Denken sterben" (ebd.). Skeptisch ist auch der Tenor der Empfehlung „Man gelte nicht für einen Mann von Verstellung" (Nr. 219). Gracián fügt aber sofort hinzu, „obgleich sich's ohne solche heutzutage nicht leben lässt" (ebd.). Dennoch sei es besser, für vorsichtig statt für listig gehalten zu werden – jedenfalls soweit das möglich ist.

Zur Verhaltenskontrolle und Selbstbeherrschung gehört auch Graciáns Rat, „Abzeichen jeder Art" zu vermeiden, denn „die Vorzüge selbst werden zu Fehlern, sobald sie zur Bezeichnung dienen" (Nr. 278).

Besonders gelungen finde ich seine Empfehlung, man solle „nie um die Geheimnisse der Höheren wissen" (Nr. 237), denn „man glaubt,

Kirschen mit ihnen zu essen, wird aber nur die Steine erhalten" (ebd.). Die „Mitteilung eines Geheimnisses von seiten des Fürsten ist keine Gunst, sondern ein Drang seines Herzens" (ebd.): „Schon viele zerbrachen den Spiegel, weil er sie an ihre Hässlichkeit erinnerte" (ebd.), denn wer einem anderen ein Geheimnis anvertraut, „macht sich zu dessen Sklaven" (ebd.).

Gleiches gilt für Vertraulichkeiten unter hierarchisch unterschiedlich gestellten Personen. Die Hierarchie im Unternehmen hört auch dann nicht auf, wenn jemand sich in wirklich oder scheinbar privatem Kontext locker gibt. Unternehmen haben ihre eigenen Gesetze, und diese haben enorm viel mit dem ungehinderten Fließen von Informationen zu tun. Wer im Besitz von potenziell nachteiligen Informationen ist, und sei es auch nur ein Foto vom Strandurlaub des eigenen Vorgesetzten, kann zu einer Quelle von Störungen werden. Ist das Machtgefüge stark genug ausgeprägt und zugleich subtil genug, kommt plötzlich die Karriere des scheinbaren Nutznießers von Vertrauen ins Stocken – und keiner weiß, warum!

Zur Wirkungs- und Umfeldkontrolle gehört auch eine gewisse Taktik in der Unterscheidung der Geister. Gracián ist hier sehr pragmatisch: Man solle „die Glücklichen und Unglücklichen kennen, um sich zu jenen zu halten und diese zu fliehen" (Nr. 31). Schließlich treffe das Unglück nicht immer die Falschen, und schon der Verdacht der Ansteckung durch fremdes Unglück schadet dem eigenen Fortkommen.

Nimmt man es genau, so handelt es sich hier um eine vorsichtige und stillschweigende Form des Mobbings, etwa wenn der Stern eines einst mächtigen Kollegen sinkt. Gracián nimmt an dieser Stelle opportunistisches Karrierestreben offensichtlich in Kauf.

Vermeidungsregeln in hierarchisch geprägten Milieus umfassen somit auch bestimmte **Konformitätsregeln**, etwa wenn Gracián empfiehlt, man solle keinen „Widerspruchsgeist" (Nr. 135) kultivieren.

„Solche Leute machen aus der sanften, angenehmen Unterhaltung einen kleinen Krieg", und das sei „unverständig" und „verderblich" (ebd.).

Gracián treibt die Anforderung an Konformität so weit, dass er empfiehlt, man solle „den fremden Geschmack nicht verfehlen" (Nr. 233), denn „manches, was eine Artigkeit sein sollte, war eine Beleidigung" (ebd.). Natürlich müsse man die Mentalität des anderen oder seine „Sinnesart" richtig einschätzen, sonst würde man „den Leitstern zum fremden Wohlgefallen" verlieren (ebd.).

In die gleiche Richtung geht die Mahnung, man solle, „was vielen gefällt, nicht allein verwerfen" (Nr. 270), denn sonst bleibe man „mit seinem schlechten Geschmack allein" (ebd.). Das Zurückstellen der eigenen Meinung wird hier geradezu kultiviert, damit man keine unnötige Angriffsfläche bietet.

Letzten Endes geht es Gracián immer wieder um ein gewisses Maß an **Selbstkontrolle im sprachlichen Ausdruck**. Dazu gehört beispielsweise eine der beherzigenswerten Empfehlungen, die lautet: „Nie von sich reden" (Nr. 117). Denn „entweder man lobt sich, welches Eitelkeit, oder man tadelt sich, welches Kleinheit ist" (ebd.). Klugheit ist eben auch die Kunst der Zurückhaltung!

Noch schlimmer ist freilich eitle Geschwätzigkeit. „Nicht sich zuhören", nennt Gracián das (Nr. 141) und erläutert: „Sich selbst gefallen hilft wenig, wenn man andern nicht gefällt" (ebd.).

Wenn man aber etwas sagt, ist es sinnvoll, sich Rückwege und Auswege offenzuhalten. Gracián spricht davon, man solle „keinen allzu deutlichen Vortrag haben" (Nr. 253). Anders gewendet: Eine leichte Überforderung der Zuhörer kann sich auszahlen, denn „die meisten schätzen nicht, was sie verstehen; aber was sie nicht fassen können, verehren sie" – und „darum wird gerühmt, wer nicht verstanden wird" (ebd.). Auch hier solle man freilich nicht übertreiben, sondern „verhältnismäßig" vorgehen.

Schließlich gehört zu den Spielregeln des Vermeidens eine Reihe von **Charaktereigenschaften**, die für eine optimale Karriere hinderlich sind.

Dies gilt beispielsweise für die Sprunghaftigkeit. Man solle also „nicht ungleich sein, nicht widersprechend in seinem Benehmen" (Nr. 71). Es gibt Leute, so führt Gracián an, „die alle Tage andere sind", und „was gestern das Weiße ihres Ja war, ist heute das Schwarze ihres Nein" (ebd.).

Genauso deutlich spricht er sich gegen menschliche Unzugänglichkeit und unangebrachte Härte aus („nicht von Stein sein", Nr. 74). Hier nennt Gracián vor allem solche, die „um zu ihren Stellungen zu gelangen, sich bei allen beliebt zu machen" verstünden, um sich dann „dadurch zu entschädigen, dass sie sich allen verhasst machen" (ebd.). Der despotische Amtsinhaber, die gefürchtete Führungskraft oder der Tyrann gegenüber seinen Mitarbeiterinnen und Mitarbeitern sind Beispiele für solche Verhaltensweisen.

Zu vermeiden ist aber auch Wichtigtuerei. „Nicht eine Angelegenheit aus dem machen, was keine ist" (Nr. 121), denn das wäre eine Eigenschaft von Menschen, die alles überaus ernst und sich das zu Herzen nehmen, „was man in den Wind schlagen sollte" (ebd.). Nicht alles wird so heiß gegessen, wie es gekocht wird. Daher gilt: „Und nicht die schlechteste Lebensregel ist: Ruhen lassen" (ebd.).

Man solle auch nicht „zeremoniös" sein (Nr. 184), denn dies wäre eine besondere Form der Wichtigtuerei, die ebenfalls zu vermeiden ist: „Leute dieses Schlages sind Götzendiener ihrer Ehre" (ebd.), zumal sie den Umgang mit sich erheblich erschweren.

Besonders problematisch ist die Verhaltensweise, an einmal begangenen Fehleinschätzungen rigide festzuhalten. „Nicht seine Torheit fortsetzen" (Nr. 261), sagt Gracián: „Manche machen aus einem misslungenen Unternehmen eine Verpflichtung, und weil

sie einen Irrweg eingeschlagen haben, meinen sie, es sei Charakterstärke, darauf weiter zu gehen" (ebd.).

Der große Erfolg von BMW in den letzten Jahren hat seinen Ursprung nicht zuletzt in der Korrektur eines Irrtums, dem Kauf von
Rover. Solche Fehler kommen vor, aber es ist teuer und kann sogar
bedrohlich werden, zu lange auf eine Kehrtwendung zu warten. Bei
der Daimler AG wurde relativ schnell klar, dass die Traumhochzeit
mit Chrysler nicht zum Erfolg führte, aber die Konsequenz aus dieser Einsicht zog sich bis zum Herbst 2007 hin! „Nicht seine Torheit
fortsetzen", sagt Gracián dazu (Nr. 261)!

Flexibilität in wechselnden Situationen ist hier erforderlich. In diese
Richtung weist eine andere Gruppe seiner Maximen, die im folgenden Kapitel zusammengestellt werden (Kapitel 4).

30 SICH NICHT ZU BESCHÄFTIGUNGEN BEKENNEN, DIE IN SCHLECH-
TEM ANSEHEN STEHEN, noch weniger zu Schimären, wodurch man sich eher in Verachtung als in Ansehen
bringt. Es gibt mancherlei grillenhafte Sekten, von welchen allen der kluge Mann sich fernhält. Aber es gibt
Leute von wunderlichem Geschmack, welche immer
nach dem greifen, was die Weisen verworfen haben,
und dann in diesen Seltsamkeiten sich gar sehr gefallen. Dadurch werden sie zwar allgemein bekannt, doch
mehr als Gegenstand des Lachens als des Ruhms. Sogar
zur Weisheit wird der umsichtige Mann sich nicht auf
eine hervorstechende Weise bekennen, viel weniger zu
Dingen, welche ihre Anhänger lächerlich machen. Sie
werden hier nicht aufgezählt, weil die allgemeine Verachtung sie genugsam bezeichnet hat.

31 DIE GLÜCKLICHEN UND UNGLÜCKLICHEN KENNEN, um sich zu
jenen zu halten und diese zu fliehen. Das Unglück ist
meistenteils Strafe der Torheit, und für die Teilnahme ist
keine Krankheit ansteckender. Man darf nie dem kleinen Übel die Tür öffnen, denn hinter ihm werden sich
stets viel andere und größere einschleichen. Die feinste
Kunst beim Kartenspiel besteht im richtigen Ausspielen, und die kleinste Karte der Farbe, die jetzt Trumpf
ist, ist wichtiger als die größte derjenigen, die es vorher
war. Ist man zweifelhaft, so ist das Gescheiteste, sich zu
den Klugen und Vorsichtigen zu halten, da diese früh
oder spät das Glück einholen.

47 EHRENSACHEN MEIDEN. Einer der wichtigsten Gegenstände der Vorsicht. In Leuten von umfassendem Geiste liegen stets die Extreme sehr weit von einander entfernt,
so daß ein langer Weg von einem zum andern ist; sie
selbst aber halten sich immer im Mittelpunkt ihrer Klugheit, daher sie es nicht leicht zum Bruch kommen lassen.
Denn es ist viel leichter, einer Gelegenheit dieser Art

auszuweichen, als mit Glück aus derselben herauszukommen. Dergleichen sind Versuchungen unsrer Klugheit, und es ist sicherer, sie zu fliehen, als in ihnen zu siegen. Eine Ehrensache führt eine andere und schlimmere herbei, und dabei kann die Ehre leicht sehr zu Schaden kommen. Es gibt Leute, die vermöge ihres eigentümlichen oder ihres Nationalcharakters leicht Gelegenheit nehmen und geben und geneigt sind, Verpflichtungen dieser Art einzugehen. Hingegen bei dem, der im Lichte der Vernunft wandelt, bedarf die Sache längerer Überlegung. Er sieht mehr Mut darin, sich nicht einzulassen als zu siegen; und wenn auch etwa ein allzeit bereitwilliger Narr da ist, so bittet er zu entschuldigen, daß er nicht Lust hat, der andre zu sein.

64 ÜBEL VERMEIDEN UND SICH VERDRIESSLICHKEITEN ERSPAREN, ist eine belohnende Klugheit. Vielen weiß die Vorsicht aus dem Wege zu gehen: sie ist die Luciana des Glücks und dadurch der Zufriedenheit. Schlimme Nachrichten soll man nicht überbringen, noch weniger empfangen; den Eingang soll man ihnen untersagen, wenn es nicht der der Hilfe ist. Einige haben nur für die Süßigkeit der Schmeicheleien Ohren, andere nur für die Bitterkeit der üblen Nachrede, und manche können nicht ohne einen täglichen Ärger leben, wie Mithridates nicht ohne Gift. Ebenfalls ist es keine Regel der Selbsterhaltung, daß man sich eine Betrübnis auf zeitlebens bereite, um einem andern, und stände er uns noch so nahe, einmal einen Gefallen zu tun. Nie soll man gegen seine eigene Wohlfahrt sündigen, um dem zu gefallen, der seinen Rat erteilt und aus dem Handel herausbleibt. Und bei jeder Begebenheit, wo dem andern eine Freude, sich selber einen Schmerz bereiten hieße, ist die passende Regel: es sei besser, daß er jetzt betrübt werde, als du nachher und ohne Nachhilfe.

71 NICHT UNGLEICH SEIN, nicht widersprechend in seinem Benehmen, weder von Natur noch aus Affektation. Ein verständiger Mann ist stets derselbe in allen seinen Vollkommenheiten und erhält sich dadurch den Ruf der Gescheitheit; Veränderungen können bei ihm nur aus äußeren Ursachen oder fremden Verdiensten entstehen. In Sachen der Klugheit ist die Abwechslung eine Häßlichkeit. Es gibt Leute, die alle Tage andere sind, sogar ihr Verstand ist ungleich, noch mehr ihr Wille und bis auf ihr Glück. Was gestern das Weiße ihres Ja war, ist heute das Schwarze ihres Nein. So arbeiten sie beständig ihrem eigenen Kredit und Ansehen entgegen und verwirren die Begriffe der andern.

74 NICHT VON STEIN SEIN. In den bevölkertsten Orten hausen die rechten wilden Tiere. Die Unzugänglichkeit ist ein Fehler, der aus dem Verkennen seiner selbst entspringt: da verändert man mit dem Stande den Charakter, wiewohl es kein passender Weg zur allgemeinen Hochachtung ist, daß man damit anfängt, allen ärgerlich zu sein. Ein sehenswertes Schauspiel ist ein so unzugängliches Ungeheuer, stets von seiner trotzenden Inhumanität besessen; die Abhängigen, deren hartes Schicksal will, daß sie mit ihm zu reden haben, treten ein wie zum Kampf mit einem Tiger, gerüstet mit Behutsamkeit und voll Furcht. Solche Leute wußten, um zu ihren Stellungen zu gelangen, sich bei allen beliebt zu machen; und jetzt, da sie solche inne haben, suchen sie sich dadurch zu entschädigen, daß sie sich allen verhaßt machen. Vermöge ihres Amtes sollen sie für viele dasein, sind aber aus Trotz oder Stolz für keinen da. Eine feine Züchtigung für sie ist, daß man sie stehen lasse, indem man ihnen den Umgang und mit diesem die Klugheit entzieht.

76 NICHT IMMER SCHERZ TREIBEN. Der Verstand eines Mannes zeigt sich im Ernsthaften, welches daher mehr Ehre bringt als das Witzige. Wer immer scherzt, ist nie der Mann für ernste Dinge. Man stellt ihn dem Lügner gleich; sofern man beiden nicht glaubt, indem man beim einen Lügen, beim andern Possen vermutet. Nie weiß man, ob er bei Vernunft spricht, welches soviel ist, als hätte er keine. Nichts geziemt sich weniger als das beständige Schäkern. Manche erwerben sich den Ruf, witzige Köpfe zu sein auf Kosten des Kredits, für gescheite Leute zu gelten. Sein Weilchen mag der Scherz haben; aber alle übrige Zeit gehöre dem Ernst.

86 ÜBLER NACHREDE VORBEUGEN. Der große Haufen hat viele Köpfe und folglich viele Augen zur Mißgunst und viele Zungen zur Verunglimpfung. Geschieht es, daß unter ihm irgendeine üble Nachrede in Umlauf kommt, so kann das größte Ansehen darunter leiden; wird solche gar zu einem gemeinen Spitznamen, so kann sie die Ehre untergraben. Den Anlaß gibt meistens irgendein hervorstechender Übelstand, ein lächerlicher Fehler, wie dem dergleichen der passendste Stoff zum Geschwätz ist. Oft aber auch ist es die Tücke einzelner, welche der allgemeinen Bosheit Verunglimpfungen zuführt. Denn es gibt Lästermäuler, und diese richten einen großen Ruf schneller durch ein Witzwort, als durch einen offen hingeworfenen, frechen Vorwurf zugrunde. Man kommt gar leicht in schlechten Ruf, weil das Schlechte sehr glaublich ist; sich rein zu waschen, hält aber schwer. Der kluge Mann vermeide also solche Unfälle und stelle der Unverschämtheit des gemeinen Haufens seine Wachsamkeit entgegen; denn leichter ist das Verhüten als die Abhilfe.

105 NICHT LÄSTIG SEIN. Der Mann von einem Geschäft und einer Rede pflegt sehr beschwerlich zu fallen. Die Kürze ist einnehmend und dem Geschäftsgang gemäßer. Sie ersetzt an Höflichkeit, was ihr an Ausdehnung abgeht.

Das Gute, wenn kurz, ist doppelt gut; und selbst das Schlimme, wenn wenig, ist nicht so schlimm. Quintessenzen sind wirksamer als ein ganzer Wust. Auch ist es eine bekannte Wahrheit, daß weitläufige Leute selten von vielem Verstande sind, welches sich nicht sowohl im Materiellen der Anordnung als im Formellen des Denkens zeigt. Es gibt Leute, welche mehr zum Hindernis als zur Zierde der Welt da sind, unnütze Möbel, die jeder aus dem Wege rückt. Der Kluge hüte sich, lästig zu sein, und zumal den Großen, da diese ein sehr beschäftigtes Leben führen, und es schlimmer wäre, einen von ihnen verdrießlich zu machen als die ganze übrige Welt. Das gut Gesagte ist bald gesagt.

107 KEINE SELBSTZUFRIEDENHEIT ZEIGEN. Man sei weder unzufrieden mit sich selbst, denn das wäre Kleinmut – noch selbstzufrieden, denn das wäre Dummheit. Die Selbstzufriedenheit entsteht meist aus Unwissenheit und wird zu einer Glückseligkeit des Unverstandes, die zwar nicht ohne Annehmlichkeit sein mag, jedoch unserm Ruf und Ansehen nicht förderlich ist. Weil man die unendlich höheren Vollkommenheiten anderer nicht einzusehen imstande ist, wird man durch irgendein gemeines und mittelmäßiges Talent in sich höchlich befriedigt. Mißtrauen ist stets klug und überdies auch nützlich, entweder um den üblen Ausgang der Sachen vorzubeugen, oder um sich, wenn er da ist, zu trösten; da ein Unglück den nicht überrascht, der es schon fürchtete. Auch Homer schläft zuzeiten, und Alexander fiel von seiner Höhe und aus seiner Täuschung. Die Dinge hängen von gar vielerlei Umständen ab, und was an einer Stelle und bei einer Gelegenheit einen Triumph feierte, wurde bei einer andern Gelegenheit zuschande. Inzwischen besteht die unheilbare Dummheit darin, daß die leerste Selbstzufriedenheit zu voller Blüte aufgegangen ist und mit ihrem Samen immer weiter wuchert.

109 KEIN ANKLÄGER SEIN. Es gibt Menschen von finsterer Gemütsart, die alles zum Verbrechen stempeln, nicht von Leidenschaft, sondern von einem natürlichen Hange getrieben. Sie sprechen über alle ihr Verdammungsurteil aus, über jene für das, was sie getan haben, über diese für das, was sie tun werden. Es zeugt von einem grausamen, ja niederträchtigen Sinn; und sie klagen mit einer solchen Übertreibung an, daß sie aus Splittern Balken machen, die Augen damit auszustoßen. Überall sind sie Zuchtmeister, die ein Elysium in eine Galeere umwandeln möchten. Kommt gar noch Leidenschaft hinzu, so treiben sie alles aufs äußerste. Im Gegenteil weiß ein edles Gemüt für alles eine Entschuldigung zu finden, wenn nicht ausdrücklich, durch Nichtbeachtung.

117 NIE VON SICH REDEN. Entweder man lobt sich, welches Eitelkeit, oder man tadelt sich, welches Kleinheit ist, und wie es im Sprecher Unklugheit verrät, so ist es für den Hörer eine Pein. Wenn nun dies schon im gewöhnlichen Umgang zu vermeiden ist, wie viel mehr auf einem hohen Posten, wo man zur Versammlung redet, und wo der leichteste Schein von Unverstand schon für diesen selbst gilt. Der gleiche Verstoß gegen die Klugheit liegt im Reden von Anwesenden; wegen der Gefahr auf eine von zwei Klippen zu stoßen: Schmeichelei oder Tadel.

119 SICH NICHT VERHASST MACHEN. Man rufe nicht den Widerwillen hervor, auch ungesucht kommt er gar bald von selbst. Viele verabscheuen aus freien Stücken, ohne zu wissen wofür oder warum. Ihr Übelwollen kommt selbst unsrer Zuvorkommenheit zuvor. Die Gehässigkeit unsrer Natur ist tätiger und rascher zu fremdem Schaden als die Begehrlichkeit derselben zum eigenen Vorteil. Einige gefallen sich darin, mit allen auf schlechtem Fuß zu stehen, weil sie Überdruß empfinden oder erregen. Hat einmal der Haß Wurzel gefaßt, so ist er, wie der schlechte Ruf, schwer auszurotten. Leute von großem Verstande werden gefürchtet, die mit böser Zunge werden verabscheut, die Anmaßenden sind zum Ekel, die Spötter ein Greuel, die Sonderlinge läßt man stehen. Demnach bezeuge man Hochachtung, um welche zu ernten, und denke, daß geschätzt sein ein Schatz ist.

121 NICHT EINE ANGELEGENHEIT AUS DEM MACHEN, WAS KEINE IST. Wie manche aus allem eine Klatscherei machen, so andere aus allem eine Angelegenheit. Immer sprechen sie mit Wichtigkeit, alles nehmen sie ernstlich und machen eine Streitigkeit oder eine geheimnisvolle Sache daraus. Verdrießlicher Dinge darf man sich nur selten ernstlich annehmen, denn sonst würde man sich zur Unzeit in Verwicklungen bringen. Es ist sehr verkehrt, wenn man sich das zu Herzen nimmt, was man in den Wind schlagen sollte. Viele Sachen, die wirklich etwas waren, wurden zu nichts, weil man sie ruhen ließ; aus andern, die eigentlich nichts waren, wurde viel, weil man sich ihrer annahm. Anfangs läßt sich alles leicht beseitigen, späterhin nicht. Oft bringt die Arznei die Krankheit erst hervor. Und nicht die schlechteste Lebensregel ist: ruhen lassen.

125 KEIN SÜNDENREGISTER SEIN. Sich anderer Schande angelegen sein lassen, ist ein Zeichen, daß man selbst schon keinen fleckenlosen Ruf mehr hat. Einige möchten mit den fremden Flecken die ihrigen zudecken oder gar abwaschen oder sie suchen einen Trost darin, der aber ein Trost für den Unverstand ist. Einen übelriechenden Atem haben die, welche die Kloake des Schmutzes der ganzen Stadt sind. Wer in Dingen dieser Art am meisten wühlt, wird sich am meisten besudeln. Wenige werden ohne irgendeinen eigentümlichen Fehler sein, er liege nun hier oder dort: aber die Fehler wenig bekannter Leute sind nicht bekannt. Der Aufmerksame hüte sich, ein Sündenregister zu werden: denn das heißt ein verabscheuter Patron sein, herzlos, wenn auch lebendig.

129 NIE SICH BEKLAGEN. Das Klagen schadet stets unserm Ansehen. Es dient leichter, der Leidenschaftlichkeit anderer ein Beispiel der Verwegenheit an die Hand zu geben als uns den Trost des Mitleids zu verschaffen; denn dem Zuhörer zeigt es den Weg zu eben dem, worüber wir klagen, und die Kunde der ersten Beleidigung ist die Entschuldigung der zweiten. Einige geben durch ihre Klagen über erlittenes Unrecht zu neuem Anlaß, und indem sie Hilfe oder Trost suchen, erregen sie Schadenfreude und sogar Verachtung. Viel politischer ist es, die von dem einen erhaltenen Gunstbezeugungen dem andern zu rühmen, um ihn zu ähnlichen zu verpflichten; indem wir der Verbindlichkeiten erwähnen, welche wir gegen die Abwesenden fühlen, fordern wir die Anwesenden auf, sich ebensolche zu erwerben, und verkaufen dergestalt das Ansehen, in welchem wir bei dem einen stehen, dem andern. Nie also wird der Aufmerksame erlittene Unbilden oder eigene Fehler bekannt machen, wohl aber die Hochschätzung, deren er genießt; dadurch hält er seine Freunde fest und seine Feinde in Schranken.

135 KEINEN WIDERSPRUCHSGEIST HEGEN, denn er ist dumm und widerlich; man rufe seine ganze Klugheit dagegen auf. Wohl zeugt es bisweilen von Scharfsinn, daß man bei allem Schwierigkeiten entdeckt; allein der Eigensinn hierbei entgeht nicht dem Vorwurf des Unverstandes. Solche Leute machen aus der sanften, angenehmen Unterhaltung einen kleinen Krieg und sind so mehr die Feinde ihrer Vertrauten, als derer, die nicht mit ihnen umgehen. Im wohlschmeckendsten Bissen fühlt man am meisten die Gräte, die ihn durchbohrt, und so ist der Widerspruch zur Zeit der Erholung. Solche Leute sind unverständig, verderblich, ein Verein des wilden mit dem dummen Tier.

141 NICHT SICH ZUHÖREN. Sich selber gefallen hilft wenig, wenn man andern nicht gefällt, und meistens straft die allgemeine Geringschätzung die selbsteigene Zufriedenheit. Wer sich selber so sehr genügt, wird es nie den andern. Reden und zugleich selbst zuhören wollen, geht nicht wohl; und wenn mit sich allein zu reden eine Narrheit ist, so ist es eine doppelte, sich noch vor andern zuhören zu wollen. Es ist eine Schwäche großer Herren, mit dem Grundbaß von „Ich sage etwas" zu reden, zur Marter der Zuhörer; bei jedem Satz horchen sie nach Beifall oder Schmeichelei und treiben die Geduld der Klugen aufs äußerste. Auch pflegen die Aufgeblasenen unter Begleitung eines Echos zu reden, und indem ihre Unterhaltung auf dem Kothurn des Dünkels einherschreitet, ruft sie bei jedem Worte die widerliche Hilfe eines dummen „Wohl gesprochen" auf.

142 NIE AUS EIGENSINN SICH AUF DIE SCHLECHTERE SEITE STELLEN, WEIL DER GEGNER SICH BEREITS AUF DIE BESSERE GESTELLT HAT. Denn sonst tritt man schon besiegt auf den Kampfplatz und wird daher notwendig mit Schimpf und Schande abziehen müssen. Mit schlechten Waffen wird man nie gut kämpfen. Im Gegner war es Schlauheit, daß er in der Erwählung des Bessern den Vorsprung gewann, im andern aber Dummheit, daß er, um sich ihm entgegenzustellen, jetzt das schlechtere ergriff. Dergleichen Eigensinn in Taten bringt tiefer in die Klemme als der in Worten, insofern mehr Gefahr beim Tun als beim Reden ist. Die Eigensinnigen zeigen ihre Gemeinheit darin, daß sie der Wahrheit zum Trotz streiten und ihrem eigenen Nutzen zum Trotz prozessieren. Der Kluge stellt

71

sich nie auf die Seite der Leidenschaft, sondern immer auf die des Rechts, sei es, daß er gleich anfangs als der Erste dahin getreten, oder erst als der Zweite, indem er sich eines Besseren bedachte. Ist im letzteren Fall der Gegner dumm, so wird er, sich jetzt im obigen Fall befindend, nun seinen Weg ändern und auf die entgegengesetzte, folglich schlechtere Seite treten. Um ihn also vom Besseren wegzutreiben, ist das einzige Mittel, es selbst zu ergreifen; denn aus Dummheit wird er es fahren lassen, und durch diesen Eigensinn wird der andere seiner entledigt.

145 **NICHT DEN SCHLIMMEN FINGER ZEIGEN**, sonst trifft alles dahin; nicht über ihn klagen: immer klopft die Bosheit dahin, wo es der Schwäche wehe tut. Sich zu erzürnen, würde zu nichts dienen, als den Spaß der Unterhaltung zu erhöhen. Die böse Absichtlichkeit schleicht umher, nach Gebrechen suchend, die sie aufdecken könnte; sie schlägt mit Ruten, die Empfindung zu prüfen, und wird den Versuch tausendmal wiederholen, bis sie die wunde Stelle gefunden hat. Der Aufmerksame zeige nie, daß er getroffen sei, und decke sein persönliches oder erbliches Übel niemals auf. Denn sogar das Schicksal selbst findet zuweilen Gefallen daran, uns gerade da zu betrüben, wo es am meisten wehe tut. Stets treffen seine Schläge auf die wunde Stelle; daher offenbare man weder, was schmerzt, noch was erfreut, damit das eine ende, das andere verharre.

153 **MAN HÜTE SICH EINZUTRETEN, WO EINE GROSSE LÜCKE AUSZUFÜLLEN IST**; tut man es jedoch, so sei man gewiß, den Vorgänger zu übertreffen, ihm nur gleichzukommen, erfordert schon doppelten Wert. Wie es fein ist, dafür zu sorgen, daß der Nachfolger uns zurückgesehnt mache, so ist es auch schlau, zu verhüten, daß der Vorgänger uns nicht verdunkle. Eine große Lücke auszufüllen, ist schwer, denn stets erscheint das Vergangene als das Bessere; und sogar dem Vorgänger gleich zu sein, ist nicht hinreichend, weil er schon den Erstbesitz voraus hat. Daher muß man noch Vorzüge hinzuzufügen haben, um den andern aus seinem Besitz der höheren Meinung herauszuwerfen.

163 NIE AUS MITLEID GEGEN DEN UNGLÜCKLICHEN SEIN SCHICKSAL AUCH SICH ZUZIEHEN. Was für den einen ein Mißgeschick, ist oft für den andern die glücklichste Begebenheit; denn keiner könnte beglückt sein, wenn nicht viele andere unglücklich wären. Es ist den Unglücklichen eigentümlich, daß sie leicht den guten Willen der Leute erlangen, indem diese durch ihre unnütze Kunst die Schläge des Schicksals ausgleichen möchten; und bisweilen sah man den, welcher auf dem Gipfel des Glücks allen verhaßt war, im Unglück von allen bemitleidet: die Rachgier gegen den Erhobenen hatte sich in Teilnahme für den Gefallenen verwandelt. Jedoch der Kluge merke auf, wie das Schicksal die Karten mischt. Leute gibt es, die man stets nur mit Unglücklichen gehen sieht, und der, den sie als einen Beglückten gestern flohen, steht heute als ein Unglücklicher an ihrer Seite. Das zeugt bisweilen von einem edlen Gemüt, jedoch nicht von Klugheit.

168 NICHT ZU EINEM UNGEHEUER VON NARRHEIT WERDEN. Dergleichen sind alle Eitle, Anmaßliche, Eigensinnige, Kapriziöse, von ihrer Meinung nicht Abzubringende, Überspannte, Gesichterschneider, Possenreißer, Neuigkeitskrämer, Paradoxisten, Sektierer und verschrobene Köpfe jeder Art: sie sind alle Ungeheuer von Ungebührlichkeit. Aber jede Mißgestalt des Geistes ist häßlicher als die des Leibes, weil sie einer höheren Gattung von Schönheit widerstreitet. Allein, wer soll einer so großen und gänzlichen Verstimmung zu Hilfe kommen? Wo die große Obhut seiner selbst fehlt, ist keine Leitung mehr möglich, und an die Stelle eines nachdenkenden Bemerkens des fremden Spottes ist der falsche Dünkel eines eingebildeten Beifalls getreten.

169 MEHR DARAUF WACHEN, NICHT EINMAL ZU FEHLEN, ALS HUN-DERTMAL ZU TREFFEN. Nach der strahlenden Sonne sieht keiner, aber alle sehen nach der verfinsterten. Die gemeine Kritik der Welt wird dir nicht, was dir gelungen, sondern was du verfehlt hast, nachrechnen. Die üble Nachrede trägt den Ruf der Schlechten weiter als der erlangte Beifall den der Guten. Viele kannte die Welt nicht eher, als bis sie sich vergangen hatten. Alle gelungenen Leistungen eines Mannes zusammengenommen sind nicht hinreichend, einen einzigen und kleinen Makel auszulöschen. Also komme jeder vom Irrtum hierüber zurück und wisse, daß alles, was er jemals schlecht gemacht, jedoch nichts von dem, was er gut gemacht, von den Übelwollenden angemerkt werden wird.

172 SICH NICHT MIT DEM EINLASSEN, DER NICHTS ZU VERLIEREN HAT. Denn dadurch geht man einen ungleichen Kampf ein. Der andere tritt sorglos auf, denn er hat sogar die Scham verloren, ist mit allem fertig geworden und hat weiter nichts zu verlieren. Daher wirft er sich zu jeder Ungebührlichkeit auf. So schrecklicher Gefahr darf man nie seinen unschätzbaren Ruf aussetzen, der so viele Jahre zu erwerben gekostet hat und jetzt in einem Augenblick verlorengehn kann, indem ein einziger schmählicher Unfall so vielen heißen Schweiß vergeblich machen würde. Der Mann von Pflicht und Ehrgefühl nimmt Anstand, weil er viel zu verlieren hat; er zieht sein Ansehen und dann das des anderen in Erwägung; nur mit Behutsamkeit läßt er sich ein und geht dann mit solcher Zurückhaltung zu Werke, daß die Vorsicht Raum behält, sich zu rechter Zeit zurückzuziehen und sein Ansehen in Sicherheit zu bringen. Denn nicht einmal durch einen glücklichen Ausgang würde er das gewinnen, was er schon dadurch verloren hätte, daß er sich einem unglücklichen aussetzte.

184 NICHT ZEREMONIÖS SEIN. Sogar in einem Könige war die Affektion hierin als eine Sonderbarkeit weltkundig. Wer in diesem Punkte kritisch ist, macht sich lästig; und doch haben ganze Nationen diese Eigenheit. Das Kleid der Narrheit ist aus solchen Dingen zusammengenäht: Leute dieses Schlages sind Götzendiener ihrer Ehre und zeigen doch, daß sie auf wenig gegründet ist, da sie fürchten, daß alles dieselbe verletzen könne. Es ist gut, auf Achtung zu halten; aber man gelte nicht für einen großen Zeremonienmeister. Allerdings ist es wahr, daß ein Mann ohne alle Umstände ausgezeichneter Tugenden bedarf. Man soll die Höflichkeit weder affektieren noch verachten; es zeugt nicht von Größe, daß man in Kleinigkeiten eigen ist.

185 NIE SEIN ANSEHEN VON DER PROBE EINES EINZIGEN VERSUCHS ABHÄNGIG MACHEN; denn mißglückt er, so ist der Schaden unersetzlich. Es kann leicht vorkommen, daß man einmal fehlt, und besonders beim ersten Mal. Zeit und Gelegenheit sind nicht immer günstig; daher man sagt, jemand habe seinen glücklichen Tag. Seinen zweiten Versuch stelle man durch Verbindung mit dem ersten sicher; dann wird, er mag gelingen oder mißglücken, der erste seine Ehrenrettung sein. Immer muß man seine Zuflucht zu einer Verbesserung nehmen und sich auf ein Mehreres berufen können. Die Dinge hängen von gar vielen und mancherlei Zufälligkeiten ab; daher eben der glückliche Ausgang so selten ist.

208 NICHT AN DER NARRENKRANKHEIT STERBEN. Meistens sterben die Weisen, nachdem sie den Verstand verloren haben; die Narren hingegen voll von gutem Rat. Wie ein

Narr sterben, heißt, an zu vielem Denken sterben. Einige sterben, weil sie denken und empfinden; andere leben weil sie nicht denken und empfinden; diese sind Narren, weil sie nicht vor Schmerz sterben, und jene, weil sie es tun. Ein Narr ist, wer an zu großem Verstande stirbt; demnach sterben einige, weil sie gescheit, und leben andere, weil sie nicht gescheit sind. Jedoch obgleich viele wie Narren sterben, so sterben doch wenige Narren.

214 NICHT AUS EINEM DUMMEN STREICH ZWEI MACHEN. Es geschieht häufig, daß man, um einen zu verbessern, vier andere begeht, oder eine Ungehörigkeit durch eine größere gutmachen will. Entweder ist die Torheit aus der Familie der Lüge, oder diese aus jener, da beide dies gemein haben, daß jede einzelne, um sich aufrecht zu erhalten, viele andere notwendig macht. Schlimmer als die schlechte Anklage war stets die Inschutznahme derselben, und übler als das Üble selbst ist es, solches nicht verhehlen zu können. Es ist das Erbteil der Unvollkommenheiten, daß jede noch viele andere auf Zinsen gibt. Ein Versehen zu machen, kann dem gescheitesten Manne begegnen, jedoch nicht zwei, und selbst jenes nur am Lauf, nicht im Sitzen.

219 MAN GELTE NICHT FÜR EINEN MANN VON VERSTELLUNG, obgleich sich's ohne solche heutzutage nicht leben läßt. Für vorsichtig sei man gehalten, nicht für listig. Daß man schlicht in seinem Tun sei, ist allen angenehm, wiewohl es nicht jeder für sein eigenes Haus mag. Die Aufrichtigkeit gehe nicht in Einfalt über und die Klugheit nicht in Arglist. Man sei lieber als ein Weiser geehrt, als wegen seiner Schlauheit gefürchtet. Die Offenherzigen werden geliebt, aber betrogen. Die größte Kunst bestehe darin, daß man bedecke, was für Betrug gehalten wird. Im goldenen Zeitalter war die Geradheit an der Tagesordnung, in diesem eisernen ist es die Arglist. Der Ruf, ein Mann zu sein, der weiß, was er zu tun hat, ist ehrenvoll und erwirbt Zutrauen; aber der eines verstellten Menschen ist verfänglich und erregt Mißtrauen.

231 NIE SEINE SACHEN SEHEN LASSEN, WENN SIE ERST HALB FERTIG SIND; in ihrer Vollendung wollen sie genossen sein. Alle Anfänge sind ungestalt, und nachher bleibt diese Mißgestalt in der Einbildungskraft zurück. Die Erinnerung, etwas im Zustande der Unvollkommenheit gesehen zu haben, verdirbt den Genuß, wenn es vollendet ist. Einen großen Gegenstand mit einem Male zu genießen, verwirrt zwar das Urteil über die einzelnen Teile, ist aber doch allein dem Geschmack angemessen. Ehe eine Sache alles ist, ist sie nichts, und indem sie zu sein anfängt, steckt sie noch tief in jenem, ihrem Nichts. Deshalb verhüte jeder große Meister, daß man seine Werke im Embryonenzustand sehe; von der Natur selbst nehme er die Lehre an, sie nicht eher ans Licht zu bringen, als bis sie sich sehen lassen können.

233 DEN FREMDEN GESCHMACK NICHT VERFEHLEN, sonst macht man ihm statt eines Vergnügens einen Verdruß. Einige erregen, indem sie eine Verbindlichkeit erzeigen wollen, Mißfallen, weil sie die verschiedenen Sinnesarten nicht begreifen. Manches ist dem einen eine Schmeichelei, dem anderen eine Kränkung; und manches, was eine Artigkeit sein sollte, war eine Beleidigung. Oft hat es mehr gekostet, jemandem Mißvergnügen zu bereiten, als es gekostet haben würde, ihm Vergnügen zu machen; man verliert alsdann den Dank und das Geschick, weil man den Leitstern zum fremden Wohlgefallen verloren hatte. Wer den Sinn des andern nicht kennt, wird ihn schwerlich befriedigen. Daher auch kam es, daß mancher ein Lob zu äußern vermeinte und einen Tadel aussprach, zu seiner wohlverdienten Strafe. Andere wieder glauben, durch ihre Beredsamkeit zu unterhalten, und martern den Geist durch ihre Geschwätzigkeit.

237 NIE UM DIE GEHEIMNISSE DER HÖHEREN WISSEN. Man glaubt Kirschen mit ihnen zu essen, wird aber nur die Steine erhalten. Vielen gereicht es zum Verderben, daß sie Vertraute waren; sie gleichen einem Löffel aus Brot und laufen nachher dieselbe Gefahr wie dieser. Die Mitteilung eines Geheimnisses von seiten des Fürsten ist keine Gunst, sondern ein Drang seines Herzens. Schon viele zerbrachen den Spiegel, weil er sie an ihre Häßlichkeit erinnerte. Wir mögen den nicht sehen, der uns hat sehen können, und der ist nicht gern gesehen, der etwas Schlechtes von uns sah. Keiner darf uns gar zu sehr verpflichtet sein, am wenigsten ein Mächtiger, und dann noch eher durch etwas Gutes, das wir ihm erzeigt, als durch Begünstigungen dieser Art. Besonders gefährlich sind freundschaftlich anvertraute Heimlichkeiten. Wer dem andern sein Geheimnis mitteilt, macht sich zu dessen Sklaven; einem Fürsten ist dies ein gewaltsamer Zustand, der nicht dauern kann: er wird seine verlorene Freiheit wiedererlangen wollen, und um das zu erreichen, wird er alles mit Füßen treten, selbst Recht und Vernunft. Also Geheimnisse soll man weder hören noch sagen.

239 NICHT SPITZFINDIG SEIN, sondern klug, woran mehr gelegen. Wer mehr weiß, als erfordert ist, gleicht einer zu feinen Spitze, dergleichen gewöhnlich abbricht. Ausgemachte Wahrheit gibt mehr Sicherheit. Es ist gut, Verstand zu haben, aber nicht, ein Schwätzer zu sein. Weitläufige Erörterungen sind schon dem Streite verwandt. Besser ist ein guter solider Kopf, der nicht mehr denkt, als die Sache mit sich bringt.

248 DER LETZTE BEHALTE BEI UNS NICHT ALLEMAL RECHT. Es gibt Leute des letzten Berichts, deren Ungebührlichkeit aufs Äußerste geht. Ihr Denken und Wollen ist von Wachs: der Letzte drückt sein Siegel auf und verwischt die früheren. Diese sind nie gewonnen, weil man sie eben so leicht wieder verliert. Jeder färbt sie mit seiner Farbe. Zu Vertrauten taugen sie nicht, und ihr ganzes Leben bleiben sie Kinder. Zwischen diesem Wechsel des Meinens und Wollens hin und her geworfen, hinken sie stets am Willen und am Verstande und wanken von der einen zur anderen Seite.

253 KEINEN ALLZUDEUTLICHEN VORTRAG HABEN. Die meisten schätzen nicht, was sie verstehen; aber was sie nicht fassen können, verehren sie. Um geschätzt zu werden, müssen die Sachen Mühe kosten; daher wird gerühmt, wer nicht verstanden wird. Stets muß man weiser und klüger scheinen als gerade der, mit dem man zu tun hat, es nötig macht, um ihm eine hohe Meinung einzuflößen; jedoch nicht übertrieben, sondern verhältnismäßig. Und obgleich bei Leuten von Einsicht Sinn und Verstand allemal viel gilt, so ist doch bei den meisten Leuten einiger Aufputz vonnöten. Zum Tadeln müssen sie gar nicht kommen können, indem sie schon am Verstehen genug zu tun haben. Viele loben etwas, und fragt man sie, so haben sie keinen Grund anzuführen. Woher dies? Alles Tiefverborgene verehren sie als ein Mysterium und rühmen es, weil sie es rühmen hören.

261 NICHT SEINE TORHEIT FORTSETZEN. Manche machen aus einem mißlungenen Unternehmen eine Verpflichtung, und weil sie einen Irrweg eingeschlagen haben, meinen sie, es sei Charakterstärke, darauf weiter zu gehen. Innerlich klagen sie ihren Irrtum an, aber äußerlich entschuldigen sie ihn. Dadurch geschieht es, daß, wenn sie beim Beginn der Torheit als unüberlegt getadelt wurden, sie beim Verfolgen derselben als Narren bestätigt werden. Weder das unüberlegte Versprechen, noch der irrige Entschluß legen Verbindlichkeit auf. Allein auf jene Weise setzen einige ihre erste Tölpelei fort und wollen beharrliche Querköpfe sein.

270 WAS VIELEN GEFÄLLT, NICHT ALLEIN VERWERFEN. Etwas Gutes muß daran sein, da es so vielen genügt, und läßt es sich auch nicht erklären, so wird es doch genossen. Die Absonderung ist stets verhaßt und, wenn irrtümlich, lächerlich. Man wird eher dem Ansehen seiner Auffassungsgabe als dem des Gegenstandes schaden, und dann bleibt man mit seinem schlechten Geschmack allein. Kann man das Gute nicht herausfinden, so verhehle man seine Unfähigkeit und verdamme die Sache nicht schlechthin. Gewöhnlich entspringt der schlechte Geschmack aus Unwissenheit. Was alle sagen, ist, oder will doch sein.

278 ABZEICHEN JEDER ART VERMEIDEN, denn die Vorzüge selbst werden zu Fehlern, sobald sie zur Bezeichnung dienen. Die Abzeichen entstehen aus Sonderbarkeit, welche stets getadelt wird; man läßt den Sonderling allein. Sogar die Schönheit, wenn sie überschwenglich wird, schadet unserm Ansehen; denn indem sie die Augen auf sich zieht, beleidigt sie; wievielmehr werden Sonderbarkeiten, die schon an sich in schlechtem Ruf stehen, nachteilig wirken. Dennoch wollen einige sogar durch Laster allgemein bekannt sein; sie suchen in der Verworfenheit die Auszeichnung, um einer so ehrlosen Ehre teilhaft zu werden. Selbst in der Einsicht kann das Übermaß in Geschwätz ausarten.

279 DEM WIDERSPRECHER NICHT WIDERSPRECHEN. Man muß unterscheiden, ob der Widerspruch aus List oder aus Gemeinheit entspringt. Es ist nicht immer Eigensinn,

sondern bisweilen ein Kunstgriff (vgl. Nr. 213, S. 97).
Dann sei man aufmerksam, sich im ersteren Fall nicht in
Verwicklungen, im andern nicht ins Verderben ziehen
zu lassen. Keine Sorgfalt ist besser angewandt als die
gegen Spione. Gegen die Dietriche der Seelen ist die
beste Gegenlist, den Schlüssel der Vorsicht inwendig
stecken zu lassen.

285 NICHT AN FREMDEM UNGLÜCK STERBEN. Man kenne den,
welcher im Sumpfe steckt, und merke sich, daß er uns
rufen wird, um sich nachher am beiderseitigen Leiden
zu trösten. Solche Leute suchen jemanden, der ihnen
helfe, das Unglück zu tragen, und wem sie im Glück
den Rücken wandten, dem reichen sie jetzt die Hand.
Großer Vorsicht bedarf es bei solchen, die zu ertrinken
im Begriff sind, um ihnen, ohne eigene Gefahr, Hilfe zu
leisten.

287 NIE HANDLE MAN IM LEIDENSCHAFTLICHEN ZUSTANDE, sonst
wird man alles verderben. Der kann nicht für sich
handeln, der nicht bei sich ist; stets aber verbannt die
Leidenschaft die Vernunft. In solchen Fällen lasse man
für sich einen vernünftigen Vermittler eintreten, und
das wird jeder sein, der ohne Leidenschaft ist. Stets
sehen die Zuschauer mehr als die Spieler, weil sie leidenschaftslos sind. Sobald man merkt, daß man außer
Fassung gerät, blase die Klugheit zum Rückzuge; denn
kaum wird das Blut sich vollends erhitzt haben, so wird
man blutig zu Werke gehen und in wenigen Augenblik-
ken auf lange Zeit sich zur Beschämung und andern zur
Verleumdung Stoff gegeben haben.

„Von der Dummheit Gebrauch zu machen verstehen"

TAKTISCHES VERHALTEN III: FLEXIBILITÄT IN WECHSELNDEN SITUATIONEN

Dass unterschiedliche Situationen unterschiedliche Verhaltensweisen erfordern, das ist eine Binsenweisheit. Für beruflichen Erfolg ist freilich die richtige Mischung aus Prinzipientreue und Flexibilität entscheidend, wie Gracián klar auf den Punkt bringt. Dabei nennt er eine Fülle sozialer Interaktionen, die ein hohes Maß an Abwechslung im Verhalten nahelegen.

Diese „Abwechslung in der Art zu verfahren" (Nr. 17) lässt sich auch als breites Repertoire im sozialen Verhaltenscode bezeichnen. Gracián sieht dabei deutlich, dass der Konkurrenzkampf nicht immer auf den Austausch von Freundlichkeiten zielt: „Man verfahre nicht immer auf die gleiche Weise, damit man die Aufmerksamkeit, zumal die der Widersacher, verwirre" (ebd.). Taktische Klugheit vergleicht er mit dem Flug eines Vogels, der in „gewundener" Richtung fliegt, also häufig die Richtung wechselt!

Dabei ist es gar nicht nötig, seine eigenen Absichten stets offenzulegen. „Bald aus zweiter, bald aus erster Absicht handeln", nennt dies Gracián (Nr. 13). Das Leben sei eben bisweilen ein „Krieg" gegen die Bosheit der anderen. Der Kluge ziele also „nur, um zu täuschen" und dann etwas „Unerwartetes" auszuführen (ebd.). „Betrug" und „vollkommenste Aufrichtigkeit" können gar nicht immer unterschieden werden; nötig sind also Scharfsinn und hohe Aufmerksamkeit (ebd.).

83

Gracián hält also offensichtlich nicht nur ein gewisses Maß an Zurückhaltung, sondern sogar von Täuschung für angebracht. Er empfiehlt ein Schwimmen mit dem Strom, auch wenn man ganz andere Meinungen vertritt: „Denken wie die Wenigsten und reden wie die Meisten" (Nr. 43).

Klar analysiert er: „Gegen den Strom schwimmen zu wollen, vermag keineswegs den Irrtum zu zerstören, sehr wohl aber in Gefahr zu bringen" (ebd.). Anders gesagt: „Den Weisen wird man nicht an dem erkennen, was er auf dem Marktplatz redet" (ebd.).

Das Individuum schützt sich vor Nachteilen, indem es den Raum der Intimität und Subjektivität beansprucht, sich gerade dadurch aber nicht so recht in die Karten schauen lässt!

Gracián nennt das: „Sich in die Zeiten schicken" (Nr. 120), denn „Denkungsart und Geschmack ändern sich mit den Zeiten" (ebd.). Wer Erfolg haben will, muss dies berücksichtigen: „Man denke nicht altmodisch und habe einen modernen Geschmack" (ebd.)! An einigen Stellen klingt etwas wie ein Bedauern durch, etwa wenn Gracián bemerkt: „Die Wahrheit reden, oder sein Wort halten, scheinen Dinge aus einer andern Zeit" (ebd.).

Taktik gibt es natürlich auch bei den Mitmenschen, sodass man auf denjenigen aufpassen muss, „der mit der zweiten Absicht herankommt" (Nr. 215), denn auch andere „verhehlen ihre Absicht, um sie zu erreichen" (ebd.). „Eins schlägt er vor, ein anderes will er haben" (ebd.), und nur „Vorsicht" und „Aufmerksamkeit" verhelfen zum Durchblick. Manchmal solle man daher auch durchaus zu verstehen geben, „dass man ihn verstanden hat" (ebd.).

Nicht generelles Misstrauen, aber doch erhöhte Vorsicht ist angebracht: „Dem aufpassen, der mit der fremden Angelegenheit auftritt, um mit der eigenen abzuziehen" (Nr. 193). So brauche man halt „für feine Schliche eine feine Nase" (ebd.)! Noch schlimmer: „Bei einigen muss alles umgekehrt verstanden werden: Ihr Ja ist

Nein, ihr Nein Ja" (Nr. 250), sodass man bei diesen Leuten „die Gedanken auf den Kopf" stellen muss (ebd.)!

Die Anpassung an Konventionen und der Drang zur Konformität haben aber nach Gracián dort eine Grenze, wo es um die eigene Ehre geht. Also heißt es: „Mitmachen, soweit es der Anstand erlaubt" (Nr. 275). „Etwas", aber eben nicht alles „kann man sich von seiner Würde vergeben, um die allgemeine Zuneigung zu gewinnen" (ebd.), aber man gehe vorsichtig vor, denn: „An einem Tag der Lustigkeit kann man mehr verlieren, als man an allen Tagen der Ehrbarkeit gewonnen hat" (ebd.).

Im gleichen Zusammenhang erwähnt Gracián affektierte „Ziererei", die er für eine Sache der Frauen hält, sodass wir hier eine der wenigen Stellen haben, bei denen der Autor über zeitgebundene Vorstellungen über die Rolle der Geschlechter reflektiert. Aber vielleicht war auch das nur eine Anpassung an die Konvention!

Denn allzu feste Meinungen hält Gracián für schädlich. „Nichts gar zu fest ergreifen" (Nr. 183), fordert er. Hier formuliert er recht deutlich: „Jeder Dumme ist fest überzeugt; und jeder fest Überzeugte ist dumm; je irriger sein Urteil, desto größer sein Starrsinn" (ebd.). Er erkennt zwar Ausnahmen an, aber generell gelte doch: „Die Festigkeit gehört in den Willen, nicht in den Verstand" (ebd.).

Zur karriereförderlichen Flexibilität gehören auch eine Reihe von taktischen Verhaltensweisen, die nicht immer und überall gelten, aber gelegentlich Vorteile verschaffen können. So empfiehlt er: „Stichelreden kennen und anzuwenden verstehen" (Nr. 37).

Gemeint sind kritische Bemerkungen, „um die Gemüter zu prüfen" und „die versteckteste und zugleich eindringlichste Untersuchung des Herzens" anzustellen (ebd.). Man testet also gleichsam die Reaktion des anderen, braucht dazu aber auch eine hohe Geschicklichkeit, um nicht selbst festgelegt zu werden!

Passiert dies, soll man „vom Versehen Gebrauch zu machen wissen" (Nr. 73), denn dadurch „helfen kluge Leute sich aus Verwicklungen". Man lenke das Gespräch auf andere Dinge und entkomme dem Labyrinth der Situation mit „einer witzigen Wendung" (ebd.). Dabei lohnt es sich auch, „von der Dummheit Gebrauch zu machen verstehen" (Nr. 240): „Man soll nicht unwissend sein, aber es zu sein affektieren", einfach weil es Situationen gibt, „wo das beste Wissen darin besteht, dass man nicht zu wissen scheine" (ebd.). „So tun, als ob" ist für Gracián eher eine Frage der beruflichen Fertigkeit als eine moralisch fragwürdige Verhaltenskategorie!

Im Übrigen ist ja nicht derjenige wirklich dumm, der „eine Dummheit begeht; sondern wer sie nachher nicht zu bedecken versteht" (Nr. 126). Alle Menschen machen Fehler, aber „die Klugen" sind in der Lage, die begangenen Fehler zu verdecken. Häufig beruhe das gute Ansehen mehr „auf dem Geheimhalten" als „auf dem Tun" (Nr. 126).

Erkennen lässt sich eine solche Verhaltensweise immer erst im Nachhinein. Wie weit der frühere Aufsichtsratsvorsitzende von Siemens, Heinrich von Pierer, tatsächlich in die gängige Korruptionspraxis seines Konzerns eingeweiht war, wird sich kaum mehr rekonstruieren lassen: Zu groß sind die verflochtenen Interessen der Geheimhaltung. Schaden entsteht natürlich besonders dann, wenn dennoch unangenehme Sachverhalte ans Tageslicht dringen.

Hier, aber nicht nur für diesen Fall, empfiehlt Gracián sehr pragmatisch, man solle „nicht abwarten, dass man eine untergehende Sonne sei" (Nr. 110): „Man wisse selbst aus seinem Ende sich einen Triumph zu bereiten" (ebd.). Es sei ungünstig abzuwarten, „bis die Welt uns den Rücken kehre" (ebd.), denn „es ist eine Regel der Klugen, die Dinge zu verlassen, ehe sie uns verlassen" (ebd.).

Die Kunst, den richtigen Zeitpunkt für einen Rücktritt zu bestimmen, ist eine der schwierigsten Aufgaben im Berufsleben – und nicht allzu weit verbreitet! Häufiger als ein rechtzeitiger und ehrenvoller Rücktritt ist allemal das Kleben an der eigenen Position!

Ein prominentes Beispiel dafür war der ehemalige bayerische Ministerpräsident Edmund Stoiber, der sich große Verdienste um seine Heimat erworben hatte und dem es dennoch sehr schwer fiel, den richtigen Zeitpunkt für seinen Rückzug aus der großen Politik zu erkennen und in die Tat umzusetzen! Verpasst man den richtigen Zeitpunkt für den Rückzug, überwiegt dann bei den Beteiligten die Freude über den Neuanfang, während vergangene Verdienste in den Hintergrund treten.

Es entspricht dem generellen Tenor der Empfehlungen Graciáns, zur Vorsicht zu raten. Bei „Skrupeln" oder Zweifeln solle man sich eben zurückhalten: „Handlungen, an deren Vorsichtigkeit wir zweifeln, sind gefährlich" (Nr. 91)!

Gerade in der betrieblichen Interaktion ist es aber auch erforderlich, das Rüstzeug für Störmanöver zu erwerben. „Zu widersprechen verstehen" (Nr. 213) ist für Gracián eine legitime List, „um den andern in Verwicklung zu bringen" (ebd.). Wer durch Widerspruch die Affekte des anderen in Bewegung setzt, „untersucht mit großer Feinheit den Willen und den Verstand", weil der andere dann nämlich „die Vorsicht außer acht lässt" und seine wirkliche Gesinnung äußert (ebd.)!

Nicht immer gelingt es freilich, selbst ohne Widerspruch zu bleiben. Hier regt Gracián gegenüber Gegnern und Widersachern das Stilmittel der „Verachtung" an (Nr. 205). Diese sei für einen selbst die „klügste Rache", denn „keine Rache tut es dem Vergessen gleich, durch welche sie im Staube ihres Nichts begraben werden" (ebd.).

Das bedeutet aber auch, bei Verleumdungen die Kunst zu üben, „sie unbeachtet zu lassen", denn gegen sie anzukämpfen, bringe nur Nachteile (ebd.)!

87

In einer solchen, gelegentlich doch eher feindseligen Welt gewinnt man Vorteile auch durch kluge Affektkontrolle. Wenn Gracián von der „Kunst, in Zorn zu geraten" spricht (Nr. 155), dann gibt er eine richtiggehende Gebrauchsanweisung vom Beginn der Aufwallung bis zum Bemerken und damit auch Kontrollieren des Zorns. Man müsse dann abmessen, „bis zu welchem Punkt des Zorns man zu gehen hat, und dann nicht weiter" (ebd.)! Anders ausgedrückt: „Man verstehe gut und zu rechter Zeit einzuhalten, denn das Schwierigste beim Laufen ist das Stillestehen" (ebd.).

Der „kontrollierte Wutausbruch" soll auch in heutigen Unternehmen gelegentlich gang und gäbe sein!

Gelegentlich beherzigt Gracián offensichtlich, was er selbst empfiehlt: „Originelle und vom Gewöhnlichen abweichende Gedanken äußern ist ein Zeichen eines überlegenen Geistes" (Nr. 245). Dieses indirekte Selbstlob des Autors wird allerdings sofort wieder in den Dienst der Sache gestellt, denn er empfiehlt dem Leser und der Leserin, dem gegenüber misstrauisch zu sein, „der uns nie widerspricht" (ebd.). Die Alarmglocken müssten vielmehr ertönen, „wenn unsere Sachen allen gefallen, weil es ein Zeichen ist, dass sie nichts taugen: Denn das Vortreffliche ist für wenige" (ebd.)!

Zum taktischen Verhalten gehört nach Gracián nicht zuletzt eine gewisse Pragmatik des Auftretens. Er spricht davon, dass man „einen ganz kleinen kaufmännischen Anstrich haben" solle (Nr. 232). Beschaulichkeit allein genüge nicht mehr, „auch Handlung muss dabei sein" (ebd.). „Daher trage der kluge Mann Sorge, etwas vom Kaufmann an sich zu haben, gerade so viel wie hinreicht, um nicht betrogen oder sogar ausgelacht zu werden" (ebd.). Anders gesagt: „Wozu dient das Wissen, wenn es nicht praktisch ist?" (ebd.).

Die ökonomische Rationalität des Verhaltens liegt für Gracián allerdings eher am Rand seiner Betrachtungen. Bei ihm war die Welt der Politik vorherrschend. Aber seine Verhaltensregeln spiegeln durchaus auch eine Welt des Wettbewerbs, der potenziellen

Gefahr und der vermuteten Feindseligkeit, wie sie wohl im höfischen Umfeld des 17. Jahrhunderts zu erwarten war und wie sie, von Fall zu Fall unterschiedlich ausgeprägt, in jeder großen Organisation bis heute vorgefunden werden kann.

Wie in großen Unternehmen der heutigen Zeit galt dann aber auch schon damals, dass es höchst sinnvoll ist, darauf zu achten, mit wem jemand Umgang pflegt! Dazu macht Gracián sich Gedanken, die auch im 21. Jahrhundert von Nutzen sein können und die im folgenden Kapitel 5 zur Sprache kommen sollen!

17 ABWECHSLUNG IN DER ART ZU VERFAHREN. Man verfahre nicht immer auf gleiche Weise, damit man die Aufmerksamkeit, zumal die der Widersacher, verwirre; nicht stets aus der ersten Absicht, sonst werden jene diesen einförmigen Gang bald ausgelernt haben und uns zuvorkommen, oder gar unser Tun vereiteln. Es ist leicht, den Vogel im Fluge zu treffen, der ihn in gerade fortgesetzter Richtung, nicht aber den, der ihn in gewundener nimmt. Aber auch aus der zweiten Absicht darf man nicht immer handeln; denn schon beim zweitenmal kennen die Gegner die List. Die Bosheit steht auf der Lauer, und großer Schlauheit bedarf es, sie zu täuschen. Nie spielt der Spieler die Karte aus, welche der Gegner erwartet, noch weniger die, welche er wünscht.

13 BALD AUS ZWEITER, BALD AUS ERSTER ABSICHT HANDELN. Ein Krieg ist das Leben des Menschen gegen die Bosheit des Menschen. Die Klugheit führt ihn, indem sie sich der Kriegslisten hinsichtlich ihres Vorhabens bedient. Nie tut sie das, was sie vorgibt, sondern zielt nur, um zu täuschen. Mit Geschicklichkeit macht sie Luftstreiche, dann aber führt sie in der Wirklichkeit etwas Unerwartetes aus, stets darauf bedacht, ihr Spiel zu verbergen. Eine Absicht läßt sie erblicken, um die Aufmerksamkeit des Gegners dahin zu ziehen, kehrt ihr aber gleich wieder den Rücken und siegt durch das, woran keiner gedacht. Jedoch kommt ihr andererseits ein durchdringender Scharfsinn durch seine Aufmerksamkeit zuvor und belauert sie mit schlauer Überlegung; stets versteht er das Gegenteil von dem, was man ihm zu verstehen gibt, und erkennt sogleich jedes falsche Mienemachen. Die erste Absicht läßt er immer vorübergehen, wartet auf die zweite, ja auf die dritte. Indem jetzt die Verstellung ihre Künste erkannt sieht, steigert sie sich noch höher und versucht nunmehr, durch die Wahrheit selbst zu täuschen: sie ändert ihr Spiel, um ihre List zu ändern und läßt das nicht Erkünstelte als erkünstelt erscheinen, indem sie so ihren Betrug auf die vollkommenste Aufrichtigkeit gründet. Aber die beobachtende Schlauheit ist auf ihrem Posten, strengt ihren Scharfblick an und entdeckt die in Licht gehüllte Finsternis; sie entziffert jenes Vorhaben, welches je aufrichtiger, desto trügerischer war. Auf solche Weise kämpft die Arglist des Python gegen den Glanz der durchdringenden Strahlen Apolls.

37 STICHELREDEN KENNEN UND ANZUWENDEN VERSTEHEN. Dies ist der Punkt der größten Feinheit im menschlichen Umgang. Solche Stichelreden werden oft hingeworfen, um die Gemüter zu prüfen, und mittelst ihrer stellt man die versteckteste und zugleich eindringlichste Untersuchung des Herzens an. Eine andere Art derselben sind die boshaften, verwegenen, vom Gift des Neides angesteckten oder mit dem Geifer der Leidenschaft getränkten; diese sind oft unvorhergesehene Blitze, durch welche man aus aller Gunst und Hochachtung mit einem Male herabgeschleudert wird; von einem leichten Wörtchen dieser Art getroffen, sind manche aus dem engsten Vertrauen der höchsten oder geringerer Personen herabgestürzt, denen doch auch nur den mindesten Schreck zu erregen eine vollständige Verschwörung zwischen der Unzufriedenheit der Menge und der Bosheit der einzelnen unvermögend gewesen war. Wieder eine andere Art von Stichelreden wirkt im entgegengesetzten Sinne, indem sie unser Ansehen stützt und befestigt. Allein mit derselben Geschicklichkeit, mit welcher die Absichtlichkeit sie schleudert, muß die Vorsicht sie empfangen, ja die Umsicht sie schon zum voraus erwarten. Denn hier beruht die Abwehr auf der Kenntnis des Übels, und der vorhergesehene Schuß verfehlt jedesmal sein Ziel.

43 DENKEN WIE DIE WENIGSTEN UND REDEN WIE DIE MEISTEN. Gegen den Strom schwimmen zu wollen, vermag keineswegs den Irrtum zu zerstören, sehr wohl aber in Gefahr zu bringen. Nur ein Sokrates konnte es unternehmen. Von anderer Meinung abweichen, wird für Beleidigung gehalten; denn es ist ein Verdammen des fremden Urteils. Bald mehren sich die darob Verdrießlichen, teils wegen des getadelten Gegenstandes, teils dessentwegen, der ihn gelobt hatte. Die Wahrheit ist für wenige, der Trug so allgemein wie gemein. Den Weisen wird man nicht an dem erkennen, was er auf dem Marktplatz redet, denn dort spricht er nicht mit seiner Stimme, sondern mit der der allgemeinen Torheit, so sehr auch sein Inneres sie verleugnen mag. Der Kluge vermeidet ebensosehr, daß man ihm, als daß er andern widerspreche; so bereit er zum Tadel ist, so zurückhaltend in der Äußerung desselben. Das Denken ist frei, ihm kann und darf keine Gewalt geschehen. Daher zieht der Kluge sich zurück in das Heiligtum seines Schweigens; und läßt er je sich bisweilen aus, so ist es im engen Kreise Weniger und Verständiger.

73   VOM VERSEHEN GEBRAUCH ZU MACHEN WISSEN. Dadurch helfen kluge Leute sich aus Verwicklungen. Mit dem leichten Anstande einer witzigen Wendung kommen sie oft aus dem verworrensten Labyrinth. Aus dem schwierigsten Streite entschlüpfen sie artig und mit Lächeln. Der größte aller Feldherren setzte darein seinen Wert. Wo man etwas abzuschlagen hat, ist es eine höfliche List, das Gespräch auf andere Dinge zu lenken, und keine größere Feinheit gibt es als nicht zu verstehen.

91   NIE BEI SKRUPELN ÜBER UNVORSICHTIGKEIT ZUM WERKE SCHREITEN. Die bloße Besorgnis des Mißlingens im Handelnden ist schon völlige Gewißheit im Zuschauer, zumal wenn er ein Nebenbuhler ist. Wenn schon in der ersten Hitze des Unternehmens die Urteilskraft Bedenken hegte, so wird sie nachher, im leidenschaftslosen

Zustand, das Verdammungsurteil offenbarer Torheit aussprechen. Handlungen, an deren Vorsichtigkeit wir zweifeln, sind gefährlich, und sicherer wäre das Unterlassen. Die Klugheit läßt sich nicht auf Wahrscheinlichkeiten ein, sie wandelt stets im hellen Mittagslichte der Vernunft. Wie soll ein Unternehmen gut ablaufen, dessen Entwurf schon von der Besorgnis verurteilt wird? Und wenn die durchdachtesten, vom Nemine discrepante unseres Innern bestätigten Beschlüsse oft einen unglücklichen Ausgang nehmen, was haben solche zu erwarten, die bei schwankender Vernunft und Schlimmes augurierender Urteilskraft gefaßt wurden?

110 NICHT ABWARTEN, DASS MAN EINE UNTERGEHENDE SONNE SEI. Es ist eine Regel der Klugen, die Dinge zu verlassen, ehe sie uns verlassen. Man wisse, selbst aus seinem Ende sich einen Triumph zu bereiten. Sogar die Sonne zieht sich oft, noch bei hellem Scheine, hinter eine Wolke zurück, damit man sie nicht versinken sehe und ungewiß bleibe, ob sie untergegangen sei oder nicht. Man entziehe sich zeitig den Unfällen, um nicht vor Beschämung vergehen zu müssen. Laßt uns nicht abwarten, daß die Welt uns den Rücken kehre und uns, noch im Gefühl lebendig, aber in der Hochachtung gestorben, zu Grabe trage. Der Kluge versetzt seinen Wettrenner beizeiten in den Ruhestand und wartet nicht ab, daß er, mitten auf der Rennbahn niederstürzend, Gelächter errege. Eine Schöne zerbreche schlau beizeiten ihren Spiegel, um es nicht später aus Ungeduld zu tun, wenn er sie aus ihrer Täuschung gerissen hat.

120 SICH IN DIE ZEITEN SCHICKEN. Sogar das Wissen muß nach der Mode sein, und da, wo es nicht Mode ist, besteht es gerade darin, daß man den Unwissenden spielt. Denkungsart und Geschmack ändern sich nach den Zeiten. Man denke nicht altmodisch und habe einen modernen

Geschmack. In jeder Gattung hat der Geschmack der Mehrzahl eine geltende Stimme; man muß ihm also für jetzt folgen und ihn zu höherer Vollkommenheit weiterzubringen suchen. Der Kluge passe sich, im Schmuck des Geistes wie des Leibes, der Gegenwart an, wenngleich ihm die Vergangenheit besser schiene. Bloß von der Güte des Herzens gilt diese Lebensregel nicht; denn zu jeder Zeit soll man die Tugend üben. Man will heutzutage nicht von ihr wissen; die Wahrheit reden, oder sein Wort halten, scheinen Dinge aus einer andern Zeit; so scheinen auch die guten Leute noch aus der guten Zeit zu sein, sind aber doch noch geliebt. Inzwischen, wenn es noch welche gibt, so sind sie nicht in der Mode und werden nicht nachgeahmt. O unglückseliges Jahrhundert, wo die Tugend fremd, die Schlechtigkeit an der Tagesordnung ist! Der Kluge lebe, wie er kann, wenn nicht, wie er wünschen möchte, und halte, was ihm das Schicksal zugestand, für mehr wert, als was es ihm versagte.

126 **DUMM IST NICHT, WER EINE DUMMHEIT BEGEHT; SONDERN WER SIE NACHHER NICHT ZU BEDECKEN VERSTEHT.** Seine Neigungen soll man unter Siegel halten; wieviel mehr seine Fehler. Alle Menschen begehen Fehltritte, jedoch mit dem Unterschiede, daß die Klugen die begangenen verhehlen, die Dummen aber die, welche sie erst begehen wollen, schon zum voraus lügen. Unser Ansehen beruht auf dem Geheimhalten, mehr als auf dem Tun: nisi caste, tamen caute. Die Verirrungen großer Männer sind anzusehen wie die Verfinsterungen der großen Weltlichter. Sogar in der Freundschaft sei es eine Ausnahme, daß man seine Fehler dem Freunde anvertraut; ja, sich selber sollte man sie, wenn es sein könnte, verbergen; doch kann man sich hierbei mit jener andern Lebensregel helfen, welche heißt: vergessen können.

155 DIE KUNST, IN ZORN ZU GERATEN. Wenn es möglich ist, trete vernünftige Überlegung dem gemeinen Aufbrausen in den Weg, und dem Vernünftigen wird dies nicht schwer sein. Gerät man aber in Zorn, so sei der erste Schritt, zu bemerken, daß man sich erzürnt; dadurch tritt man gleich mit Herrschaft über den Affekt auf; jetzt messe man die Notwendigkeit ab, bis zu welchem Punkt des Zornes man zu gehen hat, und dann nicht weiter! Mit dieser überlegenen Schlauheit gelangt man in und wieder aus dem Zorn. Man verstehe gut und zu rechter Zeit einzuhalten, denn das Schwierigste beim Laufen ist das Stillestehen. Ein großer Beweis von Verstand ist es, klug zu bleiben bei den Anwandlungen der Narrheit. Jede übermäßige Leidenschaft ist eine Abweichung von unsrer vernünftigen Natur. Allein bei jener meisterhaften Aufmerksamkeit wird die Vernunft nie zu Falle kommen und nicht die Schranken der großen Obhut seiner selbst überschreiten. Um eine Leidenschaft zu bemeistern, muß man stets den Zaum der Aufmerksamkeit in der Hand behalten, dann wird man der erste „Kluge zu Pferde"* sein, wo nicht gar auch der letzte.

* *Spanisches Sprichwort: Keiner ist klug zu Pferde.*

183 NICHTS GAR ZU FEST ERGREIFEN. Jeder Dumme ist fest überzeugt; und jeder fest Überzeugte ist dumm: je irriger sein Urteil, desto größer sein Starrsinn. Sogar wo man augenfällig recht hat, steht es schön an, nachzugeben, denn die Gründe, die wir für uns haben, sind nicht unbekannt, und nun sieht man unsere Artigkeit. Man verliert mehr durch ein halsstarriges Behaupten, als man durch den Sieg gewinnen kann; denn das heißt nicht ein Verfechter der Wahrheit, sondern der Grobheit sein. Es gibt eiserne Köpfe, die im höchsten und äußersten Grade schwer zu überzeugen sind; kommt nun zum Festüberzeugtsein noch der grillenhafte Eigensinn, so gehen beide eine unzertrennliche Verbindung mit der Narrheit ein. Die Festigkeit gehört in den Willen, nicht in den Verstand. Doch gibt es Fälle, die hiervon eine Ausnahme gestatten, wo man nämlich verloren wäre, wenn man sich doppelt, erst im Urteil und infolgedessen in der Ausführung, besiegen ließe.

193 DEM AUFPASSEN, DER MIT DER FREMDEN ANGELEGENHEIT AUFTRITT, UM MIT DER EIGENEN ABZUZIEHEN. Gegen die List ist die beste Vormauer die Aufmerksamkeit. Für feine Schliche eine feine Nase. Viele machen aus ihrer eigenen Angelegenheit eine fremde, und ohne den Schlüssel zur Zifferschrift ihrer Absichten wird man bei jedem Schritt in den Fall kommen, den fremden Vorteil zum großen Schaden seiner Hand aus dem Feuer holen zu müssen.

205 DIE VERACHTUNG ZU HANDHABEN VERSTEHEN. Um die Sachen zu erlangen, ist es ein schlauer Kunstgriff, daß man sie geringschätze: gewöhnlich wird man ihrer nicht habhaft, wenn man sie sucht, und nachher, wenn man nicht darauf achtet, fallen sie uns von selbst in die Hand. Da alle Dinge dieser Welt ein Schatten der ewigen Dinge sind, so haben sie mit dem Schatten auch diese Eigenschaften gemein, daß sie den fliehen, der ihnen folgt, und dem folgen, der von ihnen flieht. Die Verachtung ist ferner auch die klügste Rache; es ist feste Maxime der Weisen, sich mit der Feder zu verteidigen, denn solche Verteidigung läßt eine Spur nach und schlägt mehr in Verherrlichung der Widersacher als in Züchtigung ihrer Verwegenheit aus. Es ist ein Kniff der Unwürdigen, als Gegner großer Männer aufzutreten, um auf indirektem Wege zu der Berühmtheit zu gelangen, welcher sie auf dem direkten, durch Verdienste, nie teilhaft geworden wären. Und von vielen würden wir nie Kunde erhalten haben, hätten ihre ausgezeichneten Gegner sich nicht um sie gekümmert. Keine Rache tut es dem Vergessen gleich, durch welches sie im Staube ihres Nichts begraben werden. Solche Verwegene wähnen sich dadurch unsterblich zu machen, daß sie an die Wunder der Welt und der Jahrhunderte Feuer anlegen. Die Kunst, die Verleumdung zu beschwichtigen, ist, sie unbeachtet zu lassen; gegen sie ankämpfen, bringt Nachteil, und eine Herstellung unseres Ansehens, die es schmälert, ist den Gegnern wohlgefällig; denn selbst jener Schatten eines Makels benimmt unserem Ruhm seinen Glanz, wenn er ihn auch nicht ganz verdunkeln kann.

213 ZU WIDERSPRECHEN VERSTEHEN. Eine große List zum Erforschen; nicht um sich, sondern um den andern in Verwicklung zu bringen. Die wirksamste Daumschraube ist die, welche die Affekte in Bewegung setzt; daher ist ein wahres Vomitiv für Geheimnisse die Lauheit im Glauben derselben; sie ist der Schlüssel zur verschlossensten Brust und untersucht mit großer Feinheit zugleich den Willen und den Verstand. Eine schlaue Geringschätzung des mysteriösen Wortes, welches der andere fallen ließ, jagt die verborgensten Geheimnisse auf, bringt sie mit Süßigkeit in einzelnen Bissen zum Munde, bis sie auf die Zunge und von da ins Netz des künstlichen Betruges geraten. Die Zurückhaltung des Aufpassenden macht, daß die des andern die Vorsicht außer acht läßt, und so kommt seine Gesinnung an den Tag, wenn auch sein Herz auf andere Weise unerforschlich war. Ein erkünsteltes Zweifeln ist der feinste Dietrich, dessen die Neugier sich bedienen kann, um herauszubringen, was sie verlangt. Auch beim Lernen sogar ist es eine gute List des Schülers, dem Lehrer zu widersprechen, der jetzt, von größerem Eifer hingerissen, sich tiefer in die Eröffnung des Grundes seiner Wahrheiten einläßt, so daß eine gemäßigte Bestreitung eine vollendete Belehrung veranlaßt.

215 DEM AUFPASSEN, DER MIT DER ZWEITEN ABSICHT HERAN-
KOMMT. Es ist eine List der Unterhändler, den fremden
Willen einzuschläfern, um ihn anzugreifen: denn ist er
umgangen, so ist er überwunden. Sie verhehlen ihre
Absicht, um sie zu erreichen, und stellen sie zuhinterst,
damit sie bei der Ausführung vorne zu stehen komme,
und der Streich gelingt, wenn man ihn nicht bemerkt.
Daher schlafe die Aufmerksamkeit nicht, da die Absichtlichkeit so sehr wach ist; und stellt diese sich nach
hinten, um sich zu verstecken, so trete jene nach vorne,
um sie zu erkennen. Die Vorsicht bemerke die Künste,
mit denen so ein Mann von zwei Absichten herankommt, und sehe die Vorwände, die er, um seine wahre
Absicht zu erreichen, aufstellt. Eins schlägt er vor, ein
anderes will er haben; plötzlich aber kehrt er es geschickt um und trifft gerade in das Weiße seiner Ziel-
scheibe. Man wisse deshalb, was man ihm einräumt;
und bisweilen wird es angemessen sein, ihm zu verstehen zu geben, daß man ihn verstanden hat.

232 EINEN GANZ KLEINEN KAUFMÄNNISCHEN ANSTRICH HABEN.
Nicht alles sei Beschaulichkeit, auch Handlung muß
dabei sein. Sehr weise Leute sind meistens leicht zu
betrügen: obgleich sie das Außerordentliche wissen, so
sind sie mit dem Alltäglichen des Lebens unbekannt,
welches doch notwendiger ist. Die Betrachtung erhabener Dinge läßt ihnen für die des täglichen Treibens keine
Zeit. Da sie nun das erste, was sie wissen sollten und
was allen aufs Haar bekannt ist, nicht wissen, so werden
sie entweder bewundert, oder von der oberflächlichen
Menge für unwissend gehalten. Daher trage der kluge
Mann Sorge, etwas vom Kaufmann an sich zu haben,
gerade soviel wie hinreicht, um nicht betrogen oder sogar ausgelacht zu werden. Er sei ein Mann auch fürs
tägliche Tun und Treiben, welches zwar nicht das Höchste, aber doch das Notwendigste im Leben ist. Wozu

dient das Wissen, wenn es nicht praktisch ist? Und zu
leben verstehen, ist heutzutage das wahre Wissen.

240 VON DER DUMMHEIT GEBRAUCH ZU MACHEN VERSTEHEN. Der
größte Weise spielt bisweilen diese als Karte aus, und es
gibt Gelegenheiten, wo das beste Wissen darin besteht,
daß man nicht zu wissen scheine. Man soll nicht unwissend sein, wohl aber es zu sein affektieren. Bei den
Dummen weise und bei den Narren gescheit sein, wird
wenig helfen. Man rede also zu jedem seine Sprache.
Nicht der ist dumm, der Dummheit affektiert, sondern
der, welcher an ihr leidet; die aufrichtige, nicht die falsche Dummheit ist die wirkliche, da die Geschicklichkeit es schon so weit getrieben hat. Das einzige Mittel,
beliebt zu sein, ist, daß man sich mit der Haut des ein-
fältigsten der Tiere bekleide.

245 ORIGINELLE UND VOM GEWÖHNLICHEN ABWEICHENDE GEDAN-
KEN ÄUSSERN ist ein Zeichen eines überlegenen Geistes.
Wir dürfen den nicht schätzen, der uns nie widerspricht;
denn dadurch zeigt er keine Liebe zu uns, vielmehr zu
sich. Man lasse sich nicht durch Schmeichelei täuschen
und zahle für dieselbe, sondern man verwerfe sie. Auch
rechne man es sich zur Ehre, von einigen getadelt zu
werden, zumal von solchen, die von allem Trefflichen
schlecht reden. Hingegen soll es uns betrüben, wenn
unsere Sachen allen gefallen, weil es ein Zeichen ist, daß
sie nichts taugen: denn das Vortreffliche ist für wenige.

250 WANN HAT MAN DIE GEDANKEN AUF DEN KOPF ZU STELLEN?
Wenn verschmitzte Tücke redet. Bei einigen muß alles
umgekehrt verstanden werden: ihr Ja ist Nein, ihr
Nein Ja. Reden sie von einer Sache nachteilig, so bedeutet dies, daß sie solche hochschätzen; denn wer sie für
sich haben will, setzt sie bei andern herab. Nicht jeder,
der lobt, redet gut von der Sache, denn manche werden,

um die Guten nicht zu loben, auch die Schlechten loben; für wen aber keiner schlecht ist, für den ist auch keiner gut.

275 **MITMACHEN, SOWEIT ES DER ANSTAND ERLAUBT.** Man mache sich nicht immer wichtig und widerwärtig, dies gehört zur edlen Sitte. Etwas kann man sich von seiner Würde vergeben, um die allgemeine Zuneigung zu gewinnen. Man lasse sich zuweilen das gefallen, was die meisten sich gefallen lassen, jedoch ohne Unanständigkeit. Denn wer öffentlich für einen Narren gilt, wird nicht im stillen für gescheit gehalten werden. An einem Tag der Lustigkeit kann man mehr verlieren, als man an allen Tagen der Ehrbarkeit gewonnen hat. Jedoch soll man auch nicht sich immer ausschließen; denn durch Absonderung verurteilt man die übrigen. Noch weniger darf man Ziererei affektieren: diese überlasse man dem Geschlecht, welchem sie eigen ist, sogar die religiöse Ziererei ist lächerlich. Dem Mann steht nichts besser an, als daß er ein Mann scheine; das Weib kann das Männliche als eine Vollkommenheit affektieren – nicht so umgekehrt.

„Mit dem umgehen, von dem man lernen kann"

DER RICHTIGE UMGANG

Keiner lebt für sich allein. Was wie eine Binsenwahrheit klingt, verwandelt sich plötzlich in eine Gestaltungsaufgabe, wenn wir uns in einem betrieblichen Zusammenhang bewähren sollen und auch wollen. Denn auch in großen Organisationen brauchen wir Netzwerke und Allianzen, um zu bestehen und um vorankommen zu können.

Gracián ist bei seinen Überlegungen in einer Reihe von Fällen nicht so sehr auf das Glück der Freundschaft aus, sondern achtet viel mehr auf die soziale Nützlichkeit des gewählten Umgangs. Dennoch geht es ihm nicht nur um taktisches Verhalten, sondern auch um eine gewisse Persönlichkeitsentwicklung. So empfiehlt er, man solle „mit dem umgehen, von dem man lernen kann" (Nr. 11). Am besten suche man Menschen, „die im Ruf der Weltklugheit stehn" (ebd.). So wird der „freundschaftliche Umgang" zu einer „Schule der Kenntnisse" (ebd.).

Über Oberflächlichkeit hinaus suche man „Gründlichkeit und Tiefe" (Nr. 48). „Stets muss das Innere noch einmal so viel sein wie das Äußere" (ebd.). Wem Substanz abgeht, der ist ein Mensch „bloßer Fassade", mit dem es „langweilig" ist, denn „sind die ersten Begrüßungen zu Ende, so ist es auch die Unterhaltung" (ebd.).

Es lohnt sich eben, bei der Auswahl seiner Freunde aufmerksam zu sein. Zu Freunden machen sollen wir Menschen erst, „nachdem der

Verstand sie geprüft und das wechselnde Glück sie erprobt hat"
(Nr. 156).

Weder Zudringlichkeit noch Zufall sind gute Ratgeber bei der Wahl
seiner Freunde. Vielmehr solle man auch bei diesem Thema den
Verstand einschalten. Im Übrigen gelte natürlich: „Wenige sind
Freunde der Person, die meisten Freunde der Glücksumstände"
(ebd.).

Gerade aus diesem persönlichen Blickwinkel interessant ist eine
Nebenbemerkung Graciáns, der sagt: „Auch wünsche man seinen
Freunden nicht zu großes Glück, wenn man sie behalten will"
(ebd.). Gemeint ist das Risiko, das mit der allzu steilen Karriere
eines Freundes einhergeht und das vor allem darin besteht, dass
allerlei berufliche Anforderungen ihn zeitlich so stark beanspru-
chen, dass eine kontinuierliche Pflege von Freundschaft nicht mehr
möglich wird. Gerade Unternehmensberater, Investmentbanker
und Topmanager sind in diesem Zusammenhang sozial besonders
gefährdet: Aufgefressen von Sitzungen und Terminen verlieren viele von ihnen jenes Mindestmaß an sozialer Zuverlässigkeit, das für
ein gelingendes soziales Leben unerlässliche Voraussetzung ist.

Gracián hat aber auch die Vorteile einer Freundschaft klar im Auge.
Man müsse „seine Freunde zu nutzen verstehen" (Nr. 158), denn jeder habe unterschiedliche Stärken. „Einige sind gut in der Ferne,
andre in der Nähe" (ebd.). Wichtig ist es aber auch, über die pure
Taktik hinauszugehen, denn die Freundschaft „vermehrt das Gute
und verteilt das Schlimme; sie ist das einzige Mittel gegen das Unglück und ist das Freiatmen der Seele" (ebd.).

Freundschaft ist geradezu ein Mittel der Persönlichkeitsbildung.
„Sich gut zu gesellen verstehen, ist der kürzeste Weg, ein ganzer
Mann zu werden" (Nr. 108). Der richtige Umgang ist „von eingreifender Wirkung" auf die Heranbildung des Charakters (ebd.), weil
man sich gegenseitig ergänzt und im „Wechselspiel der Gegensätze" verbessern kann (ebd.).

Daher ist es auch wichtig, „sich nur mit Leuten von Ehr- und Pflichtgefühl" abzugeben (Nr. 116). Wer „keine Verpflichtungen zur Rechtlichkeit" fühle, eignet sich nicht für den näheren Umgang!

Die bei den Jesuiten geübte Kunst der Unterscheidung der Geister
steht auch für Gracián im Vordergrund: „Den Mann von Worten
von dem von Werken unterscheiden", so rät er (Nr. 166). „Worte
kann man nicht essen, sie sind Wind", aber in Wirklichkeit sollten
die Worte „das Unterpfand der Werke" sein (ebd.).

In eine ähnliche Richtung zielt Graciáns Rat, man solle „die Glücklichen und die Unglücklichen kennen" (Nr. 32), um sich „zu jenen zu halten und diese zu fliehen". Er spricht hier allerdings eher
von einer Regel des Umgangs, nicht von der Pflege persönlicher
Freundschaft.

Am besten soll man sich „ein heroisches Vorbild wählen" (Nr. 75),
denn wenn man sich an „die Größten in seinem Berufe hält" und sie
sich zur „Anspornung" dienen lässt, dann ist man auf einem guten
Weg (ebd.). Hier geht es allerdings mehr um Charakter- und Persönlichkeitsbildung als um tatsächlichen Umgang!

Andere Bemerkungen zielen deutlicher in die Richtung **taktischer
Klugheit**. So könne man etwa von einem Freund erwarten, dass er
einem „Verstand" leiht (Nr. 68). „Manche unterlassen Dinge, die
gerade an der Zeit wären", und dann „helfe eines Freundes Umsicht
auf die Spur des Passenden" (ebd.). Anders gesagt: Eine gute Freundschaft schließt noch lange nicht aus, dass man taktischen Nutzen
aus ihr zieht!

Vorsicht und Umsicht braucht man auch, um sich „keine Narren auf
den Hals" zu laden (Nr. 197). Denn „für den oberflächlichen Umgang sind sie gefährlich, für den vertrauten verderblich" (ebd.).

Ganz generell sei man „auf seiner Hut gegen Unhöfliche, Eigensinnige, Anmaßliche und Narren jeder Art" (Nr. 256). Nur ein „mit

Klugheit ausgerüsteter Mann wird von den Ungebührlichen nicht angefochten werden" und sich von ihnen fernhalten (ebd.). Man solle darauf achten, weder sich noch andere „in Verwicklungen zu bringen" (Nr. 221). Denn es gibt Menschen, die „allen und jedem widersprechen" und die „nichts gut machen und von allem schlecht sprechen" (ebd.).

Zur taktischen Klugheit gehört es weiterhin, dass man „Neckereien dulden, jedoch nicht ausüben" solle (Nr. 241). Scherze zu dulden, sei eine Form der Höflichkeit. Witze auf Kosten anderer zu machen, könne dagegen in „Verwicklungen" bringen, denn „stets sind die ernstlichsten Händel aus Scherzen hervorgegangen" (ebd.).

Es bringe auch nichts, überempfindlich zu sein. „Nicht von Glas sein im Umgang, noch weniger in der Freundschaft", nennt dies Gracián (Nr. 173). Es gibt Menschen, die die „unbedeutendsten Kleinigkeiten" als Beleidigung auffassen und die „Sklaven ihrer Laune" oder „Götzendiener ihrer eingebildeten Ehre" sind (ebd.).

Dass die Ehre im Spanien des 17. Jahrhunderts eine besondere Rolle spielte, liegt auf der Hand. Aber auch heute spielt die Reputation eines Einzelnen wie eines Unternehmens eine so große Rolle, dass für Weltkonzerne das „Reputationsrisiko" in der Risikolandkarte mit zu den größten und gefährlichsten Risiken überhaupt gehört. Gracián ist auch in diesem Punkt sehr vorsichtig und warnt davor, sich erpressbar zu machen. „Nie die Ehre jemandem in die Hände geben, ohne die seinige zum Unterpfand zu haben" (Nr. 234). Es müsse eben der „beiderseitige Vorteil im Schweigen" liegen, sonst bringt man sich in Gefahr und zieht den Kürzeren!

Die gleiche Vorsicht waltet auch bei der Empfehlung, man solle „den vertraulichen Fuß im Umgang ablehnen" (Nr. 177), denn dadurch verliere man an Überlegenheit und Hochachtung. Die Empfehlung zur Distanz entspricht dem Bewusstsein drohender Gefahr durch ein Übermaß an Vertraulichkeit. Solche Distanz im Umgang ist typischerweise ein Kennzeichen von Menschen in sehr hohen

Positionen. Sie ist nicht nur Teil ihrer Rolle, sondern auch Schutz vor dem Missbrauch von Vertraulichkeit und Vertrauen.

So kann es zu schwierigen Situationen kommen, wenn jemand mit einem Jugendfreund im gleichen Unternehmen arbeitet und in der internen Hierarchie ein großes Ungleichgewicht besteht. Es ist in diesen Fällen geschickter, das private „Du" beizubehalten, aber auf ein öffentliches „Sie" zu verweisen. Der Schaden liegt ansonsten auf beiden Seiten: Die einen unterstellen einen Vorteil für den Kollegen, der einen Mächtigeren im Unternehmen gut kennt; die anderen befürchten eine Kungelei oder einen ungebührlichen Informationsfluss – gleich ob es in Wirklichkeit so ist oder nicht!

Wenn jemand Karriere machen will, ist es andererseits von Bedeutung, dass man selbst nicht allzu sehr in einer unterlegenen Haltung verharrt. Gracián empfiehlt daher, man solle „nie sich zu dem gesellen, durch den man in den Schatten gestellt wird" (Nr. 152). Man komme dann ja aus der Rolle des Zweiten und Unterlegenen nie heraus: „Der Mond glänzt, solange er bei den Sternen ist; kommt die Sonne, wird er unscheinbar oder unsichtbar" (ebd.).

Schließlich findet Gracián einige Worte über die Vorteile des Umgangs mit Mächtigeren. „Gunst bei den Einsichtigen finden" (Nr. 281), das bedeute mehr als „der allgemeine Beifall" (ebd.).

Man solle allerdings „die Gunst nicht verbrauchen", denn „die großen Gönner sind für die großen Gelegenheiten" (Nr. 171). Ein großes Zutrauen für kleine Dinge in Anspruch zu nehmen, „das hieße die Gunst vergeuden" (ebd.). Gracián geht sogar so weit, dass er sagt: „Es ist wichtiger, sich die Gunst der Mächtigen zu erhalten, als Gut und Habe" (ebd.).

Dies ist nichts anderes als der Ausdruck höchster Bedeutung der eigenen Reputation, die im Extremfall wichtiger sein kann als alle materiellen Besitztümer der Welt!

105

Gracián ist davon überzeugt: Wer taktische Spielregeln beachtet und sich den richtigen Umgang aussucht, wird im Leben vorankommen!

Neben den nötigen Qualifikationen und einem gut ausgewählten Umgang ist nach Gracián der berufliche Erfolg allerdings auch eine Sache des Charakters. Dabei sind auch einige Kompetenzen zu beachten, die auf Fleiß beruhen. Diese sollen im folgenden kurzen Kapitel behandelt werden (Kapitel 6).

11 MIT DEM UMGEHEN, VON DEM MAN LERNEN KANN. Der freundschaftliche Umgang sei eine Schule der Kenntnisse und die Unterhaltung bildender Belehrung. Aus seinen Freunden mache man Lehrer und lasse den Nutzen des Lernens und das Vergnügen der Unterhaltung sich wechselseitig durchdringen. Mit Leuten von Einsicht hat man einen abwechselnden Genuß, indem man für das, was man sagt, Beifall, und von dem, was man hört, Nutzen einerntet. Was uns zu andern führt, ist gewöhnlich unser eigenes Interesse, dies ist hier jedoch höherer Art. Der Aufmerksame besucht häufig die Häuser jener großartigen Hofleute, welche mehr Schauplätze der Größe als Paläste der Eitelkeit sind. Es gibt Herren, welche im Ruf der Weltklugheit stehn; nicht nur sind diese selbst, durch ihr Beispiel und ihren Umgang, Orakel aller Größe, sondern auch die sie umgebende Schar bildet eine höfische Akademie guter und edler Klugheit jeder Art.

31 DIE GLÜCKLICHEN UND UNGLÜCKLICHEN KENNEN, um sich zu jenen zu halten und diese zu fliehen. Das Unglück ist meistenteils Strafe der Torheit, und für die Teilnahme ist keine Krankheit ansteckender. Man darf nie dem kleinen Übel die Tür öffnen, denn hinter ihm werden sich stets viel andere und größere einschleichen. Die feinste Kunst beim Kartenspiel besteht im richtigen Ausspielen, und die kleinste Karte der Farbe, die jetzt Trumpf ist, ist wichtiger als die größte derjenigen, die es vorher war. Ist man zweifelhaft, so ist das Gescheiteste, sich zu den Klugen und Vorsichtigen zu halten, da diese früh oder spät das Glück einholen.

48 GRÜNDLICHKEIT UND TIEFE. Nur soweit man diese hat, kann man mit Ehren eine Rolle spielen. Stets muß das Innere noch einmal soviel sein wie das Äußere. Dagegen gibt es Leute von bloßer Fassade, wie Häuser, die,

107

weil die Mittel fehlten, nicht ausgebaut sind und den Eingang eines Palastes, den Wohnraum einer Hütte haben. An solchen ist gar nichts, wobei man lange weilen könnte, obwohl sie langweilig genug sind; denn sind die ersten Begrüßungen zu Ende, so ist es auch die Unterhaltung. Mit den vorläufigen Höflichkeitsbezeugungen treten sie wohlgemut auf, wie sizilianische Pferde, aber gleich darauf versinken sie in Stillschweigen, denn die Worte versiegen bald, wo keine Quelle von Gedanken fließt. Andre, die selbst einen oberflächlichen Blick haben, werden leicht von solchen getäuscht; aber nicht so die Schlauen: diese gehen aufs Innere und finden es leer, bloß zum Spotte gescheiter Leute tauglich.

68 ES IST VON HÖHEREM WERT, VERSTAND ALS GEDÄCHTNIS ZU LEIHEN: um so viel, als man bei diesem nur zu erinnern, bei jenem aufzufassen hat. Manche unterlassen Dinge, die gerade an der Zeit wären, weil solche sich ihnen nicht darbieten: dann helfe eines Freundes Umsicht auf die Spur des Passenden. Eine der größten Geistesgaben ist die, daß einem sich darbiete, was not tut; weil es daran fehlt, unterbleiben manche Dinge, die gelungen wären. Teile sein Licht mit, wer es hat, und bewerbe sich darum, wer dessen bedarf; jener mit Zurückhaltung, dieser mit Aufmerksamkeit. Man gebe nicht mehr als ein Stichwort: diese Feinheit ist nötig, wenn der Nutzen des Erweckenden irgend mit im Spiel ist; man zeige seine Bereitwilligkeit und gehe weiter, wenn mehr verlangt wird; hat man nun das Nein, so suche man das Ja zu finden mit Geschick: denn das meiste wird nicht erlangt, weil es nicht unternommen wird.

75 SICH EIN HEROISCHES VORBILD WÄHLEN: mehr zum Wetteifer als zur Nachahmung. Es gibt Muster der Größe, lebendige Bücher der Ehre. Jeder stelle sich die Größten in seinem Berufe vor, nicht sowohl, um ihnen nachzu-

ahmen, als zur Anspornung. Alexander weinte nicht über den begrabenen Achilles, sondern über sich, dessen Ruhm noch nicht recht auf die Welt gekommen war. Nichts erweckt so sehr den Ehrgeiz im Herzen als die Posaune des fremden Ruhms. Eben das, was den Neid zu Boden wirft, ermutigt ein edles Gemüt.

108 SICH GUT ZU GESELLEN VERSTEHEN, IST DER KÜRZESTE WEG, EIN GANZER MANN ZU WERDEN. Der Umgang ist von eingreifender Wirkung: Sitten und Geschmack teilen sich mit; die Sinnesart, ja sogar den Geist nimmt man an, ohne es zu merken. Deswegen suche der Rasche sich dem Überlegten beizugesellen, und ebenso in den übrigen Sinnesarten, woraus, ohne Gewaltsamkeit, eine gemäßigte Stimmung hervorgehen wird. Es ist sehr geschickt, sich nach dem andern stimmen zu können. Das Wechselspiel der Gegensätze verschönert, ja erhält die Welt, und was in der physischen Harmonie herbeiführt, wird es noch mehr in der moralischen. Man beobachte diese kluge Rücksicht bei der Wahl seiner Freunde und Diener: denn durch die Verbindung der Gegensätze wird man einen sehr gescheiten Mittelweg treffen.

116 SICH NUR MIT LEUTEN VON EHR- UND PFLICHTGEFÜHL ABGEBEN. Mit solchen kann man gegenseitige Verpflichtungen eingehen. Ihre eigene Ehre ist der beste Bürge für ihr Benehmen, sogar bei Mißhelligkeiten; denn sie handeln stets mit Rücksicht auf ihre Würde, daher Streit mit rechtlichen Leuten besser ist, als Sieg über unrechtliche. Mit den Verworfenen gibt es keinen sichern Umgang, weil sie keine Verpflichtungen zur Rechtlichkeit fühlen; daher gibt es unter solchen auch keine wahre Freundschaft, und ihre Freundschaftsbezeugungen sind nicht echt, wenn sie es gleich scheinen, weil kein Ehrgefühl sie bekräftigt; Leute, denen es fehlt, halte man immer von sich ab; denn wer die Ehre nicht hochhält, hält auch

109

die Tugend nicht hoch, indem die Ehre der Thron der
Rechtlichkeit ist.

152 NIE SICH ZU DEM GESELLEN, DURCH DEN MAN IN DEN SCHATTEN
GESTELLT WIRD, sei es dadurch, daß er über uns oder daß
er unter uns stehe. Größere Vorzüge finden größere Verehrung; da wird der andere immer die Hauptrolle spielen, wir die zweite; bleibt für uns ja noch einige Wertschätzung, so ist es, was er übrig läßt. Der Mond glänzt,
solange er bei den Sternen ist; kommt die Sonne, wird
er unscheinbar oder unsichtbar. Nie also schließe man
sich dem an, durch den man verdunkelt, sondern dem,
durch den man herausgehoben wird. Durch dieses Mittel konnte die kluge Fabula beim Martial schön erscheinen und glänzen, wegen der Häßlichkeit und des
schlechten Anzuges ihrer Begleiterinnen. Ebensowenig
aber soll man durch einen schlechten Kumpan sich in
Gefahr setzen und nicht auf Kosten seines eigenen
Ansehens einem andern Ehre erzeigen. Ist man noch im
Werden, so halte man sich zu den Ausgezeichneten, als
gemachter Mann aber zu den Mittelmäßigen.

156 DIE FREUNDE SEINER WAHL, denn erst nachdem der Verstand sie geprüft und das wechselnde Glück sie erprobt
hat, sollen sie es sein, erkoren nicht bloß durch die
Neigung, sondern auch durch die Einsicht. Obgleich
hierin es gut zu treffen, das Wichtigste im Leben ist,
wird doch die wenigste Sorgfalt darauf verwendet. Einige Freunde führt ihre Zudringlichkeit, die meisten der
Zufall uns zu. Und doch wird man nach seinen Freunden beurteilt; denn nie war Übereinstimmung zwischen
dem Weisen und den Unwissenden. Inzwischen ist,
daß man Geschmack an jemandem findet, noch kein Beweis genauer Freundschaft; es kann mehr von der Kurz-
weil an seiner Unterhaltung als aus dem Zutrauen zu
seinen Fähigkeiten herrühren. Es gibt echte und unech-

te Freundschaften, diese zum Ergötzen, jene zur Fruchtbarkeit an vortrefflichen Gedanken und Taten. Wenige
sind Freunde der Person, die meisten Freunde der
Glücksumstände. Die tüchtige Einsicht eines Freundes
nützt mehr als der gute Wille vieler anderer; daher verdanke man sie seiner Wahl, nicht dem Zufall. Ein Kluger
weiß Verdrießlichkeiten zu vermeiden; aber ein dummer Freund schleppt sie ihm zu. Auch wünsche man
seinen Freunden nicht zu großes Glück, wenn man sie
behalten will.

158 SEINE FREUNDE ZU NUTZEN VERSTEHEN. Auch dabei hat die
Klugheit ihre Kunst. Einige sind gut in der Ferne, andre
in der Nähe. Mancher taugt nicht für die Unterredung,
aber sehr für den Briefwechsel: die Entfernung nimmt
einige Fehler hinweg, welche in der Nähe unerträglich
waren. Nicht bloß Ergötzen, sondern auch Nutzen muß
man aus seinem Freunde schöpfen; denn er muß die
drei Eigenschaften besitzen, welche einige dem Guten,
andere dem Dinge überhaupt beilegen: Einheit, Güte
und Wahrheit.* Denn der Freund ist alles in allem. Wenige taugen zu guten Freunden, und daß man sie nicht
zu wählen versteht, macht ihre Zahl noch kleiner. Sie
sich erhalten ist mehr, als sie zu erwerben wissen. Man
suche solche, welche es für die Dauer sein können; und
sind sie auch anfangs neu, so beruhige man sich dabei,
daß sie alt werden können. Durchaus die besten sind die
von vielem Salz, wenn auch die Prüfung einen Scheffel
kostet. Keine Einöde ist so traurig, als ohne Freunde zu
sein. Die Freundschaft vermehrt das Gute und verteilt
das Schlimme; sie ist das einzige Mittel gegen das Unglück und ist das Freiatmen der Seele.

* *Quodlibet ens est unum, verum, bonum. Satz aus der scholastischen
Philosophie.*

166 DEN MANN VON WORTEN VON DEM VON WERKEN UNTER-
SCHEIDEN. Diese Unterscheidung erfordert die größte
Genauigkeit, eben wie die der Freunde, der Personen
und der Ämter; da alle diese Dinge große Verschieden-
heiten haben. Weder gute Worte, noch schlechte Werke,
ist schon schlimm, aber weder schlechte Worte, noch
gute Werke, ist schlimmer. Worte kann man nicht essen,
sie sind Wind; und von Artigkeiten kann man nicht leben, sie sind ein höflicher Betrug. Die Vögel mit dem
Lichte fangen, ist das wahre Blenden. Die Eiteln lassen
sich mit Wind abspeisen. Die Worte sollen das Unterpfand der Werke sein, und dann haben sie ihren Wert.
Die Bäume, die keine Frucht, sondern nur Blätter tragen, pflegen ohne Mark zu sein; man muß sie kennen,
die einen zum Nutzen, die andern zum Schatten.

171 DIE GUNST NICHT VERBRAUCHEN. Die großen Gönner sind
für die großen Gelegenheiten. Ein großes Zutrauen soll
man nicht zu kleinen Dingen in Anspruch nehmen,
denn das hieße die Gunst vergeuden. Der heilige Anker
bleibe stets für die äußerste Gefahr aufbewahrt. Wenn
man zu geringen Zwecken das Große mißbraucht, was
wird dann nachmals übrig bleiben? Keine Sache hat
höheren Wert als ein Beschützer; und nichts ist heutzutage kostbarer als die Gunst: sie baut die Welt auf und
zerstört sie; sogar Geist kann sie geben und nehmen. So
günstig Natur und Ruhm den Weisen sind, so neidisch
ist gegen sie gewöhnlich das Glück. Es ist wichtiger,
sich die Gunst der Mächtigen zu erhalten, als Gut und
Habe.

173 NICHT VON GLAS SEIN IM UMGANG, NOCH WENIGER IN DER
FREUNDSCHAFT. Einige brechen ungemein leicht, wodurch sie ihren Mangel an Festigkeit zeigen. Sich selbst
erfüllen sie mit vermeintlichen Beleidigungen und die
anderen mit Widerwillen. Die Beschaffenheit ihres Ge-

müts ist zarter als die ihres Augensterns, da sie weder im Scherz noch im Ernst eine Berührung duldet. Die unbedeutendsten Kleinigkeiten beleidigen sie: es bedarf keiner Ausfälle. Wer mit ihnen umgeht, muß mit der äußersten Behutsamkeit verfahren, stets ihre Zartheit berücksichtigen und sogar ihre Miene beobachten, da der geringste Übelstand ihnen Verdruß erregt. Dies sind meistens sehr eigene Leute, Sklaven ihrer Laune, der zuliebe sie alles über den Haufen würfen, und Götzendiener ihrer eingebildeten Ehre. Dagegen ist das Gemüt eines Liebenden hart und ausdauernd wie ein Diamant und daher ein Amant ein halber Diamant zu nennen.

177 DEN VERTRAULICHEN FUSS IM UMGANG ABLEHNEN. Weder sich noch andern darf man ihn erlauben. Wer sich auf einen vertraulichen Fuß setzt, verliert sogleich die Überlegenheit, welche seine Untadelhaftigkeit ihm gab, und in Folge davon auch die Hochachtung. Die Gestirne, weil sie mit uns sich nicht gemein machen, erhalten sich in ihrem Glanz. Das Göttliche gebietet Ehrfurcht. Jede Leutseligkeit bahnt den Weg zur Geringschätzung. Es ist mit den menschlichen Dingen so, daß, je mehr man sie besitzt und hält, desto weniger hält man von ihnen, denn die offene Mitteilung legt die Unvollkommenheit offen dar, welche die Behutsamkeit bedecke. Mit niemandem ist es rätlich, sich auf einen vertrauten Fuß zu setzen, weder mit Höheren, weil es gefährlich, nicht mit Geringeren, weil es unschicklich ist, am wenigsten aber mit gemeinen Leuten, weil sie aus Dummheit verwegen sind, und die Gunst verkennend, welche man ihnen erzeigt, solche für Schuldigkeit halten. Große Leutseligkeit ist der Gemeinheit verwandt.

197 SICH KEINE NARREN AUF DEN HALS LADEN. Wer sie nicht kennt, ist selbst einer, und noch mehr der, welcher sie kennt und sie nicht von sich abhält. Für den oberfläch-

113

lichen Umgang sind sie gefährlich, für den vertrauten verderblich. Und wenn auch ihre eigene Behutsamkeit und fremde Sorgfalt sie eine Zeitlang in Schranken hält, so begehen oder sagen sie zuletzt doch eine Dummheit, und haben sie so lange gewartet, so war es, damit sie desto ansehnlicher ausfiele. Schlecht wird das fremde Ansehen unterstützen, wer selber keins hat. Sie sind sehr unglücklich, welches das der Narrheit beigegebene Leiden ist und sich mit ihr wechselseitig ausgleicht. Nur eines ist an ihnen so übel nicht, und das ist, daß, obgleich für sie die Klugen von keinem Nutzen sind, sie hingegen von vielem für die Weisen teils zur Erkenntnis, teils zur Übung.

221 NICHT LEICHT ANLASS NEHMEN, SICH ODER ANDERE IN VERWICKLUNGEN ZU BRINGEN. Es gibt Leute, die beständig gegen die Wohlanständigkeit anstoßen, indem sie in sich oder in andern den Anstand verletzen. Man kommt leicht mit ihnen zusammen und mit Unannehmlichkeiten wieder auseinander. Hundert Verdrießlichkeiten des Tages sind ihnen wenig. Ihre Laune hat das Haar wider den Strich, daher sie allen und jedem widersprechen; sie haben sich den Verstand verkehrt angezogen, weshalb sie alles verdammen. Jedoch sind die größten Versucher fremder Klugheit die, welche nichts gut machen und von allem schlecht sprechen. Es gibt gar viele Ungeheuer im weiten Reiche der Unziemlichkeit.

234 NIE DIE EHRE JEMANDEM IN DIE HÄNDE GEBEN, OHNE DIE SEINIGE ZUM UNTERPFAND ZU HABEN. Man muß so gehen, daß der beiderseitige Vorteil im Schweigen, der Schaden in der Mitteilung liege. Wo die Ehre im Spiel ist, muß stets der Handel ganz gemeinschaftlich sein, so daß jeder von beiden für die Ehre des anderen, seiner eigenen Ehre wegen, Sorge tragen muß. Nie soll man die Ehre dem anderen anvertrauen; geschieht es dennoch einmal, so

sei es so künstlich angelegt, daß hier wirklich die Klugheit der Vorsicht weichen konnte. Die Gefahr sei gemeinsam und der Fall gegenseitig, damit nicht etwa der
zu einem Zeugen werde, der sich bewußt ist, Teilhaber
zu sein.

241 NECKEREIEN DULDEN, JEDOCH NICHT AUSÜBEN. Jenes ist eine
Art Höflichkeit; dieses kann in Verwicklungen bringen.
Wer am Feiertage verdrießlich wird, hat viel Bestiali-
sches und zeigt noch mehr. Die kühne Neckerei ist er-
götzlich; sie ertragen zu können, beweist, daß man Kopf
hat. Wer sich darüber gereizt zeigt, gibt Anlaß, daß der
andere ebenfalls gereizt werde. Das beste ist also, sich
der Neckerei nicht anzunehmen, und das sicherste, sie
nicht einmal zu bemerken. Stets sind die ernstlichsten
Händel aus Scherzen hervorgegangen. Es gibt daher
nichts, was mehr Aufmerksamkeit und Geschicklichkeit erforderte; ehe man zu scherzen anfängt, sollte man
schon wissen, bis zu welchem Punkte die Gemütsart
dessen, den es betrifft, es dulden wird.

256 ALLZEIT AUF SEINER HUT SEIN GEGEN UNHÖFLICHE, EIGENSIN-
NIGE, ANMASSLICHE UND NARREN JEDER ART. Man stößt auf
viele, und die Klugheit besteht darin, nicht mit ihnen
aneinanderzugeraten. Vor dem Spiegel seiner Überlegung waffne man sich jeden Tag mit Vorsätzen in dieser Hinsicht, so wird man die Gefahren, welche die
Narrheit uns in den Weg legt, überwinden. Man denke
reiflich darüber nach, und dann wird man sein Ansehen
nicht gemeinen Zufälligkeiten bloßstellen. Ein mit Klugheit ausgerüsteter Mann wird von den Ungebührlichen
nicht angefochten werden. Unser Weg im Umgang mit
Menschen ist deshalb schwierig, weil er voller Klippen
ist, an denen unser Ansehen scheitern kann. Das Sicherste ist, sich entfernt zu halten, die Schlauheit des Odys-
seus zum Vorbild nehmend. Vor großem Nutzen ist in

Dingen dieser Art das erkünstelte Versehen; von der Höflichkeit unterstützt, hilft es uns über alles hinweg, wie es denn ein einziger Richtweg aus allen Verwicklungen ist.

281 GUNST BEI DEN EINSICHTIGEN FINDEN. Das laue Ja eines außerordentlichen Mannes ist höher zu schätzen als der allgemeine Beifall, denn aus den Weisen spricht die Einsicht, und daher gibt ihr Lob eine unversiegbare Zufriedenheit. Der verständige Antigonus beschränkte den ganzen Schauplatz seines Ruhmes auf den einzigen Zeno, und Plato nannte den Aristoteles seine ganze Schule. Allein manche sind nur darauf bedacht, sich den Magen zu füllen, und wäre es mit dem abscheulichsten Kehricht. Sogar die Fürsten bedürfen der Schriftsteller und fürchten die Feder derselben mehr als häßliche Weiber den Pinsel.

„Keine Tage der Nachlässigkeit haben"

DURCH FLEISS
ZU ERWERBENDE QUALIFIKATIONEN

Gracián hat scharfsinnig beobachtet, dass Fleiß für die große Karriere nicht entscheidend ist.

Tatsache ist jedenfalls bis heute, dass sich fleißige Personen auf allen Ebenen einer betrieblichen Hierarchie befinden. Es ist zwar unwahrscheinlich, dass die größten Faulpelze in der Chefetage sitzen, aber Fleiß ist allenfalls eine notwendige, keineswegs eine hinreichende Bedingung für die nächste Beförderung.

So sind Graciáns Bemerkungen im Umfeld von Fleiß auch eher sparsam ausgefallen. Bei genauerem Zusehen könnte man sie auch den Themen „Vielseitigkeit" und „Charakterbildung" zuordnen. Es ist jedoch interessant, seinen genauen Standpunkt kennenzulernen.

So empfiehlt er, man solle „ein Mann von willkommenen Kenntnissen" sein (Nr. 22), denn „gescheite Leute sind mit einer eleganten und geschmackvollen Belesenheit ausgerüstet" und „haben ein zeitgemäßes Wissen von allem, was an der Tagesordnung ist" (ebd.). Dazu benötige man einen „geistreichen Vorrat witziger Reden und edler Taten", um davon „zur rechten Zeit Gebrauch zu machen" (ebd.).

Hier wird wieder das Element der Konvention spürbar, denn was „willkommene" Kenntnisse sind, ist voll und ganz vom jeweiligen

Zeitgeist abhängig. Man müsse eben „Bildung und Eleganz" miteinander verbinden (Nr. 87): „Der Mensch wird als ein Barbar geboren, und nur die Bildung befreit ihn von der Bestialität" (ebd.).

Diese Hochschätzung der Bildung ist in den letzten 30 Jahren mehr und mehr verloren gegangen, weil die zunehmende Spezialisierung bei den einzelnen Mitarbeiterinnen und Mitarbeitern die präzise Ausfüllung einer gegebenen Funktion erwarten ließ. Erst mit der demografischen Wende und den erneut komplexer werdenden Anforderungen im Sinne der Erkenntnis eines „Gesamtbildes" beginnen auch große Unternehmen, den geistigen Hubraum von Bildung neu zu schätzen. Schon Gracián aber weist darauf hin, dass Bildung alleine nicht ausreicht, wenn diese „ohne Eleganz ist" (ebd.). Die Eleganz aber liegt in der treffsicheren Anwendung von Bildung in einer gegebenen Situation; fehlt diese, ist Langeweile und Ablehnung die Folge von fehlplaziertem Wissen.

Treffsicherheit zählt auch, wenn begabte Menschen „sich in den Materien festsetzen und den Geschäften sogleich den Puls fühlen wollen" (Nr. 136).

Solche Treffsicherheit hat sicherlich etwas mit durch Fleiß erworbener Sach- und Fachkunde zu tun. Im Grunde geht es Gracián aber um die Urteilskraft, um „auf das Wesen der Sache" zu kommen (ebd.). Wie weit diese eine Sache des Fleißes ist, muss freilich offenbleiben!

Ebenso empfiehlt Gracián, man müsse „Einsicht haben oder den anhören, der sie hat" (Nr. 176), denn ohne Verstand – „eigenen oder erborgten" – könne niemand leben. „Sich beraten schmälert nicht die Größe und zeugt nicht von Mangel eigener Fähigkeit", sondern ist „ein Beweis derselben" (ebd.).

In einigen Unternehmen werden die Suche und die Sucht nach Beratern allerdings auf die Spitze getrieben. Hintergrund ist häufig die gefühlte Notwendigkeit, Entscheidungen durch den kompetenten

Rat Dritter abzusichern. Beratung wird dann im Einzelfall sogar zum Ersatz einer eigenen Meinung: Man hat ja ein Gutachten, auf dem man aufbauen kann!

Für Gracián geht es jedoch stärker um die Einsicht in die Grenze eigener Fähigkeit als um deren Verbesserung durch ungeheuren Fleiß! Denn „viele wissen nicht, dass sie nichts wissen, und andere glauben zu wissen, wissen aber nichts" (ebd.).

Wichtiger als die Menge an Arbeitseinsatz ist nach Gracián die Vielfalt der übernommenen Ämter und Aufgaben. Man solle „den Ämtern den Puls gefühlt haben" (Nr. 104), um ihre „mannigfaltige Verschiedenheit zu kennen" (ebd.). Dabei unterscheidet er Funktionen, die eher „Mut" von solchen, die eher „scharfen Verstand", und wieder anderen, die „Rechtschaffenheit" oder „Geschicklichkeit" erfordern (ebd.).

„Unerträglich" findet er Aufgaben und Ämter, „welche den ganzen Menschen in Anspruch nehmen, zu gezählten Stunden und bei bestimmter Materie" (ebd.), und „doppelten Verstand hat man nötig bei denen, die keinen haben" (ebd.). Routinearbeiten sind offensichtlich Graciáns Sache nicht! Schlimm findet er Funktionen, „wegen derer man in dieser und noch viel mehr in jener Welt schwitzen muss" (ebd.).

Natürlich weiß auch Gracián – wohl auch aus eigener Erfahrung –, dass nicht für alle Menschen der Weg zu einer Spitzenkarriere offensteht. So schreibt er: „Wer sich nicht mit der Löwenhaut bekleiden kann, nehme den Fuchspelz" (Nr. 220): „Wenn man eine Sache nicht erlangen kann, ist es an der Zeit, sie zu verachten" (ebd.). Da mit jeder bewundernswerten Position Nebenwirkungen verbunden sind, die beschwerlich oder für das persönliche Gleichgewicht schädlich sind, fällt es nicht schwer, wie der Fuchs in der Fabel die nicht erreichbaren Trauben schlechtzumachen, weil diese angeblich sauer sind!

119

Gleichzeitig tritt Gracián dafür ein, die Dinge „entweder auf der Heerstraße der Tapferkeit oder auf dem Nebenwege der Schlauheit" zu realisieren (ebd.). Schließlich wird niemals der an Ansehen verlieren, der „sein Vorhaben durchsetzt" (ebd.).

Wie ambivalent Graciáns Verhältnis zum Fleiß ist, geht auch aus der Aufforderung hervor, man solle „sich Platz zu machen wissen als ein Kluger, nicht als ein Zudringlicher" (Nr. 199). „Der wahre Weg zu hohem Ansehen ist das Verdienst, und liegt dem Fleiße echter Wert zugrunde, so gelangt man am kürzesten dahin."

Fleiß ohne Wert, ohne Geschicklichkeit und ohne das Glück des Tüchtigen beim Zugang zu den Vorgesetzten hilft nicht weiter! „Die Sache ist ein Mittelweg zwischen verdienen und sich einzuführen verstehen" (ebd.).

Natürlich benötigt man zum Erfolg auch ein Mindestmaß an Methodik. „Nicht sein Leben mit dem anfangen, womit man es zu beschließen hätte" (Nr. 249)! Die richtige Reihenfolge der Dinge hat ihren eigenen Stellenwert, und „Methode ist unerlässlich zum Wissen und zum Leben" (ebd.). Selbst für den methodischen Fleiß steht jedoch die taktische Klugheitsregel im Vordergrund: Manche „fangen damit an, das zu lernen, woran wenig gelegen ist, und schieben die Studien, von welchen sie Ehre und Nutzen hoffen, für das Ende ihres Lebens auf" (ebd.).

Es kommt eben schon darauf an, die richtigen Themen zu besetzen! Erst diese Verhaltensklugheit wird in Verbindung mit Fleiß und Methodik zum Erfolg führen!

Verhaltensklugheit ist gerade dann angesagt, wenn man wenig von einer Sache weiß. „In jedem Fache halte sich, wer wenig weiß, stets an das Sicherste" (Nr. 271). Dann könne man wenigstens als „gründlich" durchgehen und setze sich nicht dem Risiko aus, Schiffbruch zu erleiden. Denn „wenig wissen und sich doch in Gefahr begeben, heißt freiwillig sein Verderben suchen" (ebd.)!

Weniger Fleiß als lebenskluge Aufmerksamkeit und Vorsicht sind daher gefordert, wenn Gracián empfiehlt, man solle „keine Tage der Nachlässigkeit haben" (Nr. 264). Wenn man es am wenigsten erwartet, taucht eine Schwierigkeit auf, denn „das Schicksal gefällt sich darin, uns einen Possen zu spielen" (ebd.).

So geht es letztlich um die Verbindung von „Fleiß und Talent" (Nr. 18), denn „ohne beide ist man nie ausgezeichnet, jedoch im höchsten Grade, wenn man sie in sich vereint" (ebd.).

„Die Arbeit ist der Preis, mit dem man den Ruhm erkauft", und „sogar für die höchsten Ämter hat es einigen nur an Fleiß gefehlt, nur selten ließ das Talent sie im Stich" (ebd.). Die Kombination macht den Erfolg aus: „Also sind Natur und Kunst erfordert, und der Fleiß drückt ihnen das Siegel auf" (ebd.).

Wenn Fleiß und Fähigkeit es nicht fertigbringen, dass einem Schicksalsschläge erspart bleiben, so empfiehlt es sich, am eigenen Charakter zu arbeiten. Dies verhilft auf der einen Seite zum erwünschten beruflichen Erfolg, befähigt aber auch zum Umgang mit unvermeidlichen Rückschlägen. Dies soll in Kapitel 7 zur Sprache kommen!

18 FLEISS UND TALENT: ohne beide ist man nie ausgezeichnet, jedoch im höchsten Grade, wenn man sie in sich vereint. Mit dem Fleiße bringt ein mittelmäßiger Kopf es weiter, als ein überlegener ohne denselben. Die Arbeit ist der Preis, für den man den Ruhm erkauft: was wenig kostet, ist wenig wert. Sogar für die höchsten Ämter hat es einigen nur an Fleiß gefehlt, nur selten ließ das Talent sie im Stich. Daß man lieber auf einem hohen Posten mittelmäßig, als auf einem niedrigen ausgezeichnet ist, hat die Entschuldigung eines hohen Sinnes für sich; hingegen daß man sich begnügt, auf dem untersten Posten mittelmäßig zu sein, während man auf dem obersten ausgezeichnet sein könnte, hat sie nicht. Also sind Natur und Kunst erfordert, und der Fleiß drückt ihnen das Siegel auf.

22 EIN MANN VON WILLKOMMENEN KENNTNISSEN. Gescheite Leute sind mit einer eleganten und geschmackvollen Belesenheit ausgerüstet, haben ein zeitgemäßes Wissen von allem, was an der Tagesordnung ist, jedoch mehr auf eine gelehrte als auf eine gemeine Weise; sie halten sich einen geistreichen Vorrat witziger Reden und edler Taten, von welchem sie zur rechter Zeit Gebrauch zu machen verstehen. Oft war ein guter Rat besser angebracht in der Form eines Witzwortes als in der der ernstesten Belehrung; und gangbares Wissen hat manchem mehr geholfen als alle sieben Künste, so frei sie auch sein mögen.

87 BILDUNG UND ELEGANZ. Der Mensch wird als ein Barbar geboren, und nur die Bildung befreit ihn von der Bestialität. Die Bildung macht den Mann, und um so mehr, je höher sie ist. Kraft derselben durfte Griechenland die ganze übrige Welt Barbaren heißen. Die Unwissenheit ist sehr roh: nichts bildet mehr als Wissen. Jedoch das Wissen selbst ist ungeschlachtet, wenn es ohne Eleganz ist. Nicht allein unsere Kenntnisse müssen elegant sein, sondern auch unser Wollen und zumal unser Reden. Es gibt Leute von natürlicher Eleganz, von innerer und äußerer Zierlichkeit, im Denken, im Reden, im Putz des Leibes, welcher der Rinde zu vergleichen ist, wie die Talente des Geistes der Frucht. Andere dagegen sind so ungehobelt, daß alles, was ihr ist, ja zuweilen ausgezeichnete Trefflichkeiten, eine unerträgliche barbarische Ungeschlachtheit verunstaltet.

104 DEN ÄMTERN DEN PULS GEFÜHLT HABEN. Ihre mannigfaltige Verschiedenheit zu kennen, ist eine meisterliche Kunde, die Aufmerksamkeit verlangt. Einige erfordern Mut, andere scharfen Verstand. Leichter zu verwalten sind die, wobei es auf Rechtschaffenheit, und schwerer die, wobei es auf Geschicklichkeit ankommt. Zu jenen gehört nichts weiter als ein rechtlicher Charakter; für diese hingegen reicht alle Aufmerksamkeit und Eifer nicht aus. Es ist eine mühsame Beschäftigung, Menschen zu regieren, und vollends Narren oder Dummköpfe. Doppelten Verstand hat man nötig bei denen, die keinen haben. Unerträglich aber sind die Ämter, welche den ganzen Menschen in Anspruch nehmen, zu gezählten Stunden und bei bestimmter Materie; besser sind die, welche keinen Überdruß verursachen, indem sie den Ernst mit Mannigfaltigkeit versetzen; denn die Abwechslung muntert auf. Des größten Ansehens genießen die, wobei die Abhängigkeit geringer oder doch entfernter ist. Die schlimmsten aber sind die, wegen derer man in dieser und noch viel mehr in jener Welt schwitzen muß.

136 SICH IN DEN MATERIEN FESTSETZEN und den Geschäften sogleich den Puls fühlen. Viele verirren sich in den Verzweigungen eines unnützen Überlegens oder auf dem Laubwerk einer ermüdenden Redseligkeit, ohne auf das

Wesen der Sache zu treffen; sie gehen hundertmal um einen Punkt herum, ermüden sich und andere, kommen jedoch nie auf die eigentliche Hauptsache. Dies entsteht aus einem verworrenen Begriffsvermögen, welches sich nicht herauszuwickeln fähig ist. Sie verderben Zeit und Geduld mit dem, was sie sollten liegen lassen, und beide fehlen ihnen nachher für das, was sie liegen gelassen haben.

176 EINSICHT HABEN ODER DEN ANHÖREN, DER SIE HAT. Ohne Verstand, eigenen oder erborgten, läßt sich's nicht leben. Allein viele wissen nicht, daß sie nichts wissen, und andere glauben zu wissen, wissen aber nichts. Gebrechen des Kopfes sind unheilbar, und da die Unwissenden sich nicht kennen, suchen sie auch nicht, was ihnen abgeht. Manche würden weise sein, wenn sie nicht es zu sein glaubten. Daher kommt es, daß, obwohl die Orakel der Klugheit selten sind, diese dennoch unbeschäftigt leben, weil keiner sie um Rat fragt. Sich beraten schmälert nicht die Größe und zeugt nicht von Mangel eigener Fähigkeit, vielmehr ist sich gut beraten ein Beweis derselben. Man überlege mit der Vernunft, damit man nicht widerlegt werde vom unglücklichen Ausgang.

199 SICH PLATZ ZU MACHEN WISSEN ALS EIN KLUGER, NICHT ALS EIN ZUDRINGLICHER. Der wahre Weg zu hohem Ansehen ist das Verdienst, und liegt dem Fleiße echter Wert zugrunde, so gelangt man am kürzesten dahin. Bloße Makellosigkeit reicht nicht aus, bloßes Mühen und Treiben ist unwürdig, denn dadurch langen die Sachen so mit Kot bespritzt an, daß der Ekel ihrem Ansehen schadet. Die Sache ist ein Mittelweg zwischen verdienen und sich einzuführen verstehen.

220 WER SICH NICHT MIT DER LÖWENHAUT BEKLEIDEN KANN, NEHME DEN FUCHSPELZ. Der Zeit nachgeben, heißt, sie überflügeln. Wer sein Vorhaben durchsetzt, wird nie sein Ansehen verlieren. Wo es mit Gewalt nicht geht, – mit Geschicklichkeit. Auf einem Wege oder dem andern: entweder auf der Heerstraße der Tapferkeit, oder auf dem Nebenwege der Schlauheit. Mehr Dinge hat Geschick durchgesetzt als Gewalt, und öfter haben die Klugen die Tapfern besiegt, als umgekehrt. Wenn man eine Sache nicht erlangen kann, ist es an der Zeit, sie zu verachten.

249 NICHT SEIN LEBEN MIT DEM ANFANGEN, WOMIT MAN ES ZU BESCHLIESSEN HÄTTE. Manche nehmen die Erholung am Anfang und lassen die Mühe für das Ende zurück; allein erst komme das Wesentliche, nachher, wenn Raum ist, die Nebendinge. Andere wollen triumphieren, ehe sie gekämpft haben. Wieder andere fangen damit an, das zu lernen, woran wenig gelegen ist, und schieben die Studien, von welchen sie Ehre und Nutzen hoffen, für das Ende ihres Lebens auf. Jener hat noch nicht einmal angefangen, sein Glück zu machen, und schon schwindelt ihm vor Dünkel der Kopf. Methode ist unerläßlich zum Wissen und zum Leben.

264 KEINE TAGE DER NACHLÄSSIGKEIT HABEN. Das Schicksal gefällt sich darin, uns einen Possen zu spielen, und wird alle Zufälle zu Haufen bringen, um uns unversehens zu fangen. Stets zur Probe bereit muß der Kopf, die Klugheit und die Tapferkeit sein, sogar auch die Schönheit; denn der Tag ihres sorglosen Vertrauens wird der Sturz ihres Ansehens sein. Wenn die Aufmerksamkeit am nötigsten ist, fehlt sie jedesmal, denn das Nichtdenken ist das Beinstellen zu unserem Verderben. Zudem pflegt es eine Kriegslist feindlicher Absichten zu sein, daß sie die Vollkommenheiten, wenn sie unbesorgt sind, zur strengen Prüfung ihres Wertes zieht. Die Tage der Parade kennt man schon, daher läßt die List sie vorübergehen;

125

aber den Tag, wo man es am wenigsten erwartete, wählt sie aus, um den Wert auf die Probe zu stellen.

271 IN JEDEM FACHE HALTE SICH, WER WENIG WEISS, STETS AN DAS SICHERSTE; wird er dann auch nicht für fein, so wird er doch für gründlich gelten. Wer hingegen unterrichtet ist, kann sich einlassen und nach Gutdünken handeln. Allein wenig wissen und sich doch in Gefahr begeben, heißt freiwillig sein Verderben suchen. Vielmehr halte man sich alsdann immer zur rechten Hand, denn das Ausgemachte kann nicht fehlen. Für geringe Kenntnisse ist die Heerstraße; und in allen Fällen, sei man kundig oder unkundig, ist die Sicherheit immer klüger als die Absonderung.

„Nie aus Eigensinn handeln, sondern aus Einsicht"

„Nie aus Eigensinn handeln, sondern aus Einsicht"

ARBEIT AM EIGENEN CHARAKTER

Das Individuum als einzigartige, aber auch auf sich selbst gestellte Persönlichkeit ist eine Errungenschaft der Neuzeit. Graciáns Sentenzen spiegeln die Aufmerksamkeit, die nach seiner Auffassung ein moderner Mensch der Selbst- und Charakterbildung beimessen sollte. Seine Gedanken hierzu stehen daher weniger unter der Perspektive unmittelbarer Verwertung in der beruflichen Karriere, sondern bilden sogar ein gewisses Gegengewicht. Dennoch kommt immer wieder auch Graciáns praktischer Sinn durch.

Klassisch ist natürlich die Forderung nach Selbsterkenntnis: Die „Kenntnis seiner selbst" (Nr. 89) ist der Schlüssel dafür, „Herr über sich" zu sein (ebd.). „Man lerne die Kräfte seines Verstandes und seine Feinheit zu Unternehmungen kennen" und ergründe „seine Tapferkeit" (ebd.). Erst aus dem Zusammenspiel der eigenen Kräfte und der klugen Selbsterkenntnis wächst der Erfolg!

Ebenso wesentlich ist eine ausgeprägte Selbstkontrolle, die Gracián „Obhut seiner selbst" nennt (Nr. 96). „Sie ist der Thron der Vernunft, die Grundlage der Vorsicht, und durch sie gelingt alles leicht" (ebd.). Die Selbstbeherrschung ist für Gracián so grundlegend, dass „alle Handlungen des Lebens" von ihr abhängen und sie die erste, größte und „wünschenswerteste" Gabe des Himmels sei (ebd.).

Das Idealbild einer fähigen Person ist die Verbindung von „Einsicht mit redlicher Absicht" (Nr. 16), denn „zusammen verbürgen sie

127

durchgängiges Gelingen" (ebd.). Gracián wäre aber nicht der präzise Beobachter bestehender Verhältnisse, würde er nicht sofort
hinzufügen, dass es natürlich auch die Kombination von gutem
Verstand „mit einem bösen Willen" gibt, die „zur Verworfenheit
verwendet wird" (ebd.)!

Was er empfiehlt, ist eher das pragmatische Zueinander von „Tätigkeit und Verstand" (Nr. 53), sodass weder die „Eilfertigkeit" unbe-
dacht zu Werke geht noch ein „Mangel an Tatkraft" die „Früchte des
richtigen Urteils" vereitelt (ebd.). Wie so oft: Die richtige Mischung
ist das Geheimnis des Erfolgs!

Eine der ganz wesentlichen Themen ist dabei die Selbstachtung.
„Nie setze man die Achtung gegen sich selbst aus den Augen"
(Nr. 50). Die Selbstachtung hat ethisch richtiges Handeln zur Quelle und Voraussetzung. Gracián baut hier stark auf die Wirkung
ethischer Selbstkontrolle: „Die Strenge unseres eigenen Urteils
muss mehr über uns vermögen als alle äußeren Vorschriften"
(ebd.). Der Autor ist aber immer wieder auch gezwungen einzuräu-
men, dass ein solches Vertrauen auf eine funktionierende Gewissensbildung bei einer Reihe von Menschen nicht funktioniert!

Selbstachtung und Selbstkontrolle spielen für eine Reihe charak-
terlich bedeutender Verhaltensweisen eine wichtige Rolle. Man
solle etwa „die Einbildungskraft zügeln, indem man bald sie zurechtweist, bald ihr nachhilft" (Nr. 24), man solle sich aber auch „in
seinen Meinungen mäßigen" (Nr. 294). Häufig müsse ja „das Urteil
der Neigung den Platz einräumen", das heißt, die Meinung richtet
sich stärker nach Sympathie und Antipathie als nach Sachargumen-
ten. Hier solle man sich „auch einmal auf die andere Seite" stellen
und ein gewisses „Misstrauen gegen sich selbst" hegen (ebd.).

So kann man auch „seine Antipathie bemeistern" (Nr. 46). Denn
manchmal verabscheuen wir etwas „aus freien Stücken, und sogar
ehe wir die Eigenschaften der betreffenden Personen kennengelernt haben" (ebd.). Grundlage vernünftigen Handelns ist es, „sich

mäßigen" zu können (Nr. 207), und es ist zweckmäßig, emotionale Verhaltensweisen zu vermeiden: „Die Anwandlungen der Leidenschaft sind das Glatteis der Klugheit!" Ein einziger Augenblick der Wut kann großen Schaden anrichten. Nicht die Emotion ist dabei das Problem, sondern der Mangel an Kontrolle über sie!

Wem solche Selbstkontrolle gelingt, der wird „nie aus Eigensinn handeln, sondern aus Einsicht" (Nr. 218). Er verbindet dann Tüchtigkeit mit Klugheit, so wie es Graciáns Idealbild am ehesten entspricht.

Gracián warnt andererseits davor, sich mit eigensinnigen Menschen einzulassen, die „aus allem einen kleinen Krieg machen" und „Banditen des Umgangs" sind (ebd.).

Genauso wenig ist es dienlich, sich allzu sehr auf den „ersten Eindruck" zu verlassen (Nr. 227): „Immer soll Raum bleiben für die zweite Untersuchung", oder – anders gesagt – „es bleibe Raum für den zweiten und auch für den dritten Bericht" (ebd.). Verschiedene Perspektiven erst ergeben ein vollständiges Bild.

Nicht durch Zufall gehört die Fähigkeit zum Perspektivenwechsel zu den wesentlichen Kennzeichen erfolgreicher Führungskräfte. Sie können wirksam werden, weil sie in der Lage sind, sich in die konkrete Situation ihrer Kunden, Lieferanten, Mitarbeiter und sonstigen Beteiligten einzufühlen und die richtigen Schlüsse daraus zu ziehen. Das Scheitern der Shareholder-Value-Perspektive in der sozialen Realität hat mit ihrer sachlogischen Richtigkeit nichts zu tun. Denn es ist und bleibt richtig, dass Anteilseigner erst dann einen Gewinn erzielen, wenn alle anderen Anspruchsgruppen befriedigt sind. Problematisch hat sich hingegen die Verkürzung der Denkperspektive bei vielen Managern ausgewirkt, die das Denkmodell der Optimierung des Shareholder-Value durch das Ausblenden aller anderen Perspektiven praktisch verkürzt haben. Die Gegenbewegung des „Stakeholder-Value", das heißt der Optimierung des Wertes im Interesse aller Beteiligten (und nicht nur der Aktionäre), hat hier ihren Ursprung: Erst verschiedene Perspektiven ergeben ein vollständiges Bild – auch wenn sich dies in rein ökonomischer Betrachtung anders darzustellen scheint!

In der Charakterbildung nach Gracián steht die Suche nach persönlicher Vervollkommnung im Vordergrund. Die Vollkommenheit aber „besteht nicht in der Quantität, sondern in der Qualität" (Nr. 27). Schließlich sei alles „Vortreffliche" stets „wenig und selten" (ebd.). Das Extensive, das heißt das Unmäßige, „führt nie über die Mittelmäßigkeit hinaus" (ebd.).

Die Kunst der Balance führt dann dazu, dass der reife Mensch „nicht leicht glauben und nicht leicht lieben" wird (Nr. 154). „Die Zurückhaltung des Urteils ist immer klug im Hörer", und es wäre unvorsichtig, seine Zuneigung und Sympathie zu leicht zu verschenken (ebd.).

Natürlich solle man nicht „unzugänglich" sein (Nr. 147), denn „von unheilbarem Unverstand ist, wer niemanden anhören will" (ebd.). Dies gilt besonders für Freunde, denn „ein Freund muss Freiheit haben, ohne Zurückhaltung zu raten, ja zu tadeln" (ebd.). Ein guter Freund kann „einen treuen Spiegel" vorhalten, den man zu schätzen wissen solle.

Ein gebildeter Charakter erwirbt sich eine natürliche Autorität und wird „im Reden und Tun etwas Imponierendes haben" (Nr. 122). Dann braucht man auch nichts vorzuspielen oder zu „affektieren"; man kann eben „ohne Affektation sein" (Nr. 123). Schließlich gefällt überall „das Natürliche mehr als das Künstliche" (ebd.).

Im sprachlichen Verhalten bedeutet dies, man solle „nicht aus Besorgnis, trivial zu sein, paradox werden" (Nr. 143). Das Paradoxe beweise lediglich „eine Verschrobenheit der Urteilskraft" und könne dem eigenen Ansehen schaden (ebd.). Genauso wenig gelte man als „Lästermaul" (Nr. 228), denn „witzig" sein auf fremde Kosten mache einen verhasst (ebd.).

So gelangt Gracián wieder zu einem seiner Lieblingsthemen, der Vorsicht in sozialen Interaktionen. Man müsse „die Augen beizeiten öffnen" (Nr. 230), denn „einige fangen erst an zu sehen, wenn nichts mehr zu sehen da ist" (ebd.).

Wichtig ist es, auch „Winke zu verstehen wissen" (Nr. 25). Nicht alles ist offensichtlich, denn es gibt auch die „Schatzgräber der Herzen und Luchse der Absichten" (ebd.). „Gerade die Wahrheiten, an welchen uns am meisten gelegen, werden stets nur halb ausgesprochen" (ebd.); manches muss man sogar erraten können (ebd.)!

Problematisch ist aber auch ein Übermaß an Naivität, die einen zum Spielball der anderen macht und alles durchgehen lässt. „Nicht aus lauter Güte schlecht sein", nennt das Gracián (Nr. 266). Wer „sich nie erzürnt", zeigt damit Unempfindlichkeit und sogar „Unfähigkeit" (ebd.). Anders gesagt: „Eine Empfindlichkeit bei gehörigem Anlass ist ein Akt der Persönlichkeit", und sogar „die Vögel machen sich bald über den Strohmann lustig" (ebd.).

Ein Mensch von Charakter wird daher auch „ein redlicher Widersacher" sein (Nr. 165), wenn es darauf ankommt.

Da Machtkämpfe nicht nur an den Höfen des 17. Jahrhunderts, sondern auch in den Führungsetagen der Unternehmen im 21. Jahrhundert vorkommen, ist Graciáns Beobachtung bis heute aktuell: „Der Mann von Verstand kann genötigt werden, ein Widersacher, aber nicht ein nichtswürdiger Widersacher zu sein" (Nr. 165).

Als charaktervolle Gegner wird jeder „handeln als der, welcher er ist, nicht als der, wozu sie ihn machen möchten" (ebd.). Man solle also nicht einfach durch „Übermacht", sondern „durch die Art zu verfahren siegreich" sein (ebd.)! Insbesondere gilt: „Alles, was nach Verrat auch nur riecht, befleckt den guten Namen!" (ebd.).

Gracián ist an diesem Punkt sehr engagiert, vielleicht auch aus eigener schwieriger Erfahrung: „Man setze seinen Ruhm darin, dass, wenn Edelsinn, Großmut und Treue sich aus der Welt verloren hätten, sie in unserer Brust noch wiederzufinden sein würden" (ebd.).

Gracián setzt hier allerdings den Ehrenkodex spanischer Edelleute des 17. Jahrhunderts voraus. Davon mag manches auf heute übertragbar sein; alles sicher nicht. Dies hängt auch an der Ausdifferenzierung von Lebensentwürfen, die sich in unterschiedlichen Unternehmenskulturen äußert: Was im einen Betrieb völlig untragbar ist, gehört im anderen zur Normalität und umgekehrt.

Umso wichtiger ist es, sich über seinen eigenen Wertekorridor klar zu werden und sich Lebensregeln zu suchen, die einen helfen können, die verschiedenen Wechselfälle des Schicksals sinnvoll zu bewältigen (vgl. U. Hemel 2007).

Solche weder auf Charaktereigenschaften noch auf taktische Finessen ausgelegte Lebensregeln sind ein wesentlicher Bestandteil der Aphorismen Graciáns in seinem *Handorakel*. Sie sollen im folgenden Kapitel 8 entfaltet werden.

16 EINSICHT MIT REDLICHER ABSICHT: zusammen verbürgen sie durchgängiges Gelingen. Ein widernatürliches Ungeheuer war stets ein guter Verstand vereint mit einem bösen Willen. Die böswillige Absicht ist ein Gift aller Vollkommenheiten; vom Wissen unterstützt verdirbt sie auf eine feinere Weise. Unselige Überlegenheit, die zur Verworfenheit verwendet wird! Wissenschaft ohne Verstand ist doppelte Narrheit.

24 DIE EINBILDUNGSKRAFT ZÜGELN, indem man bald sie zurechtweist, bald ihr nachhilft; denn sie vermag alles über unser Glück, und sogar unser Verstand erhält Berichtigung von ihr. Sie kann eine tyrannische Gewalt erlangen und begnügt sich nicht mit müßiger Beschauung, sondern wird tätig, bemächtigt sich sogar oft unseres ganzen Daseins, welches sie mit Lust oder Traurigkeit erfüllt, je nachdem die Torheit ist, auf die sie verfiel; denn sie macht uns mit uns selbst zufrieden oder unzufrieden, spiegelt einigen beständige Leiden vor und wird der häusliche Henker dieser Toren, andern zeigt sie nichts als Seligkeiten und Glücksfälle unter lustigem Schwindeln des Kopfes. Alles dieses vermag sie, wenn nicht die vernünftige Obhut unsrer selbst ihr den Zaum anlegt.

25 WINKE ZU VERSTEHEN WISSEN. Einst war es die Kunst aller Künste, reden zu können, jetzt reicht das nicht mehr aus; erraten muß man können, vorzüglich, wo es auf Zerstörung unsrer Täuschung abgesehen ist. Der kann nicht sehr verständig sein, der nicht leicht versteht. Es gibt hingegen auch Schatzgräber der Herzen und Luchse der Absichten. Gerade die Wahrheiten, an welchen uns am meisten gelegen, werden stets nur halb ausgesprochen; allein der Aufmerksame fasse sie im vollen Verstande auf. Bei allem Erwünschten ziehe er seinen Glauben am Zügel zurück, aber gebe ihm den Sporn bei allem Verhaßten.

133

27 DAS INTENSIVE HÖHER ALS DAS EXTENSIVE SCHÄTZEN. Die Vollkommenheit besteht nicht in der Quantität, sondern in der Qualität. Alles Vortreffliche ist stets wenig und selten, die Menge und Masse einer Sache macht sie geringgeschätzt. Sogar unter den Menschen sind die Riesen meistens die eigentlichen Zwerge. Einige schätzen die Bücher nach ihrer Dicke, als ob sie geschrieben wären, die Arme, nicht die Köpfe daran zu üben. Das Extensive allein führt nie über die Mittelmäßigkeit hinaus, und es ist das Leiden der universellen Köpfe, daß sie, um in allem zu Hause zu sein, es nirgends sind. Hingegen ist es das Intensive, woraus die Vortrefflichkeit entspringt, und zwar eine heroische, wenn in erhabener Gattung.

46 SEINE ANTIPATHIE BEMEISTERN. Oft verabscheuen wir aus freien Stücken, und sogar ehe wir die Eigenschaften der betreffenden Personen kennengelernt haben; bisweilen wagt dieser angeborene, pöbelhafte Widerwille sich selbst gegen die ausgezeichnetsten Männer zu regen. Die Klugheit werde Herr über ihn; denn nichts kann eine schlechtere Meinung von uns erregen, als daß wir die verabscheuen, welche mehr wert sind als wir. So sehr die Sympathie mit großen Männern zu unserm Vorteil spricht, setzt die Antipathie gegen dieselben uns herab.

50 NIE SETZE MAN ACHTUNG GEGEN SICH SELBST AUS DEN AUGEN und mache sich nicht mit sich selbst gemein. Unsere eigene Makellosigkeit muß die Richtschnur für unsern untadelhaften Wandel sein, und die Strenge unseres eigenen Urteils muß mehr über uns vermögen als alle äußeren Vorschriften. Das Ungeziemende unterlasse man mehr aus Scheu vor seiner eigenen Einsicht als aus Scheu von der strengsten fremden Autorität. Man gelange dahin, sich selbst zu fürchten, so wird man Senecas imaginären Hofmeister nicht nötig haben.

53   TÄTIGKEIT UND VERSTAND. Was dieser ausführlich durchdacht hat, führt jene rasch aus. Eilfertigkeit ist eine Eigenschaft der Dummköpfe, weil sie den Punkt des Anstoßes nicht gewahr werden, gehn sie ohne Vorsicht zu Werke. Dagegen pflegen die Weisen eher durch Zurückhaltung zu fehlen; denn das Vorhersehen gebiert Vorkehrungen, und so vereitelt Mangel an Tatkraft bisweilen die Früchte des richtigen Urteils. Schnelligkeit ist die Mutter des Glücks. Wer nichts auf morgen ließ, hat viel getan. Eile mit Weile war ein recht kaiserlicher Wahlspruch.

89   KENNTNIS SEINER SELBST: an Sinnesart, an Geist, an Urteil, an Neigungen. Keiner kann Herr über sich sein, wenn er sich nicht zuvor begriffen hat. Spiegel gibt es für das Antlitz, aber keine für die Seele; daher sei ein solcher das verständige Nachdenken über sich; allenfalls vergesse man sein äußeres Bild, aber erhalte sich das innere gegenwärtig, um es zu verbessern, zu vervollkommnen. Man lerne die Kräfte seines Verstandes und seine Feinheit zu Unternehmungen kennen; man untersuche seine Tapferkeit, zum Einlassen in Händel; man ergründe seine ganze Tiefe und wäge seine sämtlichen Fähigkeiten zu allem.

96   DIE GROSSE OBHUT SEINER SELBST. Sie ist der Thron der Vernunft, die Grundlage der Vorsicht, und durch sie gelingt alles leicht. Sie ist eine Gabe des Himmels, und als die erste und größte die wünschenswerteste. Sie ist das Hauptstück der Rüstung und von so großer Wichtigkeit, daß die Abwesenheit keines andern den Mann unvollständig macht, sondern nur als ein Mehr oder Minder bemerkt wird. Alle Handlungen des Lebens hängen von ihrem Einfluß ab, und sie ist zu allen erfordert; denn alles muß mit Verstand geschehen. Sie besteht in einem natürlichen Hang zu allem, was der Vernunft am ange-

135

messensten ist, wodurch man bei allen Fällen das Richtigste ergreift.

122 **IM REDEN UND TUN ETWAS IMPONIERENDES HABEN.** Dadurch setzt man sich allerorts bald in Ansehen und hat die Achtung vorweg gewonnen. Es zeigt sich in allem, im Umgange, im Reden, im Blick, in den Neigungen, sogar im Gange. Wahrlich, ein großer Sieg, sich der Herzen zu bemeistern. Es entsteht nicht aus einer dummen Dreistigkeit, noch aus einem übellaunigen Wesen bei der Unterhaltung; sondern es beruht auf einer wohlgeziemenden Autorität, die aus natürlicher, von Verdiensten unterstützter Überlegenheit hervorgeht.

123 **OHNE AFFEKTATION SEIN.** Je mehr Talente man hat, desto weniger affektiere man sie, denn solches ist die gemeinste Verunstaltung derselben. Die Affektation ist den andern so widerlich, wie dem, der sie treibt, peinlich; denn er ist ein Märtyrer der darauf zu verwendenden Sorgfalt und quält sich mit pünktlicher Aufmerksamkeit ab. Die ausgezeichnetsten Eigenschaften büßen durch Affektation ihr Verdienst ein, weil sie jetzt mehr durch Kunst erzwungen, als aus der Natur hervorgegangen scheinen; und überall gefällt das Natürliche mehr als das Künstliche. Immer hält man dafür, daß dem Affektierenden die Vorzüge, welche er affektiert, fremd sind. Je besser man eine Sache macht, desto mehr muß man die darauf verwandte Mühe verbergen, um diese Vollkommenheit als etwas ganz aus unserer Natur Entspringendes erscheinen zu lassen. Auch soll man nicht etwa aus Furcht vor der Affektation gerade in diese geraten, indem man das Unaffektiertsein affektiert. Der Kluge wird nie seine eigenen Vorzüge zu kennen scheinen, denn gerade dadurch, daß er sie nicht beachtet, werden andere darauf aufmerksam. Doppelt groß ist der, welcher alle Vollkommenheiten in sich, aber keine in seiner eigenen Meinung hat; er gelangt auf einem entgegengesetzten Pfade zum Ziel des Beifalls.

143 NICHT AUS BESORGNIS, TRIVIAL ZU SEIN, PARADOX WERDEN. Beide Extreme schaden unserem Ansehen. Jedes Unterfangen, welches der Gesetztheit zuwiderläuft, ist schon der Narrheit verwandt. Das Paradoxon ist gewissermaßen ein Betrug: indem es anfangs Beifall findet, weil es durch das Neue und Pikante überrascht; allein wenn nachher die Täuschung verschwindet und seine Blößen offenbar werden, nimmt es sich sehr übel aus. Es ist eine Art Gaukelei und in Staatsangelegenheiten der Ruin des Staats. Die, welche nicht auf dem Wege der Trefflichkeit es zu wahrhaft großen Leistungen bringen können, oder sich nicht daran wagen, legen sich auf das Paradoxe; von den Toren werden sie bewundert, aber viele kluge Leute werden an ihnen zu Propheten. Es beweist eine Verschrobenheit der Urteilskraft, und wenn es auch bisweilen nicht auf das Falsche sich gründet, dann doch auf das Ungewisse, zur großen Gefahr wichtiger Angelegenheiten.

147 NICHT UNZUGÄNGLICH SEIN. Keiner ist so vollkommen, daß er nicht zuzeiten fremder Erinnerung bedürfte; von unheilbarem Unverstand ist, wer niemanden anhören will. Sogar der Überlegenste soll freundschaftlichem Rate Raum geben, und selbst die königliche Macht darf nicht die Lenksamkeit ausschließen. Es gibt Leute, die rettungslos sind, weil sie sich allem verschließen, sie stürzen sich ins Verderben, weil keiner sich heranwagt, sie zurückzuhalten. Auch der Vorzüglichste soll der Freundschaft eine Türe offen halten, und sie wird die der Hilfe werden. Ein Freund muß Freiheit haben, ohne Zurückhaltung zu raten, ja zu tadeln. Diese Autorität muß ihm unsere Zufriedenheit und unsere hohe Meinung von seiner Treue und Verständigkeit erworben

137

haben. Nicht allen soll man leicht Berücksichtigung oder auch nur Glauben schenken; aber im geheimen Innern seiner Vorsorge habe man einen treuen Spiegel an einem Vertrauten, dem man Zurechtweisung und Richtigstellung von Irrtümern verdanke und solche zu schätzen wisse.

154 NICHT LEICHT GLAUBEN UND NICHT LEICHT LIEBEN. Die Reife des Geistes zeigt sich an der Langsamkeit im Glauben. Die Lüge ist sehr gewöhnlich; so sei der Glaube ungewöhnlich. Wer sich leicht hinreißen läßt, steht nachher beschämt. Inzwischen soll man seinen Zweifel an der Aussage des andern nicht zu erkennen geben, weil dies unhöflich, ja beleidigend wäre, indem man den Aussagenden dadurch zum Betrüger oder zum Betrogenen macht. Sogar aber ist dies noch nicht der größte Übelstand, sondern der, daß Ungläubigsein selbst einen Lügner verrät; denn ein solcher leidet an zwei Übeln: dem, nicht zu glauben, und dem, keinen Glauben zu finden. Die Zurückhaltung des Urteils ist immer klug im Hörer; der Sprecher aber berufe sich auf den, von dem er es hat. Eine verwandte Art der Unbedachtsamkeit ist das leichte Verleihen seiner Zuneigung; denn nicht nur mit Worten, sondern auch mit Werken wird gelogen, und die letztere Art des Betrugs ist viel gefährlicher.

165 EIN REDLICHER WIDERSACHER SEIN. Der Mann von Verstand kann genötigt werden, ein Widersacher, aber nicht ein nichtswürdiger Widersacher zu sein. Jeder muß handeln als der, welcher er ist, nicht als der, wozu sie ihn machen möchten. Der Edelsinn beim Kampf mit Nebenbuhlern erwirbt Beifall; man kämpfe so, daß man nicht bloß durch die Übermacht, sondern auch durch die Art zu verfahren siegreich sei. Ein niederträchtiger Sieg ist kein Ruhm, vielmehr eine Niederlage. Immer behält der Edelmut die Oberhand. Der rechtliche Mann gebraucht nie verbotene Waffen; dergleichen aber sind die der beendigten Freundschaft gegen den begonnenen Haß, da man nie das geschenkte Zutrauen zur Rache benutzen darf. Alles, was nach Verrat auch nur riecht, befleckt den guten Namen. In Leuten, die auf Achtung Anspruch haben, befremdet jede Spur von Niedrigkeit: Seelenadel und Verworfenheit müssen weit auseinander bleiben. Man setze seinen Ruhm darin, daß, wenn Edelsinn, Großmut und Treue sich aus der Welt verloren hätten, sie in unserer Brust noch wiederzufinden sein würden.

207 SICH MÄSSIGEN. Man soll einen Fall wohl überlegen, zumal einen Unfall. Die Anwandlungen der Leidenschaft sind das Glatteis der Klugheit, und hier liegt die Gefahr, sich ins Verderben zu stürzen. Von einem Augenblick der Wut oder der Fröhlichkeit wird man weiter geführt als von vielen Stunden des Gleichmuts; und da bereitet manchmal ein kleiner Augenblick die Beschämung des ganzen Lebens. Fremde Arglist legt oft absichtlich solche Versuchungen der Vernunft an, um eine Entdeckungsreise ins Innere des Geistes zu machen, und benutzt dergleichen Daumschrauben der Geheimnisse, die imstande sind, den überlegensten Kopf aufs äußerste zu treiben. Zur Gegenlist diene die Mäßigung, vorzüglich bei plötzlichen Fällen. Ein sehr überlegter Geist ist erfordert, wenn nicht einmal eine Leidenschaft das Gebiß zwischen die Zähne nehmen soll, und gewaltig klug muß der sein, der es zu Pferde bleibt.* Wer die Gefahr begriffen hat, geht mit Behutsamkeit seinen Weg. So leicht ein Wort dem scheint, der es hinwirft, so schwer dem, der es aufnimmt und wiegt.

* *Siehe Anmerkung zu Nr. 155, S. 95.*

218 NIE AUS EIGENSINN HANDELN, SONDERN AUS EINSICHT. Jeder Eigensinn ist ein Auswuchs des Geistes, ein Erzeugnis der Leidenschaft, welche noch nie die Dinge richtig geleitet hat. Es gibt Leute, die aus allem einen kleinen Krieg machen, wahre Banditen des Umgangs: alles, was sie ausführen, soll zu einem Siege werden, und sie kennen kein friedliches Verfahren. Diese sind, wenn sie gebieten und herrschen, verderblich, denn sie machen aus der Regierung eine Faktion und Feinde aus denen, die sie als ihre Kinder ansehen sollten. Sie wollen alles durch Ränke vorbereiten und es sodann als die Frucht ihrer Künstelei erlangen. Allein wenn die übrigen ihren verkehrten Sinn erkannt haben, so lehnt alles sich gegen sie auf, weiß ihre schimärischen Pläne zu stören, und sie erlangen nichts, sondern tragen nur eine Last von Verdrießlichkeiten davon, indem alle helfen, ihr Leidwesen zu vermehren. Diese haben einen verschrobenen Kopf und mitunter auch ein verruchtes Herz. Gegen Ungeheuer dieser Art ist weiter nichts zu tun, als sie zu fliehen und wäre es bis zu den Antipoden, deren Barbarei leichter zu ertragen sein wird als die Abscheulichkeit jener.

227 NICHT DEM ERSTEN EINDRUCK ANGEHÖREN. Einige vermählen sich gleichsam mit dem ersten Bericht, der ihnen zu Ohren kommt, so daß alle folgenden nur noch Konkubinen werden können. Da nun aber die Lüge allezeit vorauseilt, so findet nachher die Wahrheit keinen Raum. Weder darf unsern Willen der erste Gegenstand, noch unsern Verstand der erste Bericht einnehmen: denn das ist Geisteskleinheit. Manche sind wie neue Gefäße, welche von der ersten Flüssigkeit, sie sei gut oder schlecht, den Geruch behalten. Wird diese Kleinheit des Geistes nun gar bekannt, so ist sie verderblich; denn jetzt wird sie ein Spielraum boshafter Absichtlichkeit: Schlechtgesinnte beeilen sich, den Leichtgläubigen mit ihrer Farbe zu erfüllen. Immer soll Raum bleiben für die zweite Untersuchung. Alexander bewahrte stets ein Ohr für die andere Partei auf. Es bleibe Raum für den zweiten und auch für den dritten Bericht. Das leichte Annehmen des Eindrucks zeugt von geringer Fähigkeit und ist nicht fern von der Leidenschaftlichkeit.

228 KEIN LÄSTERMAUL SEIN, noch weniger dafür gelten; denn das heißt, den Ruf eines Rufverderbers haben. Man sei nicht witzig auf fremde Kosten, welches weniger schwer als verhaßt ist. Alle rächen sich an einem solchen dadurch, daß auch sie schlecht von ihm reden; da nun aber ihrer viele sind und er allein, so wird er eher überwunden, als sie überführt sein. Das Schlechte soll nie unsere Freude und daher nicht unser Thema sein. Der Verleumder bleibt ewig verhaßt; und sollte auch dann und wann ein Großer mit ihm reden, so wird es mehr geschehen, weil ihm sein Spott Spaß macht, als weil er seine Klugheit schätzt. Auch wird, wer Schlechtes spricht, stets noch Schlechteres hören müssen.

230 DIE AUGEN BEIZEITEN ÖFFNEN. Nicht alle, welche sehen, haben die Augen offen; und nicht alle, welche um sich blicken, sehen. Zu spät hinter die Sachen kommen, schafft keine Abhilfe, wohl aber Betrübnis. Einige fangen erst an zu sehen, wenn nichts mehr zu sehen da ist, indem sie Haus und Hof zugrunde richteten, ehe sie selbst zu Menschen wurden. Es ist schwer, dem Verstand beizubringen, der keinen Willen hat, und noch schwerer dem Willen, der keinen Verstand. Die sie umgeben, spielen mit ihnen wie mit Blinden, zum Gelächter der übrigen; und weil sie taub zum Hören sind, öffnen sie auch nicht die Augen zum Sehen. Auch fehlt es nicht an solchen, welche jenen Sinnenschlummer unterhalten, weil ihre Existenz darauf beruht, daß jene nicht seien. Unglückliches Pferd, dessen Herr keine Augen hat! Es wird schwerlich fett werden.

266 NICHT AUS LAUTER GÜTE SCHLECHT SEIN; der ist es, welcher sich nie erzürnt. Diese unempfindlichen Menschen verdienen kaum, für Leute (personas) zu gelten. Es entsteht nicht immer aus Trägheit, sondern oft aus Unfähigkeit. Eine Empfindlichkeit bei gehörigem Anlaß ist ein Akt der Persönlichkeit: die Vögel machen sich bald über den Strohmann lustig. Das Süße mit dem Sauern abwechseln lassen, beweist einen guten Geschmack. Das Süße ganz allein ist für Kinder und Narren. Es ist sehr übel, wenn man aus lauter Güte in solche Gefühllosigkeit versinkt.

294 SICH IN SEINEN MEINUNGEN MÄSSIGEN. Jeder faßt seine Ansichten nach seinem Interesse und glaubt einen Überfluß an Gründen für dieselben zu haben. Denn in den meisten muß das Urteil der Neigung den Platz einräumen. Nun trifft es sich leicht, daß zwei miteinander geradezu widersprechende Meinungen sich begegnen, und jeder glaubt die Vernunft auf seiner Seite zu haben, wiewohl diese, stets unverfälschte, nie ein doppeltes Antlitz trug. Bei einem so schwierigen Punkt gehe der Kluge mit Überlegung zu Werke, dann wird das Mißtrauen gegen sich selbst sein Urteil über das Benehmen des Gegners berichtigen. Er stelle sich auch einmal auf die andere Seite und untersuche von da die Gründe des andern; dann wird er nicht mit so starker Verblendung jenen verurteilen und sich rechtfertigen.

„Im Glück aufs Unglück bedacht sein"

LEBENSREGELN

Das ehrgeizige Interesse am eigenen Fortkommen und die umsichtige Bildung des persönlichen Charakters bilden eine gewisse Grundspannung in Graciáns Gedankensplittern. Sie wird dort bis zu einem gewissen Punkt aufgelöst, wo er Lebensregeln formuliert, die nicht allein von Geschick und Tüchtigkeit, sondern auch vom Umgang mit äußerem Glück oder Unglück geprägt werden. Schließlich hat keiner alles in der Hand, sodass es am Ende stark darauf ankommt, das Beste aus den Anforderungen und Zumutungen des eigenen Lebens zu machen!

Natürlich gibt es hier fließende Übergänge zu den Aphorismen im Umfeld der Charakterbildung. So wird es niemand überraschen, wenn Gracián dafür plädiert, man solle „ein rechtschaffener Mann sein" (Nr. 29)! Von rechtschaffenen Frauen spricht er in zeittypischer Weise gar nicht; sie waren offensichtlich auch nicht seine Zielgruppe.

Idealerweise steht der „rechtschaffene Mann" grundsätzlich „auf der Seite der Wahrheit" (ebd.). Gracián beobachtet jedoch recht klar, dass viele sie rühmen, aber „nicht für ihr Haus", und dass viele ihr folgen, aber nur „bis zum Punkt der Gefahr" (ebd.).

Der beharrliche Mensch aber hält „jede Verstellung für eine Art Verrat" und „setzt seinen Wert mehr in seine unerschütterliche Festigkeit als in seine Klugheit" (ebd.).

Gracián, der in seiner eigenen Meinung manchmal bis zur Un-
kenntlichkeit flexibel wirkt, setzt hier einen starken Akzent und
empfiehlt, der „Rechtschaffenheit" vor der Klugheit den Vorzug
zu geben! Dies ist, wie er selbst weiß, zwar sympathisch, steht aber
im Gegensatz zu den bereits in anderen Kapiteln kommentierten
taktischen Verhaltensregeln, die eine berufliche Karriere fördern
würden!

Naivität ist freilich nicht sonderlich erstrebenswert: Man solle
„nicht gänzlich eine Taubennatur haben, sondern schlau wie die
Schlange und ohne Falsch wie die Taube sein" (Nr. 243). Es sei
schließlich leicht, „einen redlichen Mann zu hintergehen" (ebd.).
Man solle also nicht in dem Maße redlich sein, „dass er den andern
Gelegenheit gebe, unredlich zu sein" (ebd.)! Die „Taube" der Redlichkeit und die „Schlange" der weltklugen Taktik zu vereinigen,
das sei natürlich schwierig, ja geradezu ein „Wunder" (ebd.)!

Wie so häufig besteht die wirkliche Lebenskunst in der Balance.
„Nie übertreiben" (Nr. 41), meint Gracián, denn Übertreibungen
sind „Verschwendungen der Hochschätzung" (ebd.) und zeigen
nur die „Beschränktheit unserer Kenntnisse und unseres Geschmacks" an (ebd.). „Daher gehe der Kluge zurückhaltend zu
Werke und fehle lieber durch ein Zuwenig als durch ein Zuviel"
(ebd.).

Gracián spricht von der Kunst des richtigen Rückzugs: Man solle
„vom Glücke beim Gewinnen scheiden", also aufhören, wenn es
am schönsten ist (Nr. 38). „Ein schöner Rückzug ist ebenso viel
wert als ein kühner Angriff" (ebd.), und die „Höhe der Gunst" wird
nicht selten „durch die Kürze ihrer Dauer" aufgewogen.

Generell legt Gracián seinen Leser „Mäßigung" ans Herz (Nr. 82).
Man solle das Glas nicht bis zur Neige oder – wie er sagt – „bis auf
die Hefe" leeren (ebd.) und auch im Genuss nie „aufs Äußerste" gehen (ebd.). Man solle „sein Leben verständig einzuteilen verstehen;
nicht wie es die Gelegenheit bringt, sondern mit Vorhersicht und

Auswahl" (Nr. 229). Wie eine lange Reise ohne Gasthöfe mühselig wäre, so braucht man im Leben „Erholungen" (ebd.).

Gracián geht sogar so weit, die Lebensreise in Abschnitte oder „Tagereisen" einzuteilen: Die erste Etappe solle der Bildung gelten, denn „wahrhafte Bücher" machen uns zu Menschen (ebd.). Die Phase des aktiven Erwachsenenalters gelte „den Lebenden", indem man „alles Gute auf der Welt sieht" (ebd.). Schließlich ziehe man sich zurück und „gehöre man ganz sich selber an", um beim letzten Glück anzukommen, nämlich „zu philosophieren" (ebd.).

Überhaupt gilt es, auf das richtige Verhältnis von „Wissen" und „Leben" zu achten. Heute würde man hier von der „Work-Life-Balance" sprechen. Gracián drückt sich – wie so oft – dialektisch aus: „Etwas mehr wissen und etwas weniger leben. Andere sagen es umgekehrt" (Nr. 247).

Er zeigt auf, dass das eigentlich Wertvolle unsere Lebenszeit ist: „Es ist gleich unglücklich, das kostbare Leben mit mechanischen Arbeiten oder mit einem Übermaß erhabener Beschäftigungen hinzubringen" (ebd.). Anders gesagt: „Man überstürze sich nicht mit Geschäften und mit Neid, sonst stürzt man sein Leben hinunter und erstickt den Geist" (ebd.).

Lebenskunst zeigt sich eben auch darin, „nicht hastig leben" zu wollen (Nr. 174). „Viele sind mit ihrem Glück früher als mit ihrem Leben zu Ende; sie verderben sich die Genüsse, ohne ihrer froh zu werden" (ebd.).

Gerade vor dem Hintergrund unserer Zeit der Beschleunigung des technischen Wandels und der Empfindung zunehmender Hektik sind Graciáns Bemerkungen geradezu weitsichtig: Manche Menschen „möchten in einem Tage verschlingen, was sie kaum im ganzen Leben verdauen können" (ebd.). Man sei lieber „langsam im Genießen, schnell im Wirken" (ebd.).

Man soll also „den Punkt der Reife an den Dingen kennen, um sie dann zu genießen" (Nr. 39). „Es ist ein Vorzug des guten Geschmacks, dass er jede Sache auf dem Punkte ihrer Vollkommenheit genießt" (ebd.). Der kritische Gracián fügt aber sogleich hinzu: „Alle können das nicht, und die es können, verstehen es nicht" (ebd.).

Die „Kunst, lange zu leben" (Nr. 90) hängt nach seiner Auffassung von solch guter Lebensführung in der richtigen Balance ab. Leben und leben lassen sind zwei Seiten ein und derselben Lebenskunst, und „friedfertig leben" heißt „lange leben" (Nr. 192). „Der Tag ohne Streit bringt ruhigen Schlaf in der Nacht", bemerkt Gracián (ebd.). Nichts ist verkehrter, „als sich alles zu Herzen nehmen" zu müssen (ebd.). Lebenskunst heißt: „Man höre, sehe und schweige" (ebd.).

Ob Friedfertigkeit und Lebenskunst tatsächlich das Leben verlängern, mag heutigen empirischen Studien zugänglich sein, gilt aber sicher nicht in jedem Fall. Gracián weiß das auch. Sein taktisches Erfolgsstreben steht durchaus in Spannung mit den Empfehlungen zu ausgeglichener Lebenskunst, aber die Aufgabe besteht eben genau darin, mit den wechselnden Anforderungen des Lebens zurechtzukommen: Man muss „seine Unglückstage kennen" (Nr. 139), aber auch „den günstigen Erfolg weiterführen" (Nr. 242).

So gibt es Tage, an denen „nichts gut" läuft. Dann muss man sich zurückziehen, „je nachdem man merkt, ob man seinen Tag hat oder nicht" (ebd.). Denn „alles, sogar der Verstand, ist dem Wechsel unterworfen, und keiner ist zu jeder Stunde klug" (ebd.). Umgekehrt gibt es auch Tage, an denen der Geist „aufgelegt, das Gemüt in der besten Stimmung ist" und „der Glücksstern leuchtet" (ebd.): „Dann muss man seinen Vorteil wahrnehmen und auch nicht das Geringste davon verloren gehen lassen" (ebd.).

Das Leuchten des Glückssterns ist eine interessante Metapher, die nähere Betrachtung verdient. Entgegen der depressiven Grundstimmung mancher Zeitgenossen geht Gracián nämlich davon aus, dass es für jeden Menschen einen solchen Glücksstern gibt: Man muss ihn nur entdecken und dann tatkräftig ergreifen!

Ähnliches gilt, wenn eine Sache gut angefangen hat: Man muss sie dann auch vollenden und nicht „ins Stocken geraten" (Nr. 242): „Der Kluge erlege sein Wild und begnüge sich nicht damit, es aufgejagt zu haben" (ebd.).

Im Grunde soll man stets auf die Wechselfälle des Lebens vorbereitet und „im Glück aufs Unglück bedacht sein" (Nr. 113). „Zur Zeit des Glücks ist die Gunst wohlfeil und Überfluss an Freundschaften" (ebd.).

Graciáns Ratschlag für Zeiten persönlichen Erfolges lautet folglich: „Man erhalte sich daher einen Vorrat von Freunden und Verpflichteten; denn einst wird man hoch schätzen, was man jetzt nicht achtet" (ebd.).

Zu solcher Lebensklugheit sollte man am besten „die Erfordernisse des Lebens doppelt besitzen" (Nr. 134), um nicht „von einer Sache abhängig noch auf eine beschränkt" zu sein (ebd.). Es sei eine „Hauptlebensregel, die Veranlassungen des Guten und Bequemen doppelt zu haben" (ebd.), das heißt, sich weder von einer einzigen Karte, einem einzigen Vorhaben, vielleicht auch von einer einzigen Berufsausbildung abhängig zu machen. Auch heute noch gilt, dass bei wichtigen Vorhaben ein „Plan B" auszuarbeiten ist, wenn irgendetwas dem geplanten Ablauf dazwischenkommt!

Wenn dies als Klugheit gelten kann, so soll man doch „von der Schlauheit Gebrauch, nicht Missbrauch machen" (Nr. 45): „Mit Überlegung zu Werke gehen, ist ein mächtiger Vorteil beim Handeln" (ebd.). Dabei gilt es auch, „Launenhaftigkeit" und Stimmungsschwankungen zu vermeiden (Nr. 69). „Beobachtung seiner selbst ist eine Schule der Weisheit" (ebd.).

Man soll also seine „gegenwärtige Stimmung" kennen und ihr vorbauen (ebd.). Gracián wiederholt dabei die klassische Erkenntnis des Delphischen Orakels: „Der Anfang der Selbstbesserung ist die Selbsterkenntnis" (ebd.).

Überhaupt ist die Hochschätzung rationaler Vorgehensweisen charakteristisch für Gracián: Zu klugem Handeln gehört immer auch der Einsatz des Verstandes (Nr. 92): „Ein Gran Klugheit ist besser als Zentner Spitzfindigkeiten" (ebd.).

Wichtig ist es speziell, die richtigen Prioritäten zu setzen: Man solle „nachdenken, und am meisten über das, woran am meisten gelegen ist" (Nr. 35). Die „Dummköpfe" auf der Welt seien darin geübt, stets verkehrt abzuwägen, und „viele verlieren den Verstand nur deshalb nicht, weil sie keinen haben" (ebd.). Der Kluge hingegen „denkt über alles nach" (ebd.).

Klar wird hier natürlich auch, dass Gracián im Bewusstsein einer geistigen Elite schreibt und so an der Ambivalenz teilhat, die jeder Selbstetikettierung von Eliten zu eigen ist. Manchmal schießt er auch über das Ziel hinaus, etwa wenn er den griechischen Philosophen Diogenes zitiert, der angeblich in einer Tonne lebte: „Der Weise sei sich selbst genug" (Nr. 137). „Wen wird ein solcher Mann vermissen, wenn es keinen größeren Verstand und keinen richtigeren Geschmack als den seinigen gibt?" (Ebd.)

Gracián lässt es aber letzten Endes in der Schwebe, wie ernst er diese Aussage meint. Sie steht ja in offensichtlicher Spannung zu seiner sonstigen Aufmerksamkeit für soziale Interaktionen und Wirkungen. „Nicht wirksam scheinen, sondern sein", heißt es beispielsweise in einer anderen Maxime (Nr. 295).

Idealerweise werden die anderen zu Protagonisten des eigenen Ruhms: „Man begnüge sich mit dem Tun und überlasse andern das Reden darüber. Man gebe seine Taten hin, aber man verkaufe sie nicht" (ebd.).

Diese Handlungsweise steht im Gegensatz zu solchen Menschen, die ohne den mindesten Grund den Schein erzeugen, „wichtige

Geschäfte zu treiben": „Sie sind Chamäleons des Beifalls und für alle ein unerschöpflicher Stoff zum Lachen" (ebd.).

Soziale Rücksicht ist auch dort gefragt, wo wir die Mentalität oder die „Gemütsarten derer, mit denen man zu tun hat, begreifen" sollen, „um ihre Absichten zu ergründen" (Nr. 273). So finde der „Melancholische" überall Unglücksfälle, der „Boshafte" überall Verbrechen (ebd.). Auch hier überzeichnet Gracián gelegentlich grob, etwa wenn er pauschal schreibt: „So groß wie die Schönheit eines Menschen pflegt seine Dummheit zu sein" (ebd.).

Andererseits relativiert er solche Aussagen, wenn er fordert, man solle generell „zu schätzen wissen" (Nr. 195), denn „es gibt keinen, der nicht in irgendetwas der Lehrer des andern sein könnte" (ebd.). „Der Weise schätzt alle, weil er in jedem das Gute erkennt und weiß, wie viel dazu gehört, eine Sache gut zu machen. Der Dumme verachtet alle, weil er das Gute nicht kennt und das Schlechtere erwählt" (ebd.).

Ähnlich relativierend ist Graciáns Aussage, man solle „weder aus Affektation, noch aus Unachtsamkeit etwas ganz Besonderes an sich haben" (Nr. 223). Er meint hier so etwas wie „Sonderbarkeiten" oder übertriebene Eigenheiten, die „mehr Fehler als Auszeichnungen" sind (ebd.).

Wichtig sei es hingegen, „Gutes zu erzeigen verstehen" (Nr. 255), am besten „wenig auf einmal, hingegen oft" (ebd.). Man solle den andern aber nicht überfordern, denn wenn der andere sieht, dass die „Erkenntlichkeit" seine Kräfte übersteigt, dann „wird er den Umgang abbrechen" (ebd.). Manchmal werden sogar „aus Verpflichteten Feinde" (ebd.), denn nur „ungern hat der Verpflichtete seinen Wohltäter vor Augen". Zur klugen Lebensart gehört es daher, dass die eigene Gabe „wenig koste und doch sehr ersehnt sei" (ebd.).

Generell gilt eben, dass man „sich zu helfen wissen" müsse (Nr. 167): „Die Mühseligkeiten verringern sich dem, der sich zu helfen weiß" (ebd.). Die besten Ratgeber sind die kluge Überlegung und ein „wackeres Herz" (ebd.). Überhaupt solle man „seinem Herzen glauben" (Nr. 178), „zumal wenn es erprobt ist" (ebd.). Auf das Herz hören kann bedeuten, einem Unglück vorzubeugen. „Manche haben als einen Vorzug ihrer begünstigten Natur ein recht wahrhaftes Herz, welches sie allemal warnt und Lärm schlägt, wenn Unglück droht, damit man ihm vorbeuge" (ebd.).

Was immer kommt, man müsse „in allem seinen Trost finden" (Nr. 190). Hier klingt bei Gracián ein gewisses Ressentiment durch: „Gegen die wichtigsten Menschen scheint das Schicksal Neid zu hegen, da es den unnützesten Leuten die längste, den wichtigsten die kürzeste Lebensdauer verleiht" (ebd.). Oder: „Um lange zu leben, ist ein gutes Mittel, wenig zu taugen" (ebd.).

Die grundlegende Vorsicht, die ihn auszeichnet, bestimmt ihn sogar zur Zurückhaltung gegenüber den besten Freunden. Er fordert, man solle „nicht auf immer lieben noch hassen" (Nr. 217) und auch seinen Freunden nur so trauen, „als ob sie morgen Feinde sein würden, und zwar die schlimmsten" (ebd.). Da dieses „in der Wirklichkeit" passiert, sei eben Vorsicht angebracht (ebd.). Umgekehrt halte man seinen Feinden „beständig die Tür zur Versöhnung offen" (ebd.).

Um sich nicht abhängig zu machen, fordert Gracián: „Keinem werden wir und keiner uns ganz angehören" (Nr. 260). Weder Verwandtschaft noch Freundschaft noch Verpflichtung sei dafür ausreichend. Immer behalte man sich ein Geheimnis vor, je nach den Umständen des Falles.

Wichtig ist es aber auch, dass wir „etwas zu wünschen übrig haben" (Nr. 200), und zwar, „um nicht vor lauter Glück unglücklich zu werden" (ebd.). Denn „wer alles besäße, wäre über alles enttäuscht und missvergnügt". Mit hohem Realismus bemerkt Gracián: „Übersättigungen an Glück sind tödlich" (ebd.). Wir brauchen immer noch etwas, „was die Neugierde lockt und die Hoffnung belebt" (ebd.)!

150

So merkwürdig es klingt: Dies gilt in genau der gleichen Weise auch für die Führung eines Unternehmens und die Erzeugung eines kontinuierlichen Stroms von Erwartungen an den Finanzmärkten! Belohnt wird die Kontinuität einer erreichbar scheinenden Hoffnung, am besten natürlich verbunden mit der Erfüllung vorheriger Erwartungen.

Auch Gracián stellt allerdings fest, dass Besitz nicht alles ist. „Manche Dinge muss man nicht eigentümlich besitzen" (Nr. 263).

Sicherlich war im 17. Jahrhundert die Unterscheidung zwischen Eigentums- und Nutzungsrechten nicht so ausdifferenziert wie in unseren Tagen, aber als wesentliche Erkenntnis wird doch zum Ausdruck gebracht: Manche Dinge genießt man besser als fremde denn als eigene, und „fremde Sachen genießt man doppelt, nämlich ohne die Sorge wegen der Beschädigung, und dann mit dem Reiz der Neuheit" (ebd.).

Noch härter: „Der Besitz der Dinge vermindert nicht nur unsern Genuss, sondern er vermehrt auch unseren Verdruss, sowohl beim Ausleihen als auch beim Nichtausleihen" (ebd.).

Graciáns Lebensregeln zeigen so eine gewisse Spannbreite zwischen philosophischen Maximen, kluger Einstellung auf die Wechselfälle des Lebens und taktischen Verhaltensweisen gegenüber den Anforderungen der sozialen Mitwelt.

Aus seinen Vorstellungen zu einem gebildeten Charakter und einer erfolgreichen Karriere ergibt sich letztlich ein Set von Eigenschaften, die er im Sinne einer erfolgreichen Persönlichkeit für wünschenswert hält. Um diese geht es im nächsten Abschnitt (Kapitel 9).

29 EIN RECHTSCHAFFENER MANN SEIN. Stets steht dieser auf der Seite der Wahrheit, mit solcher Festigkeit des Vorsatzes, daß weder die Leidenschaft des großen Haufens, noch die Gewalt des Despoten ihn jemals dahin bringen, die Grenze des Rechts zu übertreten. Allein wer ist der Phönix der Gerechtigkeit? Wohl hat die Rechtschaffenheit wenige echte Anhänger. Zwar rühmen sie viele, jedoch nicht für ihr Haus. Andere folgen ihr bis zum Punkt der Gefahr, dann aber verleugnen sie die Falschen, verhehlen sie die Politischen. Denn sie kennt keine Rücksicht, sei es, daß sie mit der Freundschaft, mit der Macht, oder mit dem eigenen Interesse sich feindlich begegnete. Hier nun liegt die Gefahr, abtrünnig zu werden. Jetzt abstrahieren, mit scheinbarer Metaphysik, die Schlauen von ihr, um nicht der Absicht der Höheren oder der Staatsräson in den Weg zu treten. Jedoch der beharrliche Mann hält jede Verstellung für eine Art Verrat; er setzt seinen Wert mehr in seine unerschütterliche Festigkeit als in seine Klugheit. Stets ist er zu finden, wo die Wahrheit zu finden ist, und fällt er von einer Partei ab, so ist es nicht aus Wankelmut von seiner, sondern von ihrer Seite, indem sie zuvor von der Wahrheit abgefallen war.

35 NACHDENKEN, UND AM MEISTEN ÜBER DAS, WORAN AM MEISTEN GELEGEN IST. Weil sie nicht denken, gehen alle Dummköpfe zugrunde; sie sehen in den Dingen nie auch nur die Hälfte von dem, was da ist; und da sie sich so wenig anstrengen, daß sie nicht einmal ihren eigenen Schaden oder Vorteil begreifen, legen sie großen Wert auf das, woran wenig, und geringen auf das, woran viel gelegen ist, stets verkehrt abwägend. Viele verlieren den Verstand nur deshalb nicht, weil sie keinen haben. Es gibt Sachen, die man mit der ganzen Anstrengung seines Geistes untersuchen und nachher in der Tiefe desselben aufbewahren soll. Der Kluge denkt über alles nach, wiewohl mit Unterschied: er vertieft sich da, wo er Grund und Widerstand findet, und denkt bisweilen, daß noch mehr da ist, als er denkt; dergestalt reicht sein Nachdenken ebenso weit als seine Besorgnis.

38 VOM GLÜCKE BEIM GEWINNEN SCHEIDEN: so machen es alle Spieler von Ruf. Ein schöner Rückzug ist ebensoviel wert als ein kühner Angriff. Man bringe seine Taten, wenn ihrer genug, wenn ihrer viele sind, in Sicherheit. Ein lange anhaltendes Glück ist allemal verdächtig: das unterbrochene ist sicherer und das Süßsaure desselben sogar dem Geschmack angenehmer. Je mehr sich Glück auf Glück häuft, desto mehr Gefahr laufen sie auszu- gleiten und alle miteinander niederzustürzen. Die Höhe der Gunst wird oft durch die Kürze ihrer Dauer aufge- wogen; das Glück wird es müde, einen so lange auf den Schultern zu tragen.

39 DEN PUNKT DER REIFE AN DEN DINGEN KENNEN, um sie dann zu genießen. Die Werke der Natur gelangen alle zu ei- nem Gipfel der Vollkommenheit; bis dahin nahmen sie zu, von dem an nehmen sie ab; unter denen der Kunst hingegen sind nur wenige, die dahin gebracht wären, daß sie keiner Verbesserung mehr fähig sind. Es ist ein Vorzug des guten Geschmacks, daß er jede Sache auf dem Punkte ihrer Vollendung genießt. Alle können dies nicht, und die es könnten, verstehen es nicht. Sogar für die Früchte des Geistes gibt es einen solchen Punkt der Reife; es ist wichtig, ihn zu kennen, hinsichtlich der Schätzung sowohl als der Ausübung.

41 NIE ÜBERTREIBEN. Es sei ein wichtiger Gegenstand unsrer Aufmerksamkeit, nicht in Superlativen zu reden; teils um nicht der Wahrheit zu nahe zu treten, teils um nicht unsern Verstand herabzusetzen. Die Übertreibungen sind Verschwendungen der Hochschätzung, und zeu-

153

gen von der Beschränktheit unserer Kenntnisse und unseres Geschmacks. Das Lob erweckt lebhafte Neugierde, reizt das Begehren; und wann nun nachher, wie es sich gemeiniglich trifft, der Wert dem Preise nicht entspricht, so wendet die getäuschte Erwartung sich gegen den Betrug und rächt sich durch Geringschätzung des Gerühmten und des Rühmers. Daher gehe der Kluge zurückhaltend zu Werke und fehle lieber durch ein Zuwenig als durch ein Zuviel. Die ganz außerordentlichen Dinge jeder Art sind selten; also mäßige man seine Wertschätzung. Die Übertreibung ist der Lüge verwandt, und durch dieselbe kommt man um den Ruf des guten Geschmacks, welches viel, und um den der Verständigkeit, welches mehr ist.

45 VON DER SCHLAUHEIT GEBRAUCH NICHT MISSBRAUCH MACHEN. Man soll sich nicht in ihr gefallen, noch weniger sie zu verstehen geben. Alles Künstliche muß verdeckt bleiben, weil es verdächtigt ist, besonders aber, wenn es Vorsichtsmaßregeln betrifft; denn da ist es verhaßt. Der Betrug ist stark im Gebrauch, daher verdopple sich der Verdacht, ohne jedoch sich erkennen zu geben; weil er sonst Mißtrauen erregt, sehr kränkt, zur Rache auffordert und Schlechtigkeiten erweckt, an welche vorher keiner gedacht hatte. Mit Überlegung zu Werke gehen, ist ein mächtiger Vorteil beim Handeln, und es gibt keinen sicherern Beweis von Vernunft. Die größte Vollkommenheit der Handlungen stützt sich auf die sichere Meisterschaft, mit der man sie ausführt.

69 SICH NICHT GEMEINER LAUNENHAFTIGKEIT HINGEBEN. Der ist ein großer Mann, welcher nie von fremdartigen Eindrücken bestimmt wird. Beobachtung seiner selbst ist eine Schule der Weisheit. Man kenne seine gegenwärtige Stimmung und baue ihr vor; ja, man werfe sich aufs entgegengesetzte Extrem, um zwischen dem Natürlichen und Künstlichen den Punkt zu treffen, wo auf der Waage der Vernunft die Zunge einsteht. Der Anfang der Selbstbesserung ist die Selbsterkenntnis. Es gibt Ungeheuer von Verstimmtheit; immer sind sie bei irgendeiner Laune, und mit dieser wechseln sie die Neigungen; so immerwährend von einer niederträchtigen Verstimmung am Seile geschleppt, lassen sie sich auf gerade entgegengesetzte Seiten ein. Und nicht bloß den Willen verdirbt dieser ausschweifende Hang; auch an den Verstand wagt er sich: Wollen und Erkennen wird durch ihn verschroben.

82 NICHTS BIS AUF DIE HEFE LEEREN, weder das Schlimme noch das Gute. Ein Weiser* führte auf Mäßigung die ganze Weisheit zurück. Das größte Recht wird zum Unrecht; und drückt man die Apfelsine zu sehr, so gibt sie zuletzt das Bittere. Auch im Genuß gehe man nie aufs Äußerste. Sogar der Geist wird stumpf, wenn man ihn bis aufs letzte anstrengt, und Blut statt Milch erhält, wer auf eine grausame Weise abzapft.

* *Aristoteles.*

90 KUNST, LANGE ZU LEBEN. Gut leben. Zwei Dinge werden schnell mit dem Leben fertig: Dummheit und Liederlichkeit. Die einen verlieren es, weil sie, es zu bewahren, nicht den Verstand, die andern, weil sie nicht den Willen haben. Wie Tugend ihr eigener Lohn, ist Laster seine eigene Strafe. Wer eifrig dem Laster lebt, endigt bald, im zwiefachen Sinn; wer eifrig der Tugend lebt, stirbt nie. Die Untadelhaftigkeit der Seele teilt sich dem Leibe mit: ein gutgeführtes Leben wird nicht nur intensiv, sondern selbst extensiv ein langes sein.

92 ÜBERSCHWENGLICHER VERSTAND. Ich meine, in allem. Die erste und höchste Regel zum Handeln und zum Reden, notwendiger, je höher unsere Stellung ist, heißt:

155

Ein Gran Klugheit ist besser als Zentner Spitzfindigkeiten. Dabei wandelt man sicher, wenn auch nicht mit so lautem Beifall, obwohl der Ruf der Klugheit der Triumph des Ruhmes ist. Es sei hinlänglich, den Gescheiten genügt zu haben, deren Urteil der Probierstein gelungener Taten ist.

113 IM GLÜCK AUFS UNGLÜCK BEDACHT SEIN. Es ist eine gute Vorsorge, für den Winter im Sommer und mit mehr Bequemlichkeit den Vorrat zu sammeln. Zur Zeit des Glückes ist die Gunst wohlfeil und Überfluß an Freundschaften. Es ist gut, sie zu bewahren für die Zeit des Mißgeschicks, als welche eine sehr teure und von allem entblößte ist. Man erhalte sich daher einen Vorrat von Freunden und Verpflichteten; denn einst wird man hoch schätzen, was man jetzt nicht achtet. Gemeine Seelen haben im Glück keine Freunde, und weil sie jetzt solche nicht kennen, werden diese dereinst im Unglück sie nicht kennen.

134 DIE ERFORDERNISSE DES LEBENS DOPPELT BESITZEN, dadurch verdoppelt man sein Dasein. Man muß nicht von einer Sache abhängig, noch auf eine beschränkt sein, so außerordentlich sie auch sein möchte. Alles muß man doppelt haben, besonders die Ursachen des Fortkommens, der Gunst, des Genusses. Die Wandelbarkeit des Mondes ist überschwenglich, und sie ist die Grenze alles Bestehenden, zumal aber der Dinge, die vom menschlichen Willen abhängen, der ein gar gebrechlich Ding ist. Gegen diese Gebrechlichkeit schütze man sich durch etwas im Vorrat und mache es zu einer Hauptlebensregel, die Veranlassungen des Guten und Bequemen doppelt zu haben. Wie die Natur die wichtigsten und ausgesetztesten Glieder uns doppelt verlieh, so mache die Kunst es mit dem, wovon wir abhängen.

137 DER WEISE SEI SICH SELBST GENUG. Jener,* der sich selbst alles in allem war, hatte, als er sich selbst davon trug, all das Seinige bei sich. Wenn ein universeller Freund Rom und die ganze übrige Welt zu sein vermag, so sei man sich selbst dieser Freund, und dann wird man allein zu leben imstande sein. Wen wird ein solcher Mann vermissen, wenn es keinen größeren Verstand und keinen richtigeren Geschmack als den seinigen gibt? Dann wird er bloß von sich abhängen, und es ist die höchste Seligkeit, dem höchsten Wesen zu gleichen. Wer so allein zu leben vermag, wird in nichts dem Tiere, in vielem dem Weisen und in allem Gott ähnlich sein. (Vgl. Nr. 133, S. 42)

    * *Diogenes.*

139 DIE UNGLÜCKSTAGE KENNEN, denn es gibt dergleichen; an solchen geht nichts gut, und ändert sich auch das Spiel, doch nicht das Mißgeschick. Auf zwei Würfen muß man die Probe gemacht haben und sich zurückziehen, je nachdem man merkt, ob man seinen Tag hat oder nicht. Alles, sogar der Verstand, ist dem Wechsel unterworfen, und keiner ist zu jeder Stunde klug; es gehört Glück dazu, richtig zu denken wie eben auch einen Brief gut abzufassen. Alle Vollkommenheiten hängen von Zeitperioden ab; die Schönheit hat nicht immer ihren Tag, die Klugheit versagt ihren Dienst, indem wir den Sachen bald zu wenig, bald zu viel tun; und alles muß, um gut auszufallen seinen Tag haben. Ebenso gelingt auch einigen alles schlecht: andern alles gut und mit geringerer Anstrengung. Diese finden alles schon gemacht, der Geist ist aufgelegt, das Gemüt in der besten Stimmung, und der Glücksstern leuchtet. Dann muß man seinen Vorteil wahrnehmen und auch nicht das geringste davon verloren gehen lassen. Jedoch wird der Mann von Überlegung nicht wegen eines Unfalls den Tag entschieden für schlecht oder im umgekehrten Fall für gut erklären; denn jenes konnte ein kleiner Verdruß, dieses ein glücklicher Zufall sein.

167 SICH ZU HELFEN WISSEN. In großen Gefahren gibt es keinen bessern Gefährten als ein wackeres Herz; und sollte es schwach werden, so müssen die benachbarten Teile ihm aushelfen. Die Mühseligkeiten verringern sich dem, der sich zu helfen weiß. Man muß nicht dem Schicksal die Waffen strecken, denn da würde es sich vollends unerträglich machen. Manche helfen sich gar wenig in ihren Widerwärtigkeiten, und verdoppeln sie, weil sie sie nicht zu tragen verstehen. Der, welcher sich schon kennt, kommt seiner Schwäche durch Überlegung zu Hilfe, und der Kluge besiegt alles, sogar das Gestirn.

174 NICHT HASTIG LEBEN. Die Sachen zu verteilen wissen, heißt sie zu genießen verstehen. Viele sind mit ihrem Glück früher als mit ihrem Leben zu Ende; sie verderben sich die Genüsse, ohne ihrer froh zu werden, und nachher möchten sie umkehren, wenn sie ihres weiten Vorsprungs inne werden. Sie sind Postillione des Lebens, die zu dem allgemeinen raschen Lauf der Zeit noch das ihnen eigene Stürzen hinzufügen. Sie möchten in einem Tage verschlingen, was sie kaum im ganzen Leben verdauen könnten. Vor den Freuden des Lebens sind sie immer voraus, verzehren schon die kommenden Jahre, und da sie so eilig sind, werden sie schnell mit allem fertig. Man soll sogar im Durst nach Wissen ein vernünftig Maß beobachten, damit man nicht die Dinge lerne, welche es besser wäre nicht zu wissen. Wir haben mehr Tage als Freuden zu erleben. Man sei langsam im Genießen, schnell im Wirken; denn die Geschäfte sieht man gern, die Genüsse ungern beendigt.

178 SEINEM HERZEN GLAUBEN, zumal wenn es erprobt ist; dann versage man ihm nicht das Gehör, da es oft das vorherverkündet, woran am meisten gelegen. Es ist ein Hausorakel. Viele sind durch das umgekommen, was sie stets gefürchtet hatten; was half aber das Fürchten, wenn sie nicht vorbeugten! Manche haben als einen Vorzug ihrer begünstigten Natur ein recht wahrhaftes Herz, welches sie allemal warnt und Lärm schlägt, wenn Unglück droht, damit man ihm vorbeuge. Es zeugt nicht von Klugheit, Übeln entgegenzusehen, es sei denn, um sie zu überwinden.

190 IN ALLEM SEINEN TROST FINDEN. Sogar die Unnützen mögen ihn darin finden, daß sie unsterblich sind. Kein Kummer ohne seinen Trost. Für die Dummen ist es einer, daß sie Glück haben; auch das Glück häßlicher Weiber ist sprichwörtlich geworden. Um lange zu leben, ist ein gutes Mittel, wenig zu taugen. Das brüchige Gefäß ist stets das, was nie vollends zerbricht, sondern durch seine Dauer Überdruß erregt. Gegen die wichtigsten Menschen scheint das Schicksal Neid zu hegen, da es den unnützesten Leuten die längste, den wichtigsten die kürzeste Lebensdauer verleiht. Alle, an denen viel gelegen, nehmen bald ein Ende; wer aber keinem etwas nützt, lebt ewig, teils weil es uns so vorkommt, teils weil es wirklich so ist. Dem Unglücklichen scheint es, daß das Glück und der Tod sich verschworen haben, ihn zu vergessen.

192 FRIEDFERTIG LEBEN, LANGE LEBEN. Um zu leben, leben lassen. Die Friedfertigen leben nicht nur; sie herrschen. Man höre, sehe und schweige. Der Tag ohne Streit bringt ruhigen Schlaf in der Nacht. Lange leben und angenehm leben heißt für zwei leben und ist die Frucht des Friedens. Alles hat der, welcher sich aus dem nichts macht, woran ihm nichts liegt. Keine größere Verkehrtheit, als

159

sich alles zu Herzen nehmen. Gleich große Torheit: daß uns das Herz durchbohre, was uns nicht angeht, und daß wir uns nicht kümmern wollen um das, was wichtig für uns ist.

195 ZU SCHÄTZEN WISSEN. Es gibt keinen, der nicht in irgend etwas der Lehrer des andern sein könnte, und jeder, der andere übertrifft, wird selbst noch von jemandem übertroffen werden. Von jedem Nutzen zu ziehen verstehen, ist ein nützliches Wissen. Der Weise schätzt alle, weil er in jedem das Gute erkennt und weiß, wieviel dazu gehört, eine Sache gut zu machen. Der Dumme verachtet alle, weil er das Gute nicht kennt und das Schlechtere erwählt.

200 ETWAS ZU WÜNSCHEN ÜBRIG HABEN, um nicht vor lauter Glück unglücklich zu sein. Der Leib will atmen, und der Geist streben. Wer alles besäße, wäre über alles enttäuscht und mißvergnügt. Sogar dem Verstande muß etwas zu wissen übrig bleiben, was die Neugierde lockt und die Hoffnung belebt. Übersättigungen an Glück sind tödlich. Beim Belohnen ist es eine Geschicklichkeit, nie gänzlich zufrieden zu stellen. Ist nichts mehr zu wünschen, so ist alles zu fürchten. Unglückliches Glück! Wo der Wunsch aufhört, beginnt die Furcht.

217 NICHT AUF IMMER LIEBEN, NOCH HASSEN. Seinen heutigen Freunden traue man so, als ob sie morgen Feinde sein würden, und zwar die schlimmsten. Da dieses in der Wirklichkeit statthat, so finde es solche auch in der Vorkehr. Man gebe nicht den Überläufern der Freundschaft Waffen in die Hände, mit denen sie nachher den blutigsten Krieg führen. Dagegen stehe den Feinden beständig die Tür zur Versöhnung offen, und zwar sei es die des Edelsinns, als sicherste. Manchem ist schon seine frühere Rache zur Qual geworden, und die Freude über seinen verübten bösen Streich hat sich in Betrübnis verkehrt.

223 WEDER AUS AFFEKTATION, NOCH AUS UNACHTSAMKEIT ETWAS GANZ BESONDERES AN SICH HABEN. Manche haben auffallende Sonderbarkeiten an sich, mit verrückten Gebärden. Dergleichen sind mehr Fehler als Auszeichnungen. Und wie nun einige wegen einer besonderen Häßlichkeit des Gesichts bekannt sind, so jene durch irgend etwas Anstößiges im äußerlichen Betragen. Dergleichen Sonderbarkeiten dienen bloß als Abzeichen durch eine unschickliche Eigenheit, und erregen teils Gelächter, teils Widerwillen.

229 SEIN LEBEN VERSTÄNDIG EINZUTEILEN VERSTEHEN; nicht wie es die Gelegenheit bringt, sondern mit Vorhersicht und Auswahl. Ohne Erholungen ist es mühselig, wie eine lange Reise ohne Gasthöfe; mannigfaltige Kenntnisse machen es genußreich. Die erste Tagereise des schönen Lebens verwende man zur Unterhaltung mit den Toten: wir leben, um zu erkennen und um uns selbst zu erkennen; also machen wahrhafte Bücher uns zu Menschen. Die zweite Tagereise bringe man mit den Lebenden zu, indem man alles Gute auf der Welt sieht und anmerkt: in einem Lande ist nicht alles zu finden; der Vater der Welt hat seine Gaben verteilt und bisweilen gerade die Häßliche am reichsten ausgestattet. Die dritte Tagereise hindurch gehöre man ganz sich selber an: das letzte Glück ist, zu philosophieren.

242 DEN GÜNSTIGEN ERFOLG WEITERFÜHREN. Einige verwenden alle ihre Kraft auf den Anfang und vollenden nichts. Sie erfinden, aber führen nicht aus. Dies ist Wankelmut des Geistes. Auch erlangen sie keinen Ruhm, weil sie nicht verfolgen, sondern alles ins Stocken geraten lassen. Allerdings entspringt dies bei einigen aus Unge-

161

duld, welche der Makel der Spanier ist, wie hingegen Geduld der Vorzug der Belgier. Diese werden mit den Dingen fertig, mit jenen die Dinge. Bis die Schwierigkeit überwunden ist, verwenden sie allen Schweiß darauf, sind aber dann mit ihrem Siege zufrieden und verstehen nicht, ihn zu Ende zu führen: sie beweisen, daß sie es könnten, aber nicht wollen; dies liegt denn aber doch am Unvermögen oder Leichtsinn. Ist das Unternehmen gut, warum wird es nicht vollendet? Ist es schlecht, warum ward es angefangen? Der Kluge erlege sein Wild und begnüge sich nicht damit, es aufgejagt zu haben.

243 NICHT GÄNZLICH EINE TAUBENNATUR HABEN, sondern schlau wie die Schlange und ohne Falsch wie die Taube sein. Nichts ist leichter, als einen redlichen Mann zu hintergehen. Viel glaubt, wer nie lügt, und viel traut, wer nie täuscht. Es entspringt nicht allemal aus Dummheit, daß man betrogen wird; sondern bisweilen aus Güte. Zwei Arten von Leuten wissen sich gut vor Schaden zu hüten: die Erfahrenen, gar sehr auf ihre Kosten; und die Verschmitzten, gar sehr auf fremde. Die Klugheit gehe eben so weit im Argwohn als die Verschmitztheit im Fallestellen, und keiner wolle in dem Maße redlich sein, daß er den andern Gelegenheit gebe, unredlich zu sein. Man vereinige in sich die Taube und die Schlange, nicht als ein Ungeheuer, sondern vielmehr als ein Wunder.

247 ETWAS MEHR WISSEN UND ETWAS WENIGER LEBEN. Andere sagen es umgekehrt. Gute Muße ist besser als Geschäfte. Nichts gehört unser als nur die Zeit, in welcher selbst der lebt, der keine Wohnung hat. Es ist gleich unglücklich, das kostbare Leben mit mechanischen Arbeiten, oder mit einem Übermaß erhabener Beschäftigungen hinzubringen. Man überhäufe sich nicht mit Geschäften und mit Neid, sonst stürzt man sein Leben hinunter und

erstickt den Geist. Einige wollen dies auch auf das Wissen ausdehnen; aber wer nichts weiß, der lebt auch nicht.

255 GUTES ZU ERZEIGEN VERSTEHEN: wenig auf einmal, hingegen oft. Nie muß man dem andern so große Verbindlichkeiten auflegen, daß es unmöglich wäre, ihnen nachzukommen. Wer sehr vieles gibt, gibt nicht, sondern verkauft. Auch soll man nicht die vollständige Erkenntlichkeit verlangen; denn wenn der andere sieht, daß sie seine Kräfte übersteigt, wird er den Umgang abbrechen. Bei vielen ist, um sie zu verlieren, nichts weiter nötig, als sie übermäßig zu verpflichten; um ihre Schuld nicht abzutragen, ziehen sie sich zurück und werden aus Verpflichteten Feinde. Der Götze möchte nie den Bildhauer, der ihn gemacht hat, vor sich sehen; und ebenso ungern hat der Verpflichtete seinen Wohltäter vor Augen. Eine große Feinheit beim Geben besteht darin, daß es wenig koste und doch sehr ersehnt sei, wodurch es hoch angeschlagen wird.

260 KEINEM WERDEN WIR, UND KEINER UNS GANZ ANGEHÖREN: dazu ist weder Verwandtschaft, noch Freundschaft, noch die dringendste Verbindlichkeit hinreichend. Denn sein ganzes Zutrauen, oder seine Neigung schenken, sind zwei weit verschiedene Dinge. Auch die engste Verbindung läßt immer noch Ausnahmen zu, ohne daß deshalb die Gesetze der Freundschaft verletzt wären. Immer behält sich der Freund irgendein Geheimnis vor, und in irgend etwas verbirgt sogar der Sohn sich vor dem Vater. Gewisse Dinge verhehlt man dem einen und teilt sie dem andern mit, und wieder umgekehrt, wodurch man dahin gelangt, daß man alles mitteilt und alles zurückbehält, nur stets mit Unterschied der entsprechenden Personen.

263 MANCHE DINGE MUSS MAN NICHT EIGENTÜMLICH BESITZEN. Man genießt sie besser als fremde denn als eigene: ihr Gutes ist den ersten Tag für den Besitzer, alle folgenden für die andern. Fremde Sachen genießt man doppelt, nämlich ohne die Sorge wegen der Beschädigung, und dann mit dem Reiz der Neuheit. Alles schmeckt besser nach dem Entbehren: sogar das fremde Wasser scheint Nektar. Der Besitz der Dinge vermindert nicht nur unsern Genuß, sondern er vermehrt auch unsern Verdruß, sowohl beim Ausleihen als beim Nichtausleihen: man hat nichts davon, als daß man die Sachen für andere unterhält, wobei man sich mehr Feinde macht als Erkenntliche.

273 DIE GEMÜTSARTEN DERER, MIT DENEN MAN ZU TUN HAT, BE-GREIFEN, um ihre Absichten zu ergründen. Denn ist die Ursache richtig erkannt, so ist es auch die Wirkung, erstlich aus jener, sodann aus dem Motiv. Der Melancholische sieht stets Unglücksfälle, der Boshafte Verbrechen voraus; denn immer stellt sich ihnen das Schlimmste dar, und da sie des gegenwärtigen Guten nicht inne werden, so verkünden sie das mögliche Übel vorher. Der Leidenschaftliche redet stets eine fremde Sprache, die von dem, was die Dinge sind, abweicht; aus ihm spricht die Leidenschaft, nicht die Vernunft. So redet jeder gemäß seinem Affekt oder seiner Laune, und alle gar fern von der Wahrheit. Man lerne ein Gesicht entziffern und aus den Zügen die Seele herausbuchstabieren. Man erkenne in dem, der immer lacht, einen Narren, in dem, der nie lacht, einen Falschen. Man hüte sich vor dem Frager, weil er leichtsinnig oder ein Späher ist. Wenig Gutes erwarte man von den Mißgestalteten; denn diese pflegen sich an der Natur zu rächen, und wie sie ihnen wenig Ehre erzeigte, so ist ihre keine. So groß wie die Schönheit eines Menschen pflegt seine Dummheit zu sein.

295 NICHT WIRKSAM SCHEINEN, SONDERN SEIN. Viele geben sich den Schein, wichtige Geschäfte zu treiben, ohne den mindesten Grund: aus allem machen sie ein Ministerium, auf die albernste Weise. Sie sind Chamäleone des Beifalls und für alle ein unerschöpflicher Stoff zum Lachen. Die Eitelkeit ist überall widerlich, hier aber auch lächerlich. Diese Ameisen der Ehre betteln sich Großtaten zusammen. Man soll hingegen seine größten Vorzüge am wenigsten affektieren: man begnüge sich mit dem Tun und überlasse andern das Reden darüber. Man gebe seine Taten hin, aber man verkaufe sie nicht. Auch miete man sich nicht goldene Federn, die Unflat schreiben zum Ekel der Klugen. Man strebe lieber danach, ein Held zu sein, als es zu scheinen.

„Zurückhaltung ist ein sicherer Beweis von Klugheit"

WÜNSCHENSWERTE EIGENSCHAFTEN ERFOLGREICHER PERSONEN

Wünschenswerte Eigenschaften beziehen sich zwangsläufig auf eine ideale Vorstellung von Persönlichkeit. Für Gracián geht es um den erfolgreichen Angehörigen der höfischen Elite und der spanischen Gesellschaft des 17. Jahrhunderts. Erstaunlich ist es daher, dass im Blick auf die Anforderungen moderner Führungskräfte im 21. Jahrhundert fast in allen von ihm erwähnten Punkten ähnliche Überlegungen angestellt werden können. Gracián könnte geradezu für ein Briefing moderner Personalberater herhalten.

Dabei spielt es bei ihm keine große Rolle, ob diese Eigenschaften Ergebnis langjähriger Bildung und Erziehung oder eher Ausdruck einer schon so geformten Persönlichkeit sind. Wichtig ist es eben, dass klar wird, wie sehr solche Eigenschaften einem Idealbild entsprechen, dem die Wirklichkeit auch unter den besten Voraussetzungen nicht ganz gerecht werden wird.

Dies beginnt schon mit dem Ziel der „Wissenschaft und Tapferkeit" (Nr. 4). Sie „bauen die Größe auf" und „machen unsterblich". Und schließlich gilt: „Ohne Mut ist das Wissen unfruchtbar!" (ebd.). Ebenso wünschenswert sind „Scharfblick und Urteil" (Nr. 49). Wenn jemand mit diesen Eigenschaften begabt ist, dann gilt von ihm: „Indem er einen Menschen sieht, versteht er ihn und beurteilt sein innerstes Wesen" (ebd.). Es handelt sich um eine Begabung für „feine Beobachtungen" und gründliches Erfassen (ebd.).

167

Die Ausprägung der Urteilsfähigkeit hängt damit zusammen, dass wir „zu prüfen verstehen" (Nr. 291). Schließlich hängt der eigene Erfolg ganz wesentlich davon ab, dass jemand „die Gemütsarten und Eigenschaften der Personen" kennt. Diese Kenntnis zu erwerben „ist eine der scharfsinnigsten Beschäftigungen im Leben" (ebd.), und man benötigt dazu – wie an dieser Stelle wiederholt wird – außerordentliche Vorsicht, tiefe Beobachtung und ein richtiges Urteil (ebd.).

Ebenso wünschenswert ist die Fähigkeit, eine Wahl zu treffen (Nr. 51). „Das meiste im Leben hängt davon ab" (ebd.). Auch hier geht es mehr um eine Begabung der Urteilskraft. Nur intellektuelle Fähigkeit reicht nicht aus! Man benötigt viel mehr „guten Geschmack und richtiges Urteil" (ebd.).

Das zielsichere Treffen der richtigen Wahl ist bis heute eine entscheidende Fähigkeit von Führungskräften. Wer nicht die Urteilskraft zu vernünftigen Entscheidungen auch unter Zeitdruck und Ungewissheit entwickelt hat, wird sich in einer Führungsaufgabe nicht bewähren können. Weder Ausbildung noch allgemeines Denkvermögen ersetzen diese Urteilskraft, die Gracián immer wieder als Klugheit („prudencia") anspricht und die Schopenhauer gelegentlich mit „Weltklugheit" übersetzt.

Natürlich braucht man auch „Geistesgegenwart" (Nr. 56), die „aus einer glücklichen Schnelligkeit des Geistes" entspringt (ebd.). „Manche denken viel nach, um nachher alles zu verfehlen; andere treffen alles, ohne es vorher überlegt zu haben" (ebd.).

Graciáns Naturell entspricht allerdings eher das Lob des vernünftigen Abwägens: „Sicherer sind die Überlegten" (Nr. 57), denn „schnell genug geschieht, was gut geschieht" (ebd.). Schließlich gilt: „Nur das Gelungene hat Dauer" und „Verstand und Gründlichkeit schaffen unsterbliche Werke" (ebd.). Besonnenheit ist auch beim sprachlichen Ausdruck angebracht: „Nicht aus Besorgnis, trivial zu sein, paradox werden" (Nr. 143). Nach Gracián ist die

Suche nach einem Paradoxon bestenfalls die zweitbeste Möglich-keit, aufzufallen – vor allem für diejenigen, „welche nicht auf dem Wege der Trefflichkeit es zu wahrhaft großen Leistungen bringen können" (ebd.). Graciáns Urteil, das Paradox sei „eine Art Gaukelei und in Staatsangelegenheiten der Ruin des Staats", klingt zunächst sehr hart. Zu bedenken ist allerdings, dass er vom Paradox im Kontext des öffentlichen Wirkens („Staatsangelegenheiten") redet. In einem solchen Zusammenhang sind Sprachspiele, kleine Scher-ze, ironische Wendungen und Paradoxa tatsächlich eine Quelle unliebsamer Missverständnisse und Verstimmungen, sodass Gra-ciáns Rat zur Zurückhaltung für Aufgaben, die politisches Finger-spitzengefühl erfordern, durchaus aktuell bleibt!

Wer Erfolg haben will, braucht freilich auch „Entschlossenheit" (Nr. 72), die dem „Mangel an Tatkraft" entgegengesetzt ist. Manche sind „von umfassendem Verstande und entschlossenem Charakter" und so „für die höchsten Stellen geboren" (ebd.). Deren lösungs-orientierte Handlungskompetenz geht am besten mit einer ge-wissen Anpassungsfähigkeit einher, denn gleichzeitig sollen sich solche Personen „allen zu fügen wissen" (Nr. 77).

Gracián fordert eine umfassende Fähigkeit zur Berücksichtigung der unterschiedlichsten Mentalitäten. „Man beobachte die Gemü-ter und stimme sich nach dem eines jeden", und dies wird weniger schwer „dem Manne, dessen Kopf in Kenntnissen und dessen Ge-schmack in Neigungen vielseitig ist" (ebd.).

Wenn solche Talente ein Ziel verfolgen, brauchen sie dafür eine ge-wisse „Kunst", nicht mit der Tür ins Haus zu fallen (Nr. 78) und statt-dessen mit Vorsicht und Behutsamkeit vorzugehen (ebd.).

Spitzenbegabungen zeichnen sich laut Gracián durch „edle, freie Unbefangenheit bei allem" (Nr. 127), durch „hohen Sinn" (Nr. 128) und einen „Adel des Gemüts" (Nr. 131) aus. Solche Unbefangen-heit ist „Geschenk der Natur" und „dankt am wenigsten der Bil-dung" (Nr. 127); sie verbindet Ungezwungenheit, Kühnheit, Leich-tigkeit und Vollkommenheit (ebd.).

169

Für hohe Positionen braucht man aber auch einen „hohen Sinn" (Nr. 128), weil dieser „für Größe jeder Art entflammt" (ebd.): „Er verbessert den Geschmack, erweitert das Herz, steigert die Denkkraft, veredelt das Gemüt und erhöht das Gefühl der Würde" (ebd.).

Am besten verbindet sich solcher „hoher Sinn" mit dem „Adel des Gemüts" (Nr. 131), den Gracián als „eine Großherzigkeit der Seele" und einen „Edelmut des Geistes" beschreibt (ebd.). Dies sei nicht jedermanns Sache, weil der Gemütsadel „Geistesgröße" voraussetzt, um beispielsweise „gut vom Feinde zu reden und noch besser an ihm zu handeln" (ebd.).

Gleichzeitig braucht die Spitzenbegabung Diskretion: „Verschwiegenheit ist der Stempel eines fähigen Kopfes" (Nr. 179). Solche Verschwiegenheit „entspringt aus einer mächtigen Selbstbeherrschung", die zu erreichen „ein wahrer Triumph" sei. Denn „das, was man tun soll, muss man nicht sagen; und das, was man sagen soll, muss man nicht tun" (ebd.).

Mit der Diskretion verwandt ist die Gabe der „Zurückhaltung": Sie ist „ein sicherer Beweis von Klugheit" (Nr. 222), denn „ein wildes Tier ist die Zunge" (ebd.). Benötigt wird allerdings auch Tatkraft: „Ein Gran Kühnheit bei allem ist eine wichtige Tugend" (Nr. 182): „Man muss seine Meinung von anderen mäßigen, um nicht so hoch von ihnen zu denken, dass man sich vor ihnen fürchtet" (ebd.). Auch hochgestellte Persönlichkeiten haben Fehler, und manchmal führt der Umgang mit ihnen eher dazu, „die Täuschung zu zerstören, als die Wertschätzung zu erhöhen" (ebd.).

Generell gilt eben auch, dass zu den wünschenswerten Begabungen der Umgang mit Fehlern gehört – eigenen und anderen. So solle man sich „von allgemeinen Narrheiten" wie etwa den üblichen Vorurteilen freihalten (Nr. 209) und überhaupt „Narren ertragen können" (Nr. 159). Denn „stets sind die Weisen ungeduldig" (ebd.), aber „oft haben wir am meisten von denen zu erdulden, von welchen wir am meisten abhängen" (ebd.). Dies ist dann eine „dienliche Übung der Selbstüberwindung", aus der Geduld und innerer Frieden hervorgehen können.

Aus der Beobachtung der Ungeduld bei einer Reihe von Spitzenmanagern entwickelte sich in Bewerbungsgesprächen mit Kandidatinnen und Kandidaten für Unternehmen mit besonders hohem Renommee eine Zeit lang eine gewisse ritualisierte Routine: Die Interviewer fragten ihre Gesprächspartner nach möglichen Schwächen, und diese antworteten, als hätten sie sich gegenseitig abgestimmt, ihr größter Fehler sei „Ungeduld". Dass diese Antwort irgendwann zum Stereotyp verkam, war den einzelnen Bewerberinnen und Bewerbern in der Regel nicht bekannt. Die beschriebene Situation zeigt aber auch, dass wir immer mit einer sozialen Einstellungsleistung der Interaktionspartner zu rechnen haben. Graciáns Empfehlung, nicht jede Äußerung wörtlich zu nehmen, sondern auf die zugrunde liegenden Interessen und Wahrnehmungen hin abzuklopfen, bleibt bis heute aktuell!

Eine ähnliche mentale Übung ist die Aufgabe, „sich an die Charakterfehler seiner Bekannten" zu gewöhnen (Nr. 115). An „erschreckliche Charaktere", auf die man angewiesen ist, habe man sich „wie an hässliche Gesichter, allmählich zu gewöhnen" (ebd.); die Gewöhnung gilt hier als Strategem und als Verhaltensrichtlinie, um schwierige Alltagssituationen zu bewältigen.

Noch wichtiger für die erfolgreiche Persönlichkeit ist es zu „wissen, welche Eigenschaft uns fehlt" (Nr. 238). „An einigen ist es bemerkbar, dass sie sehr viel sein könnten, wenn sie sich in einer Kleinigkeit besserten" (ebd.). Den einen fehlt der Ernst, den anderen die „Freundlichkeit des Wesens", Dritten die „Tatkraft". Abhilfe schafft die Selbsterkenntnis, verbunden mit dem Aufbau neuer Gewohnheiten, die dann zur „zweiten Natur" werden können!

Zu den wünschenswerten Begabungen gehört auch „die Kunst des Ausdrucks" (Nr. 216), die nicht nur in der Deutlichkeit, sondern auch in der „Lebendigkeit" des Vortrags besteht. Die Gabe „lichtvoller Klarheit" erlangt Beifall, aber auch umgekehrt gilt: „Wie sollen die Hörer den begreifen, der mit dem, was er sagt, eigentlich selbst keinen Begriff verknüpft?" (ebd.).

Eher ambivalent sieht Gracián interessanterweise ein besonderes Maß an Kreativität. Die „Gabe der Erfindung" beweise zwar „das höchste Genie" (Nr. 283), aber sie sei doch recht oft mit einem Körnchen Wahnsinn verbunden und funktioniere auch nicht ohne das treffende Urteil eines verständigen Experten. Eine „gute Erfindung" gelinge allerdings nur wenigen, während das Expertenurteil eben doch „vielen" gelingen kann (ebd.).

Es wird nicht ganz klar, ob der Hintergrund für diese eher geringe Beachtung kreativer Begabungen eher im Konformitätsdruck der höfischen Umwelt oder in den an Konventionen ausgerichteten Empfehlungen Graciáns zum Erreichen beruflichen Erfolgs in eben diesem eher höfischen Kontext zu suchen ist. Nicht zu vergessen ist Graciáns Zeitkontext: Das naturwissenschaftliche Zeitalter war noch nicht voll zum Durchbruch gelangt, und die Suche nach kreativen Innovationen war in der Gesellschaft weit weniger Lebensprinzip, als dies heute im 21. Jahrhundert der Fall ist!

Ob „vergessen können" (Nr. 262) einer besonderen Begabung entspricht, muss offenbleiben; es sei auch „mehr ein Glück als eine Kunst" (ebd.). Leider aber verhält es sich oft so, wie Gracián schreibt: „Der Dinge, welche am ehesten fürs Vergessen geeignet sind, erinnern wir uns am besten" (ebd.). Das Gedächtnis verlässt uns eben leider dann, „wenn wir es am meisten nötig haben" und kommt „angelaufen", wenn es „gar nicht passt" (ebd.).

Kommen schließlich mehrere Begabungen in einer Person glücklich zusammen, spricht Gracián von der „Universalität" (Nr. 93). Ein einziger Mann, „der alle Vollkommenheiten in sich vereint, gilt für viele" (ebd.). „Abwechslung mit Vollkommenheit gewährt die beste Unterhaltung", und es ist „eine große Kunst, sich alles Gute aneignen zu können" (ebd.).

Fast am Schluss seiner Aphorismen fasst Gracián den Inbegriff der Spitzenbegabung zusammen und formuliert: „Drei Dinge machen einen Wundermann und sind die höchste Gabe der göttlichen Freigebigkeit: ein fruchtbares Genie, ein tiefer Verstand und ein zugleich erhabener und angenehmer Geschmack" (Nr. 298). Kommen solche glücklichen Umstände zusammen, dann gilt: „Mit 20 Jahren herrscht der Wille vor, mit 30 das Genie, mit 40 das Urteil" (Nr. 298). Natur, Bildung und Charakter wirken zusammen, wenn die höchste Entfaltung einer Persönlichkeit gelingen soll.

Graciáns Idealbilder einer Persönlichkeit sind allerdings nicht unabhängig vom funktionalen Verwertungskontext des beruflichen Erfolgs. Über taktische Hinweise hinaus bedenkt er dabei auch einige übergreifende Verhaltensweisen, die eher strategischer Natur sind. Solche Überlegungen zur Strategie folgen in Kapitel 10.

4 WISSENSCHAFT UND TAPFERKEIT bauen die Größe auf. Sie machen unsterblich, weil sie es sind. Jeder ist soviel, als er weiß, und der Weise vermag alles. Ein Mensch ohne Kenntnisse eine Welt im Finstern. Einsicht und Kraft: Augen und Hände. Ohne Mut ist das Wissen unfruchtbar!

49 SCHARFBLICK UND URTEIL. Wer hiermit begabt ist, bemeistert sich der Dinge, nicht sie seiner; die größte Tiefe weiß er zu ergründen und die Fähigkeiten eines Kopfes auf das vollkommenste anatomisch zu zerlegen. Indem er einen Menschen sieht, versteht er ihn und beurteilt sein innerstes Wesen. Er macht feine Beobachtungen und versteht meisterhaft, das verborgenste Innere zu entziffern. Er bemerkt scharf, begreift gründlich und urteilt richtig; alles entdeckt, sieht, faßt und versteht er.

51 ZU WÄHLEN WISSEN. Das meiste im Leben hängt davon ab. Es erfordert guten Geschmack und richtiges Urteil; weder Gelehrsamkeit noch Verstand reichen aus. Ohne Wahl ist keine Vollkommenheit; jene schließt in sich, daß man wählen könne, und das Beste. Viele Menschen von fruchtbarem und gewandtem Geiste, scharfem Verstande, Gelehrsamkeit und Umsicht, wenn sie zum Wählen kommen, gehen dennoch zugrunde; sie ergreifen allemal das Schlechteste, als ob sie es darauf anlegten, irre zu gehen. Also ist dieses eine der größten Gaben von oben.

56 GEISTESGEGENWART HABEN. Sie entspringt aus einer glücklichen Schnelligkeit des Geistes. Für sie gibt es keine Gefahren noch Unfälle, kraft ihrer Lebendigkeit und Aufgewecktheit. Manche denken viel nach, um nachher alles zu verfehlen; andere treffen alles, ohne es vorher überlegt zu haben. Es gibt antiparastatische Genies, die erst in der Klemme am besten wirken; sie sind eine Art

Ungeheuer, denen aus dem Stegreif alles, mit Überlegung nichts gelingt; was ihnen nicht gleich einfällt, finden sie nie: in ihrem Kopfe ist kein Appellationshof. Die Raschen also erlangen Beifall, weil sie den Beweis einer gewaltigen Fähigkeit, Feinheit im Denken und Klugheit im Tun ablegen.

57 SICHERER SIND DIE ÜBERLEGTEN. Schnell genug geschieht, was gut geschieht. Was sich auf der Stelle macht, kann auch auf der Stelle wieder zunichte werden; aber was eine Ewigkeit dauern soll, braucht auch eine, um zustande zu kommen. Nur die Vollkommenheit gilt, und nur das Gelungene hat Dauer. Verstand und Gründlichkeit schaffen unsterbliche Werke. Was viel wert ist, kostet viel; ist doch das edelste Metall das schwerste.

72 EIN MANN VON ENTSCHLOSSENHEIT. Nicht so verderblich ist die schlechte Ausführung als die Unentschlossenheit. Flüssigkeiten verderben weniger, solange sie fließen, als wenn sie stocken. Es gibt zum Entschluß ganz unfähige Leute, die stets des fremden Antriebes bedürfen, und bisweilen entspringt dies nicht sowohl aus Verworrenheit der Urteilskraft, die bei ihnen vielmehr sehr hell ist, als aus Mangel an Tatkraft. Schwierigkeiten auffinden, beweist Scharfsinn; jedoch noch größern das Auffinden der Auswege zu ihnen. – Andere hingegen gibt es, die nichts in Verlegenheit setzt: von umfassendem Verstande und entschlossenem Charakter, sind sie für die höchsten Stellen geboren; denn ihr aufgeweckter Kopf befördert den Geschäftsgang und erleichtert das Gelingen. Sie sind gleich mit allem fertig, und haben sie einer Welt Rede gestanden, so bleibt ihnen noch Zeit für eine zweite übrig. Haben sie nur erst vom Glück Handgeld erhalten, so greifen sie mit größerer Sicherheit in die Geschäfte.

175

77 SICH ALLEN ZU FÜGEN WISSEN – ein kluger Proteus: gelehrt mit dem Gelehrten, heilig mit dem Heiligen. Eine große Kunst, um alle zu gewinnen: denn die Übereinstimmung erwirbt Wohlwollen. Man beobachte die Gemüter und stimme sich nach dem eines jeden. Man lasse sich vom Ernsten und vom Jovialen mit fortreißen, indem man eine politische Verwandlung mit sich vornimmt. Abhängigen Personen ist diese Kunst dringend nötig. Aber als eine große Feinheit erfordert sie viel Talent; weniger schwer wird sie dem Manne, dessen Kopf in Kenntnissen und dessen Geschmack in Neigungen vielseitig ist.

78 KUNST IM UNTERNEHMEN. Die Dummheit fällt allemal mit der Türe ins Haus; denn alle Dummen sind verwegen. Dieselbe Einfalt, welche ihnen die Aufmerksamkeit, Vorkehrungen zu treffen, benimmt, macht sie nachher gefühllos gegen den Schimpf des Mißlingens. Hingegen gehen die Klugen mit großer Vorsicht zu Werke. Ihre Kundschafter sind Aufpassen und Behutsamkeit: diese gehen forschend voran, damit man ohne Gefahr auftreten könne. Jede Verwegenheit ist von der Klugheit zum Untergang verurteilt, wenn auch bisweilen das Glück sie begnadigt. Mit Zurückhaltung muß man vorschreiten, wo tiefer Grund zu fürchten ist. Die Schlauheit gehe spürend voran, bis die Vorsicht allmählich Grund und Boden gewinnt. Heutzutage sind im menschlichen Umgang große Untiefen: man muß bei jedem Schritt das Senkblei gebrauchen.

93 UNIVERSALITÄT. Ein Mann, der alle Vollkommenheiten in sich vereint, gilt für viele. Indem er den Genuß derselben seinem Umgange mitteilt, verschönert er das Leben. Abwechslung mit Vollkommenheit gewährt die beste Unterhaltung. Es ist eine große Kunst, sich alles Gute aneignen zu können. Und da die Natur aus dem Menschen, indem sie ihn so hoch stellte, einen Inbegriff ihrer ganzen Schöpfung gemacht hat, so mache ihn nun auch die Kunst zu einer kleinen Welt durch Übung und Bildung des Verstandes und des Geschmacks.

115 SICH AN DIE CHARAKTERFEHLER SEINER BEKANNTEN GEWÖHNEN, eben wie an häßliche Gesichter. Es ist unerläßlich, wo Verpflichtungen uns an sie knüpfen. Es gibt erschreckliche Charaktere, mit denen man nicht leben kann; jedoch ohne sie nun auch nicht. Dann ist es geschickt, sich an sie, wie an häßliche Gesichter, allmählich zu gewöhnen, damit man nicht, bei irgendeiner fürchterlichen Gelegenheit, ganz aus der Fassung gerate. Das erste Mal erregen sie Entsetzen; nach und nach verlieren sie an Scheußlichkeit, und die Überlegung weiß Unannehmlichkeiten vorzubeugen oder sie zu ertragen.

127 EDLE, FREIE UNBEFANGENHEIT BEI ALLEM. Diese ist das Leben der Talente, der Atem der Rede, die Seele des Tuns, die Zierde der Zierden. Alle übrigen Vollkommenheiten sind der Schmuck unsrer Natur, sie aber ist der der Vollkommenheiten selbst. Sogar im Denken wird sie sichtbar. Sie am allermeisten ist Geschenk der Natur und dankt am wenigsten der Bildung, denn selbst über die Erziehung ist sie erhaben. Sie ist mehr als Leichtigkeit, sie geht bis zur Kühnheit; sie setzt Ungezwungenheit voraus und fügt Vollkommenheit hinzu. Ohne sie ist alle Schönheit tot, alle Grazie ungeschickt. Sie ist überschwenglich, geht über Tapferkeit, über Klugheit, über Vorsicht, ja über Majestät. Sie ist ein feiner Richtweg, die Geschäfte abzukürzen oder auf eine edle Art aus jeder Verwicklung zu kommen.

128 HOHER SINN: eines der ersten Erfordernisse zu einem Helden, weil er für Größe jeder Art entflammt. Er ver-

177

bessert den Geschmack, erweitert das Herz, steigert die Denkkraft, veredelt das Gemüt und erhöht das Gefühl der Würde. Bei wem auch immer er sich finden mag, erhebt er strebend das Haupt, und wenn auch bisweilen ein mißgünstiges Schicksal sein Streben vereitelt, so platzt er, um zu strahlen, und verbreitet sich über den Willen, da ihm das Können gewaltsam benommen ist. Großmut, Edelmut und jede heldenmäßige Eigenschaft erkennen in ihm ihre Quelle.

131 ADEL DES GEMÜTS. Es gibt eine Großherzigkeit der Seele, einen Edelmut des Geistes, dessen schöne Äußerungen den Charakter in das glänzendste Licht stellen. Dieser Adel des Gemüts ist nicht jedermanns Sache: er setzt Geistesgröße voraus. Seine erste Aufgabe ist, gut vom Feinde zu reden und noch besser an ihm zu handeln. Im größten Glanz erscheint er bei den Gelegenheiten zur Rache: Diese läßt er sich nicht etwa entgehen, sondern er verbessert sie sich, indem er, gerade wenn er recht siegreich ist, sie zu einer unerwarteten Großmut benutzt. Und dabei ist er doch politisch, ja sogar der Schmuck der Staatsklugheit; nie affektiert er Siege, weil er nichts affektiert; erlangt solche jedoch sein Verdienst, so verhehlt sie sein Edelmut.

143 NICHT AUS BESORGNIS, TRIVIAL ZU SEIN, PARADOX WERDEN. Beide Extreme schaden unserem Ansehen. Jedes Unterfangen, welches der Gesetztheit zuwiderläuft, ist schon der Narrheit verwandt. Das Paradoxon ist gewissermaßen ein Betrug: indem es anfangs Beifall findet, weil es durch das Neue und Pikante überrascht; allein wenn nachher die Täuschung verschwindet und seine Blößen offenbar werden, nimmt es sich sehr übel aus. Es ist eine Art Gaukelei und in Staatsangelegenheiten der Ruin des Staats. Die, welche nicht auf dem Wege der Trefflichkeit es zu wahrhaft großen Leistungen bringen können, oder sich nicht daran wagen, legen sich auf das Paradoxe; von den Toren werden sie bewundert, aber viele kluge Leute werden an ihnen zu Propheten. Es beweist eine Verschrobenheit der Urteilskraft, und wenn es auch bisweilen nicht auf das Falsche sich gründet, dann doch auf das Ungewisse, zur großen Gefahr wichtiger Angelegenheiten.

159 DIE NARREN ERTRAGEN KÖNNEN. Stets sind die Weisen, ungeduldig: wer sein Wissen vermehrt, vermehrt seine Ungeduld. Große Einsicht ist schwer zu befriedigen. Die erste Lebensregel ist nach Epiktet das Ertragenkönnen, worauf er die Hälfte der Weisheit zurückführt. Müssen nun alle Arten von Narrheit ertragen werden, so wird es großer Geduld bedürfen. Oft haben wir am meisten von denen zu erdulden, von welchen wir am meisten abhängen: eine dienliche Übung der Selbstüberwindung. Aus der Geduld geht der unschätzbare Frieden hervor, welcher das Glück der Welt ist. Wer aber zum Dulden kein Gemüt hat, ziehe sich zurück in sich selbst, wenn er anders auch nur sich selbst wird ertragen können.

179 VERSCHWIEGENHEIT IST DER STEMPEL EINES FÄHIGEN KOPFES. Eine Brust ohne Geheimnis ist ein offener Brief. Wo der Grund tief ist, liegen auch die Geheimnisse in großer Tiefe; denn da gibt es weite Räume und Höhlungen, in welche die Dinge von Wichtigkeit versenkt werden. Die Verschwiegenheit entspringt aus einer mächtigen Selbstbeherrschung, und sich in diesem Stücke zu überwinden, ist ein wahrer Triumph. So vielen man sich entdeckt, so vielen macht man sich zinsbar. In der gemäßigten Stimmung des Innern besteht die Gesundheit der Vernunft. Die Gefahren, mit welchen die Verschwiegenheit zu kämpfen hat, sind die mancherlei Versuche der andern: das Widersprechen, in der Absicht, sie dadurch

179

zu verleiten, die Stichelreden, um etwas aufzujagen; bei welchem allem der Aufmerksame verschlossener als je wird. Das, was man tun soll, muß man nicht sagen; und das, was man sagen soll, muß man nicht tun.

182 EIN GRAN KÜHNHEIT BEI ALLEM IST EINE WICHTIGE KLUGHEIT. Man muß seine Meinung von andern mäßigen, um nicht so hoch von ihnen zu denken, daß man sich vor ihnen fürchtet. Nie bemächtige sich die Einbildungskraft des Herzens. Viele scheinen gar groß, bis man sie persönlich kennenlernt; dann aber dient ihr Umgang mehr, die Täuschung zu zerstören, als die Wertschätzung zu erhöhen. Keiner überschreitet die engen Grenzen der Menschheit: alle haben ihr Gebrechen, bald im Kopfe, bald im Herzen. Amt und Würde gibt eine scheinbare Überlegenheit, welche selten von der persönlichen begleitet wird; denn das Schicksal pflegt sich an der Höhe des Amtes durch die Geringfügigkeit der Verdienste zu rächen. Die Einbildungskraft ist aber immer im Vorsprung und malt die Sachen viel herrlicher, als sie sind; sie stellt sich nicht bloß vor, was ist, sondern auch, was sein könnte. Die durch so viele Erfahrungen von Täuschungen zurückgebrachte Vernunft weise jene zurecht. Doch die Dummheit soll so wenig verwegen, als die Tugend furchtsam sein. Und wenn sogar der Einfalt ihr Selbstvertrauen durchhalf, wie viel mehr dem Werte und dem Wissen.

209 SICH VON ALLGEMEINEN NARRHEITEN FREIHALTEN, ist eine recht besondere Klugheit. Jene haben viel Gewalt, weil sie eben allgemein eingeführt sind, und mancher, welcher sich von keiner Privatnarrheit überwältigen ließ, konnte doch der allgemeinen nicht entgehen. Es gehören dahin solche gemeinen Vorurteile wie, daß keiner mit seinem Schicksale, und wäre es das beste, zufrieden, noch unzufrieden mit seinem Verstande ist, wäre er

auch der schlechteste; ferner daß alle, mit ihrem eigenen Glücke unzufrieden, das fremde beneiden; sodann
daß die Leute des heutigen Tages die Dinge von gestern
loben, und die von hier die Dinge von dort: alles Vergangene scheint besser, alles Entfernte wird höher geschätzt. Wer über alles lacht, ist ein ebenso großer Narr,
als wer sich über alles betrübt.

216 DIE KUNST DES AUSDRUCKS BESITZEN: sie besteht nicht nur
in der Deutlichkeit, sondern auch in der Lebendigkeit
des Vortrags. Einige haben eine glückliche Empfängnis,
aber eine schwere Geburt, denn ohne Klarheit können
die Kinder des Geistes, die Gedanken und Beschlüsse,
nicht wohl zur Welt gebracht werden. Manche gleichen
in ihrer Fassungskraft jenen Gefäßen, die zwar viel fassen, aber nur wenig von sich geben. Andere wieder
sagen sogar mehr, als sie gedacht haben. Was für den
Willen die Entschlossenheit, ist für den Verstand die
Gabe des Vortrags: zwei hohe Vorzüge. Die Köpfe, welche die Gabe lichtvoller Klarheit haben, erlangen Beifall;
die verworrenen werden bisweilen verehrt, weil keiner
sie versteht. Zuzeiten ist es passend, dunkel zu sein, um
nicht gemein zu werden; allein wie sollen die Hörer
den begreifen, der mit dem, was er sagt, eigentlich selbst
keinen Begriff verknüpft?

222 ZURÜCKHALTUNG IST EIN SICHERER BEWEIS VON KLUGHEIT.
Ein wildes Tier ist die Zunge: hat sie sich einmal los-
gerissen, so hält es schwer, sie wieder anzuketten: sie
ist der Puls der Seele, an welchem die Weisen die Beschaffenheit derselben erkennen; an diesem Puls fühlt
der Aufmerksame jede Bewegung des Herzens. Das
Schlimmste ist, daß, wer sich am meisten mäßigen sollte, es am wenigsten tut. Der Weise erspart sich Verdrießlichkeiten und Verwicklungen und zeigt seine
Herrschaft über sich. Er geht seinen Weg behutsam,

ein Janus an billigem Urteil, ein Argus an Scharfblick. Momus hätte wahrscheinlich noch eher die Augen in der Hand, als das Fensterchen auf der Brust vermissen sollen.

238 WISSEN, WELCHE EIGENSCHAFT UNS FEHLT. Viele wären ganze Leute, wenn ihnen nicht etwas abginge, ohne welches sie nie zum Gipfel der Vollkommenheit gelangen können. An einigen ist es bemerkbar, daß sie sehr viel sein könnten, wenn sie sich in einer Kleinigkeit besserten; so etwa fehlt es ihnen an Ernst, was große Fähigkeiten verdunkeln kann; andern geht die Freundlichkeit des Wesens ab; eine Eigenschaft, welche ihre nächste Umgebung bald vermissen wird, zumal wenn sie Leute im Amt sind. Andern wieder fehlt es an Tatkraft, noch andern an Mäßigung. Allen diesen Übelständen würde leicht abzuhelfen sein, wenn man sie nur selbst bemerkte; denn Sorgfalt kann aus der Gewohnheit eine zweite Natur machen.

262 VERGESSEN KÖNNEN: es ist mehr ein Glück als eine Kunst. Der Dinge, welche am ehesten fürs Vergessen geeignet sind, erinnern wir uns am besten. Das Gedächtnis ist nicht allein widerspenstig, indem es uns verläßt, wenn wir es am meisten nötig haben, sondern auch töricht, indem es angelaufen kommt, wenn es gar nicht paßt. In allem, was uns Pein verursacht, ist es ausführlich, aber in dem, was uns ergötzen könnte, nachlässig. Oft besteht das einzige Heilmittel unserer Schmerzen im Vergessen; aber wir vergessen das Heilmittel. Man muß jedoch seinem Gedächtnis bequeme Gewohnheiten beibringen, denn es reicht hin, Seligkeit oder Hölle zu schaffen. Auszunehmen sind hier die Zufriedenen, welche im Stande ihrer Unschuld ihre einfältige Glückseligkeit genießen.

283 DIE GABE DER ERFINDUNG BESITZEN. Sie beweist das höchste Genie; allein, welches Genie kann ohne einen Gran Wahnsinn bestehen? Ist das Erfinden Sache der Genialen, so ist die treffende Wahl Sache der Verständigen. Auch ist jenes eine besondere Gabe des Himmels und viel seltener; denn eine treffende Wahl gelingt vielen, eine gute Erfindung wenigen, und zwar nur den ersten, dem Wert und der Zeit nach. Die Neuheit schmeichelt, und war sie glücklich, so gibt sie dem Guten einen doppelten Glanz. In Sachen des Urteils ist die Neuheit gefährlich wegen des Paradoxen, in Sachen des Genies aber löblich; jedoch wenn gelungen, verdient die eine wie die andere Beifall.

291 ZU PRÜFEN VERSTEHEN. Die Aufmerksamkeit des Klugen wetteifere mit der Zurückhaltung des Vorsichtigen. Viel Kopf ist erfordert, um den fremden auszumessen. Es ist wichtiger, die Gemütsarten und Eigenschaften der Personen als die der Kräuter und Steine zu kennen. Jenes ist eine der scharfsinnigsten Beschäftigungen im Leben. Am Klange kennt man die Metalle und an der Rede die Menschen. Die Worte geben Anzeichen der Rechtlichkeit, aber viel mehr die Taten. Hier nun bedarf es der außerordentlichen Vorsicht, der tiefen Beobachtung, der feinen Auffassung und des richtigen Urteils.

298 DREI DINGE MACHEN EINEN WUNDERMANN und sind die höchste Gabe der göttlichen Freigebigkeit: ein fruchtbares Genie, ein tiefer Verstand und ein zugleich erhabener und angenehmer Geschmack. Richtig zu fassen ist ein großer Vorzug, aber ein noch größerer, richtig zu denken und die Einsicht des Guten zu haben. Der Verstand muß nicht im Rückgrat sitzen: da wäre er mehr mühselig als scharf. Richtig zu denken ist die Frucht der vernünftigen Natur. Mit zwanzig Jahren herrscht der Wille vor, mit dreißig das Genie, mit vierzig das Urteil.

Es gibt Köpfe, die gleichsam Licht ausströmen, wie die Augen des Luchses, indem sie, wo die größte Dunkelheit ist, am richtigsten erkennen. Andere sind für die Gelegenheit gemacht, da sie stets auf das fallen, was am meisten zum gegenwärtigen Zweck dient: es bietet sich ihnen Vieles und Gutes dar – eine glückliche Fruchtbarkeit! Inzwischen würzt ein guter Geschmack das ganze Leben.

„Es dahin bringen, dass man zurückgewünscht wird"

VOM VORTEIL DER STRATEGIE

In der Zeit Graciáns sind strategische Überlegungen allenfalls Angelegenheit von Feldherren, Eroberern und Generälen. Strategie wird weder auf das Geschäftsleben noch auf die berufliche Laufbahn des Einzelnen angewandt. Dennoch sind einige seiner Aphorismen im *Handorakel* übergreifender Natur und erfordern nicht so sehr taktische Verhaltensweisen, sondern langfristige Ausrichtungen des Handelns. Im Vordergrund stehen dann wieder der Berufserfolg und der Lebenserfolg des einzelnen Lesers und der einzelnen Leserin.

Die konkrete Verbindung von Strategie und Taktik ist das richtige Timing. Da geht es darum, dass man „sein Glück erwogen haben" muss, um zu handeln (Nr. 36). „Es ist eine große Kunst, sein Glück zu leiten zu wissen, indem man bald es abwartet – denn auch mit Warten ist zuweilen bei ihm etwas auszurichten –, bald es zur rechten Zeit benutzt" (ebd.).

Eine ähnliche Verbindung von Strategie und praktischer Urteilskraft ist erforderlich, wenn es darum geht, „sich anzupassen" (Nr. 58) und „nie mehr Kraft zu verwenden, als gerade nötig ist" (ebd.). Der kluge Falkner „lässt nie mehr Vögel steigen, als die Jagd erfordert" (ebd.), und so solle man nichts verschleudern, weder an Kraft noch an Wissen. Wer „jeden Tag mehr aufdeckt, unterhält die Erwartung" (ebd.).

185

Strategisch klug ist es auch, wenn man „von den Feinden Nutzen ziehen" kann (Nr. 84). „Dem Klugen nützen seine Feinde mehr als dem Dummen seine Freunde" (ebd.). Wer aus dem „Groll" der Feinde einen „Spiegel" macht, der kann an seiner Verbesserung arbeiten und somit tatsächlich von feindlichen Absichten profitieren.

Von Bedeutung ist es auch, auf die Außenansicht der Dinge zu achten. „Die Dinge gelten nicht für das, was sie sind, sondern für das, was sie scheinen" (Nr. 130). Also soll der Kluge „tun und sehen lassen" (ebd.), denn „eine gute Außenseite ist die beste Empfehlung der inneren Vollkommenheit" (ebd.).

Diese Art der Öffentlichkeitsarbeit gilt nicht nur für den Einzelnen, sondern auch für Unternehmen als Ganze. Kommunikationsstrategien sind von entscheidender Bedeutung, um die gewünschte Deutung der Wirklichkeit durchzusetzen. „Wert haben und ihn zu zeigen verstehen", das sind zweierlei Dinge (ebd.).

Zur Strategie gehört daher wesentlich das „Vorausdenken" (Nr. 151). Am besten widme man „der Sorge und Überlegung besondere Stunden" (ebd.): „Man soll das Denken nicht aufschieben, bis man im Sumpfe bis an den Hals steckt, es muss zum voraus geschehen" (ebd.).

Das Gegenteil der Strategie ist das Getriebensein von den Umständen: „Manche handeln erst und denken nachher, welches heißt, weniger auf die Folgen als auf die Entschuldigungen bedacht sein; andre denken weder vorher noch nachher" (ebd.).

Zu einer guten Karriere gehört auch die Mobilität. Man muss sich also „zu verpflanzen wissen" (Nr. 198). „Das Vaterland ist allemal stiefmütterlich gegen ausgezeichnete Talente", denn es herrscht der „Neid" vor, während das Fremde geachtet wird (ebd.). Strategische Karriereplanung konnte also auch im 17. Jahrhundert bedeuten, dass man auf Mobilität achten musste!

Egal, wo man tätig ist – zum strategischen Erfolg gehört es, „Liebe und Wohlwollen" zu erwerben, denn durch das Wohlwollen „erlangt man eine günstige Meinung" (Nr. 112). Gracián spricht hier davon, eine Atmosphäre des Vertrauens aufzubauen, die alle positiven Eigenschaften einfach „als vorhanden" annimmt. „Die ganze Schwierigkeit besteht im Erwerben des Wohlwollens; es zu erhalten ist leicht" (ebd.). Wichtig ist also der strategische Aufbau eines Kontextes des wechselseitigen Vertrauens und der Verlässlichkeit; dadurch werden Teams zu Spitzenleistungen motiviert.

Die höchste strategische Kunst besteht darin, zu erreichen, „dass man zurückgewünscht wird" (Nr. 124). Dies gelingt allerdings nur wenigen, denn „gegen den Abtretenden ist Lauheit gewöhnlich" (ebd.).

Um dieses strategische Ziel zu erlangen, muss man „in seinem Amte und durch seine Talente ausgezeichnet" sein, sodass allgemein bemerkt wird, „dass das Amt unsrer bedurfte, nicht wir des Amtes" (ebd.).

Solche Ziele setzen strategisches Handeln voraus. Man muss „Hunger zurücklassen" (Nr. 299), denn „das Begehren ist das Maß der Wertschätzung": „Das Gute, wenn wenig, ist doppelt gut" (ebd.). Es kommt darauf an, immer wieder „Unzufriedenheit" zu erzeugen, am besten „durch die Ungeduld des Begehrens", denn das „mühsam erlangte Glück wird doppelt genossen" (ebd.).

Auch hier lassen sich erstaunliche Parallelen zur heutigen Geschäftswelt ziehen. In einer wettbewerbsintensiven Welt muss ein Unternehmen dauerhaft „hungrig" sein, wenn es sich entwickeln will. Es kann nicht auskommen ohne ein Führungsteam, das erfolgreich sein und sich gegen starke Wettbewerber durchsetzen möchte. Fehlt in einem Unternehmen der „Hunger", dann verliert es an Dynamik und fällt Schritt für Schritt zurück.

Schwierig wird es dann, wenn aus dem legitimen Hunger eine übertriebene Gier resultiert. Dann kann es vorkommen, dass Menschen sich nicht mehr an gesellschaftliche Regeln und geltende Gesetze halten, einfach weil es um „immer mehr" geht. Die Spirale der Gier ist potenziell unendlich; gerade deshalb ist es notwendig, das Wechselverhältnis von Wirtschaft und Gesellschaft immer wieder neu zu bestimmen. Dabei kann weder ein zügelloser Liberalismus, der unsensibel ist für soziale Anliegen, noch eine überbordende Staatsgläubigkeit, die wirtschaftliche Initiative stärker lähmt als anspornt, die Lösung sein. Vielmehr gilt es immer wieder, zu einer Balance der wesentlichen Anliegen zu kommen und politisch so zu handeln, dass die polare Spannung zwischen Freiheit und Gleichheit wenigstens grundsätzlich gewährleistet wird.

Die Führungsaufgaben in der globalen Welt des 21. Jahrhunderts unterscheiden sich naturgemäß von Graciáns Welt. Gleichwohl stellt er bemerkenswerte Überlegungen an, die sich auf das Zusammenspiel von persönlichen Eigenschaften und Handlungsstrategien beziehen und die ihn veranlassen, Empfehlungen zum konkreten Führungsverhalten abzugeben (Kapitel 11).

36 SEIN GLÜCK ERWOGEN HABEN um zu handeln, um sich einzulassen. Daran ist mehr gelegen als an der Beobachtung seines Temperamentes. Ist aber der ein Tor, welcher im vierzigsten Jahre sich an den Hippokrates seiner Gesundheit halber wendet, so ist es der noch mehr, welcher dann erst an den Seneca der Weisheit wegen. Es ist eine große Kunst, sein Glück zu leiten zu wissen, indem man bald es abwartet – denn auch mit Warten ist zuweilen bei ihm etwas auszurichten – bald es zur rechten Zeit benutzt, da es Perioden hält und Gelegenheiten darbietet, obwohl man ihm seinen Gang nicht ablernen kann, so regellos sind seine Schritte. Wer es günstig befunden hat, schreite keck vorwärts; denn es liebt die Kühnen leidenschaftlich und als schönes Weib auch die Jünglinge. Wer aber Unglück hat, tue nichts mehr; sondern ziehe sich zurück, damit er nicht zu dem Unstern, der schon über ihm steht, noch einen zweiten heranrufe.

58 SICH ANZUPASSEN VERSTEHEN. Nicht allen soll man auf gleiche Weise seinen Verstand zeigen, und nie mehr Kraft verwenden, als gerade nötig ist. Nichts werde verschleudert, weder vom Wissen noch vom Leisten. Der gescheite Falkonier läßt nicht mehr Vögel steigen, als die Jagd erfordert. Man lege nicht immer alles zur Schau aus, sonst wird es morgen keiner mehr bewundern. Immer habe man etwas Neues, damit zu glänzen; denn wer jeden Tag mehr aufdeckt, unterhält die Erwartung, und nie werden Grenzen seiner großen Fähigkeiten aufgefunden.

84 VON DEN FEINDEN NUTZEN ZIEHEN. Man muß alle Sachen anzufassen verstehen, nicht bei der Schneide, wo sie verletzen, sondern beim Gift, wo sie beschützen; am meisten aber das Treiben der Widersacher. Dem Klugen nützen seine Feinde mehr als dem Dummen seine

189

Freunde. Das Mißwollen ebnet oft Berge von Schwierigkeiten, mit welchen es aufzunehmen die Gunst sich nicht getraute. Vielen haben ihre Größe ihre Feinde auferbaut. Gefährlicher als der Haß ist die Schmeichelei, weil diese die Flecken verhehlt, die jene auszulöschen arbeitet. Der Kluge macht aus dem Groll einen Spiegel, welcher teuer ist als der Spiegel der Zuneigung, und beugt dann der Nachrede seiner Fehler vor oder bessert sie. Denn die Behutsamkeit wird groß, wenn Nebenbuhlerei und Mißwollen die Grenznachbarn sind.

112 SICH LIEBE UND WOHLWOLLEN ERWERBEN: denn sogar die erste und oberste Ursache läßt solche in ihre hohen Absichten eingehen und ordnet sie an. Mittels des Wohlwollens erlangt man die günstige Meinung. Einige verlassen sich so sehr auf ihren Wert, daß sie die Erwerbung der Gunst verschmähen. Allein der Erfahrene weiß, daß der Weg der Verdienste allein, ohne Hilfe der Gunst, ein gar sehr langer ist. Alles erleichtert und ergänzt das Wohlwollen; nicht immer setzt es die guten Eigenschaften, wie Mut, Redlichkeit, Gelehrsamkeit, sogar Klugheit, voraus; nein, es nimmt sie ohne weiteres als vorhanden an. Hingegen die garstigen Fehler sieht es nie, weil es sie nicht sehen will. Es entsteht aus der Übereinstimmung, und zwar gewöhnlich aus der materiellen, dergleichen die der Sinnesart, der Nation, der Verwandtschaft, des Vaterlandes und des Amtes ist; die formelle ist höherer Art, sie ist die der Talente, der Verbindlichkeiten, des Ruhms, der Verdienste. Die ganze Schwierigkeit besteht im Erwerben des Wohlwollens; es zu erhalten ist leicht. Es läßt sich aber erlangen, und man wisse es zu nutzen.

124 ES DAHIN BRINGEN, DASS MAN ZURÜCKGEWÜNSCHT WIRD. Eine so große Gunst bei den Leuten erwerben wenige, und wenn gar noch bei den gescheiten Leuten, so ist es

ein großes Glück. Gegen die Abtretenden ist Lauheit gewöhnlich. Jedoch gibt es Wege, sich jenen Lohn der allgemeinen Liebe zu erwerben: ein ganz sicherer ist, daß man in seinem Amte und durch seine Talente ausgezeichnet sei, auch das Einnehmende im Betragen tut viel; durch dies alles macht man seine Vorzüge unentbehrlich, so daß es merklich wird, daß das Amt unsrer bedurfte, nicht wir des Amtes. Einigen macht ihr Posten Ehre; andere ihm. Das aber ist kein Ruhm, wenn ein schlechter Nachfolger uns vortrefflich macht; das heißt nicht, daß wir schlechthin zurückgewünscht werden, sondern nur, daß er verabscheut wird.

130 TUN UND SEHEN LASSEN. Die Dinge gelten nicht für das, was sie sind, sondern für das, was sie scheinen. Wert haben und ihn zu zeigen verstehen, heißt zweimal Wert haben. Was nicht gesehen wird, ist, als ob es nicht wäre. Das Recht selbst kann seine Achtung nicht erhalten, wenn es nicht auch als Recht erscheint. Viel größer ist die Zahl der Getäuschten als die der Einsichtigen. Der Betrug herrscht vor, und man beurteilt die Dinge von außen; viele aber sind weit verschieden von dem, was sie scheinen. Eine gute Außenseite ist die beste Empfehlung der inneren Vollkommenheit.

151 VORAUSDENKEN, von heute auf morgen und noch auf viele Tage. Die größte Vorsicht ist, daß man der Sorge und Überlegung besondere Stunden bestimme. Für den Behutsamen gibt es keine Unfälle und für den Aufmerksamen keine Gefahren. Man soll das Denken nicht aufschieben, bis man im Sumpfe bis an den Hals steckt, es muß zum voraus geschehen. Durch die wiederholte und gereifte Überlegung komme man überall dem äußersten Mißgeschick zuvor. Das Kopfkissen ist eine stumme Sibylle; und sein Beginnen vorher beschlafen ist besser, als nachmals darüber schlaflos liegen. Manche handeln

191

erst und denken nachher, welches heißt, weniger auf die Folgen als auf die Entschuldigungen bedacht sein; andre denken weder vorher noch nachher. Das ganze Leben muß ein fortgesetztes Denken sein, damit man des rechten Weges nicht verfehle. Wiederholte Überlegungen und Vorsicht machen es möglich, unsern Lebenslauf zum voraus zu bestimmen.

198 SICH ZU VERPFLANZEN WISSEN. Es gibt Nationen, die, um zu gelten, versetzt werden müssen; zumal in Hinsicht auf hohe Stellen. Das Vaterland ist allemal stiefmütterlich gegen ausgezeichnete Talente, denn in ihm, als dem Boden, dem sie entsprossen, herrscht der Neid, und man erinnert sich mehr der Unvollkommenheit, mit der jemand anfing, als der Größe, zu der er gelangt ist. Eine Nadel konnte Wertschätzung erhalten, nachdem sie von einer Welt zur andern gereist war, und ein Glas, weil es in ein anderes Land gebracht worden, machte Diamanten geringgeschätzt. Alles Fremde wird geachtet, teils weil es von weit her kommt, teils weil man es ganz fertig und in seiner Vollkommenheit erhält. Leute hat man gesehen, die einst die Verachtung ihres Winkels waren und jetzt die Ehre der Welt sind, hochgeschätzt von ihren Landsleuten und von den Fremden; von jenen, weil sie von weitem, von diesen, weil sie sie als weither sehen. Nie wird der die Statue auf dem Altar gehörig verehren, der sie als einen Stamm im Garten gekannt hat.

299 HUNGER ZURÜCKLASSEN: selbst den Nektarbecher muß man den Lippen entreißen. Das Begehren ist das Maß der Wertschätzung. Sogar bei dem leiblichen Durst ist es eine Feinheit, ihn zu beschwichtigen, aber nicht ganz zu löschen. Das Gute, wenn wenig, ist doppelt gut. Das zweite Mal führt ein beträchtliches Sinken herbei. Sättigung mit dem, was gefällt, ist gefährlich und kann der unsterblichsten Vortrefflichkeit Geringschätzung zuziehen. Die Hauptregel, um zu gefallen, ist, daß man den Appetit noch durch den Hunger, mit welchem man ihn verließ, gereizt vorfinde. Muß man Unzufriedenheit erregen, so sei es lieber durch die Ungeduld des Begehrens als durch den Überdruß des Genusses. Das mühsam erlangte Glück wird doppelt genossen.

„Die Wahrheit zu handhaben verstehen"

EMPFEHLUNGEN FÜR EFFEKTIVES FÜHRUNGSVERHALTEN

Wer die ersten Karriereschritte getan hat, wird mit neuen Aufgaben konfrontiert und findet sich in einer Führungsrolle wieder. Im konkreten Führungsverhalten gibt es natürlich eine große Bandbreite individueller Stile. Es gibt aber auch hier eine Reihe von Spielregeln und Empfehlungen, die von allgemeiner Bedeutung sein können. Gracián nutzt die Gelegenheit seines *Handorakels*, im Grunde eine eigene Führungslehre darzulegen. Diese greift die taktischen Verhaltensweisen und wünschenswerten Eigenschaften, die bereits erörtert wurden, unter einem speziellen Blickwinkel neu auf. Dabei setzt Gracián voraus, dass Führung in mancherlei Hinsicht kein Heimspiel in freundschaftlicher Atmosphäre ist, sondern sich häufig unter den kritischen Augen einer bisweilen auch feindseligen und konkurrenzbetonten Umgebung abspielt.

So soll eine Führungskraft laut Gracián „Abhängigkeit begründen" können (Nr. 5): „Wer klug ist, sieht lieber die Leute seiner bedürftig als ihm dankbar verbunden" (ebd.). So müsse man auf Abhängigkeit bauen und die Hoffnung erhalten, ohne sie „ganz zu befriedigen" (ebd.).

Dies gilt für Untergebene wie Vorgesetzte in gleichem Maße.

Auch wenn diese Art zu sprechen heutzutage politisch nicht ganz korrekt ist, so entbehrt sie doch nicht der Lebensklugheit. Gracián äußert dazu: „Wer seinen Durst gelöscht hat, kehrt gleich der Quelle den Rücken" (ebd.). Wer also umgekehrt auf dem Klavier der Abhängigkeit zu spielen versteht, etwa indem er sich unentbehrlich macht, wird möglicherweise deutlich mehr Anerkennung ernten als jemand, der diese Empfehlung nicht zu beherzigen versteht!

Gleichzeitig soll man „nicht unter übermäßigen Erwartungen auftreten" (Nr. 19). Wer mit großen Vorschusslorbeeren antritt, kann die Erwartungen kaum erfüllen. „Nie konnte das Wirkliche das Eingebildete erreichen: Denn sich Vollkommenheit denken ist leicht, sie verwirklichen sehr schwer" (ebd.). Am besten ist es also, „wenn die Wirklichkeit die Erwartung übersteigt und mehr ist, als man gedacht hatte" (ebd.).

Wer eine gute Führungsleistung erzielen will, braucht natürlich gute Mitarbeiterinnen und Mitarbeiter. Das weiß auch Gracián und nennt das „sich guter Werkzeuge bedienen" (Nr. 62). Er bemerkt dazu: „Nie hat die Trefflichkeit des Ministers die Größe seines Herrn verringert" (ebd.), denn der Ruhm „hält sich immer an die Hauptpersonen" (ebd.).

Gleichzeitig ist eine Führungskraft grundsätzlich auf das Filtern von Informationen angewiesen, also auf „Bedacht im Erkundigen" (Nr. 80). Denn „das wenigste ist, was wir sehen: Wir leben auf Treu und Glauben" (ebd.).

Gracián spricht hier eines der Hauptprobleme moderner Führung an, das Informationsmanagement. Unter der Flut von Primärdaten und Informationen diejenige herauszusuchen, die Bedeutung hat und höchste Aufmerksamkeit verdient, ist eine Kunst. Die „Beimischung von den Affekten" zu erkennen (ebd.), die in jedem Bericht eines Mitarbeiters oder einer Mitarbeiterin enthalten ist, verlangt Erfahrung. Man muss eben mit großer Aufmerksamkeit

„die Absicht des Vermittelnden herausfinden und schon zum voraus sehen, mit welchem Fuß er vortritt" (ebd.).

Gleiches gilt natürlich gegenüber Vorgesetzten. Man muss also „die Wahrheit zu handhaben verstehen" (Nr. 210). Wer sehr geschickt ist, kann mit der gleichen Information „dem einen schmeicheln und den anderen zu Boden werfen" (ebd.). Dass der Überbringer schlechter Nachrichten auch selbst schlechte Karten hat, weiß Gracián natürlich: „Fürsten darf man nie mit bitteren Arzneien kurieren; deshalb ist es eine Kunst, die Enttäuschungen zu vergolden."

Die im Herbst 2007 allmählich um sich greifende Bankenkrise hat reichhaltiges Anschauungsmaterial für das „Vergolden von Enttäuschungen" geliefert. Während Josef Ackermann von der Deutschen Bank früh vorgeprescht ist, einen Verlust eingestanden und dann (entgegen der späteren Realität) angekündigt hat, dabei bleibe es, haben andere – gerade öffentliche Institute – gemauert oder untertrieben. So belief sich der Verlust der Landesbank Baden-Württemberg (LBBW) entgegen den Ankündigungen letztlich auf mehr als eine Milliarde Euro; und den Vorstandsvorsitzenden der Bayerischen Landesbank kostete das zu späte Eingeständnis von Verlusten im Frühjahr 2008 sogar den Kopf, mit gefährlichen Turbulenzen für seinen Aufsichtsrat, Finanzminister Erwin Huber.

Gracián hat freilich auch hier Rat zur Verfügung. Zum einen suche man sich jemanden, „der das Unglück tragen hilft" (Nr. 258): „So wird man nie, zumal nicht bei Gefahren, allein sein und nicht den ganzen Hass auf sich laden" (ebd.). Wer hingegen die „ganze Ehre der oberen Leitung" beansprucht, müsse später auch „die ganze öffentliche Unzufriedenheit" ertragen (ebd.).

Besser ist also ein Beistand, „von dem man entschuldigt wird oder der das Schlimme tragen hilft" (ebd.). Auch ein Arzt, der ans Ende seines Lateins gekommen ist, suche sich ja wenigstens einen anderen, „der unter dem Namen einer Konsultation ihm hilft, den Sarg hinauszuschaffen" (ebd.)!

197

Besser ist es natürlich, das Unglück durch geschickte Taktik zu vermeiden. So solle die geschickte Führungskraft das, „was Gunst erwirbt, selbst verrichten, was Ungunst, durch andre" (Nr. 187).

In ähnlicher Weise solle man „von oben", das heißt aus der hierarchisch überlegenen Position, „das Gute unmittelbar, das Schlimme mittelbar" bewirken (ebd.). Taktisch geschickt empfiehlt Gracián, man solle sich nicht die Hände schmutzig machen und sich dafür lieber einige Männer fürs Grobe suchen.

Mit großer Selbstverständlichkeit spricht Gracián davon, es sei empfehlenswert, sich rechtzeitig einen Sündenbock auszusuchen, den man ins Feuer schickt, um nicht selbst verbrannt zu werden. Mit Menschenfreundlichkeit hat das weniger, mit effektivem Karriereverhalten deutlich mehr zu tun!

Nicht weniger „technisch" ist sein zunächst bescheiden wirkender Ratschlag, man solle sich „den fremden Mangel zunutze machen" (Nr. 189). Wenn jemand stark von einem bestimmten Wunsch oder „Mangel" bestimmt wird, dann wird dieser – so erkennt Gracián scharfsinnig – „zur wirksamsten Daumenschraube" (ebd.): „Manche wissen aus dem Wunsche der andern eine Stufe zur Erreichung ihrer Zwecke zu machen" (ebd.).

Dies gilt beispielsweise für das weite Feld der akademischen Promotionsberater, die Hilfestellung bei der Erlangung eines Doktorgrads versprechen und dabei gelegentlich die Grenzen des Erlaubten überschreiten – so wie es im Frühjahr 2008 von einem Juraprofessor aus Hannover berichtet wurde, der mehrere Dutzend Doktoranden gegen Geld zur Promotion geführt hatte, obwohl deren akademische Leistungen nicht dem Standard entsprachen.

Das Spiel mit starken Emotionen oder stark ausgeprägten Wünschen lässt sich auf eine Vielzahl von Feldern ausdehnen, so beispielsweise auch auf das Gebiet der Unternehmensauktionen. Wird ein professioneller Investmentbanker eingeschaltet, dann geht das Spiel darum, das zu verkaufende Unternehmen als Ziel aller Wünsche für den potenziellen Käufer darzustellen, um den Preis nach oben zu treiben. Unter den letzten zwei oder drei kann dann ein Spieltrieb ausbrechen, der zum Gewinnen drängt – zumal ja bereits viel Geld in die Prüfung der Unterlagen geflossen ist. Gewinnen kann aber nur einer – und der zahlt möglicherweise einen zu hohen Preis!

Ein Beispiel dafür ist der Kauf von VDO durch Continental, der Siemens als Verkäufer erhebliches Kapital in die Kassen gespült und nach einiger Zeit für Druck auf den Aktienkurs von Continental gesorgt hat. Im Juli 2008 erwarb schließlich die fränkische Schaeffler-Gruppe den stolzen Konzern – aus dem Käufer wurde ein Gekaufter. Solange der VDO-Kauf noch nicht über die Bühne gebracht war, galt eben: „Andere in Abhängigkeit zu erhalten wissen, um seine Zwecke zu erreichen, ist eine große Feinheit" (Nr. 189).

Der Wettbewerb belebt dabei zweifellos das Geschäft, aber er verführt auch zu Abhängigkeiten in den strategischen Spielzügen. Hier empfiehlt Gracián, man solle „nie sich nach dem richten, was der Gegner jetzt zu tun hätte" (Nr. 180). Daraus entstünde eine unpassende Gegenabhängigkeit, denn „der Dumme wird nie das tun, was der Kluge angemessen erachtet, weil er das Passende nicht herausfindet; ist er hingegen ein wenig klug, so wird er einen Schritt, den der andere vorhergesehen, ja ihm vorgebaut hat, gerade deshalb nicht ausführen" (ebd.). Am besten ist es also, in Szenarien zu denken und auf einen „doppelten Ausgang" vorbereitet zu sein!

Gerade bei großen und schwierigen Angelegenheiten – man denke etwa an die Übernahme von Volkswagen durch Porsche – ist die richtige Einstellung zum Handeln der Schlüssel zum Erfolg: „Man unternehme das Leichte, als wäre es schwer, und das Schwere, als wäre es leicht" (Nr. 204). Diese Empfehlung dient dazu, „damit das Selbstvertrauen uns nicht sorglos" in leichten und „die Zaghaftigkeit uns nicht mutlos" in schwierigen Dingen macht (Nr. 204).

199

Auch große Schwierigkeiten sollten unsere Tatkraft nicht lähmen, und Fleiß und Anstrengung können sogar „das Unmögliche möglich" machen (ebd.).

Effektive Führung hat auch damit zu tun, es zu verstehen, andere „zu verpflichten" (Nr. 244). Die geschickte Führungskraft geht so vor, dass sie „ihre eigene Verpflichtung in die des anderen" verwandelt und „aus ihrem eigenen Vorteil" eine „Ehre für den anderen macht" (ebd.). Das sieht dann so aus, „als leisteten sie den andern einen Dienst, indem sie sich von ihm beschenken lassen", und als machten sie „eine Schuldigkeit aus dem, wofür sie sehr dankbar sein sollten" (ebd.).

Dieses Vorgehen ist auch in der Politik weit verbreitet, die Gracián ja auch vor Augen hat. Wenn man das Verfahren bei anderen durchschaut, dann empfiehlt er folglich, „die erzeigte Ehre" gerade wieder zurückzugeben und „solchen Narrenhandel wieder rückgängig zu machen" (ebd.).

Gerade in hierarchischen Verhältnissen ist Führung ganz ohne taktisches Verhalten so gut wie unmöglich. Dabei geht es immer auch darum, wer wem Rechenschaft schuldig ist, und auch hier empfiehlt Gracián kluge Zurückhaltung: „Nie dem Rechenschaft geben, der sie nicht gefordert hat" (Nr. 246). Selbst wenn Rechenschaft abzulegen ist, solle man nicht übertreiben und nicht „mehr als nötig" tun (ebd.). Fehlerhaft wäre es, sich unnötig zu entschuldigen, denn „die von selbst gemachte Entschuldigung weckt das schlafende Misstrauen" (ebd.).

Vorsicht ist immer eine kluge Ratgeberin. Man solle daher „ein Übel nicht gering achten, weil es klein ist" (Nr. 254). Oft finden sich Glücks- und Unglücksfälle miteinander verkettet: „Glück und Unglück gehen gewöhnlich dahin, wo schon das meiste ist" (ebd.). So hüte man sich davor, das Unglück zu wecken, „wenn es schläft", denn „einen Unglücklichen lässt alles im Stich, er sich selbst, die Gedanken, der Leitstern" (ebd.).

So gelangt Gracián einmal mehr zu einem seiner Leitthemen, näm-lich „zweimal überlegen" (Nr. 132), dem Einschalten der Vernunft: „An Revision appellieren gibt Sicherheit" (ebd.), und wenn die Sache nicht ganz klar ist, wird es gut sein, Zeit zu gewinnen.

Dies hat nach Gracián nur Vorteile, entweder weil das Nein später „weniger herb schmeckt", oder weil das Ja als das „lang Ersehnte" eben „immer am höchsten geschätzt" wird (ebd.).

Trotzdem muss man auch etwas „abzuschlagen verstehen" (Nr. 70), aber die Art und Weise spielt eine große Rolle, denn „ein vergol-detes Nein befriedigt mehr als ein trockenes Ja" (ebd.). Daher soll man „nichts gleich rund abschlagen" und „nie etwas ganz und gar verweigern", sondern „immer noch ein wenig Hoffnung" übrig las-sen. Faktisch bleibt es aber dabei: „Nicht allen und nicht alles darf man zugestehen" (ebd.).

Zur kompetenten Führung gehört vor allem das große Bild, das im-mer vor Augen stehen muss. „Das Betragen sei großartig, Erhaben-heit anstrebend", nennt dies Gracián (Nr. 88). Vor allzu viel klein-lichem Detail solle man sich hüten und eher „mit einer edlen Allgemeinheit zu Werke" gehen. Das bedeutet: „Die meisten Din-ge muss man unbeachtet hingehen lassen" (ebd.). Nur dann bleibt das große Ganze vor Augen, sodass Gracián sogar sagen kann: „Bei der Lenkung anderer ist eine Hauptsache das Nicht-sehen-wollen" (ebd.)!

Auch Führungskräfte aber sollen „Freunde haben" (Nr. 111), denn: „Das meiste und das Beste, was wir haben, hängt von andern ab" (ebd.). Wenn wir aber von Haus aus „entweder unter Freunden oder unter Feinden" leben müssen, dann ist es nur sinnvoll, sich in seinem beruflichen Umfeld jeden Tag einen Menschen „zum wohl-wollenden Freunde" zu machen (ebd.).

Gracián spricht hier sehr deutlich von der Gestaltung eines positi-ven Arbeitsumfelds, der einen Handlungskontext von Verlässlichkeit und Vertrauen ermöglicht. Dies wird nicht immer gelingen, aber je besser es klappt, umso gedeihlicher floriert die Zusammenarbeit, und umso leichter ist es, gemeinsam gute Ergebnisse zu erreichen.

Selbst in schwierigen Situationen solle man es aber „nie zum Bruch kommen lassen" (Nr. 257), denn dies schadet dem eigenen Ansehen: „Jeder ist als Feind von Bedeutung, wenngleich nicht als Freund", denn „Gutes können wenige uns erweisen, Schlimmes fast alle" (ebd.). Am gefährlichsten sind zerbrochene Freundschaften, denn „aus verdorbenen Freunden werden die schlimmsten Feinde" (ebd.). Dann kommt es zu verzerrten Wirklichkeitsbildern: „Jeder redet, wie es ihm scheint, und es scheint ihm, wie er es wünscht" (ebd.).

Sind Zerwürfnisse nicht zu vermeiden, dann ist der „schöne Rückzug" die beste Verhaltensweise, die noch rettet, was an Ansehen zu retten ist (ebd.).

Führung hat immer auch damit zu tun, andere zu einem bestimmten Handeln zu bringen. Dazu ist es, wie Gracián analysiert, sehr hilfreich, wenn wir „die Daumenschrauben eines jeden finden" (Nr. 26). Damit meint er persönliche Vorlieben, die zu „Götzen" eines jeden werden können. Findet man diese, „so hat man den Schlüssel zu seinem Willen" (ebd.). Meistens geht es um eher niedrige Strebungen, so beobachtet er: Geld, Macht, Vergnügen, gelegentlich auch Kunst, Wein, sexuelle Vorlieben. Wenn man aber „mit seiner Lieblingsneigung den Hauptangriff führt", dann wird beim anderen „unfehlbar sein freier Wille schachmatt" gesetzt (Nr. 26).

Führung ist für Gracián in vieler Beziehung eine soziale Technik, um den Willen anderer Menschen zu bewegen. Dies wird ausdrücklich angesprochen, denn eine Führungskraft soll „seine Untergebenen in die Notwendigkeit des Handelns zu versetzen verstehen" (Nr. 265).

Gracián greift dabei eine besondere Situation heraus, nämlich die der Bewährung in Gefahr: „Die Gefahren sind die Gelegenheiten, sich einen Namen zu gründen" (ebd.). Vorausgesetzt wird dabei aber auch das Vertrauen der Führungskraft in ungeahnte Kräfte beim eigenen Mitarbeiter oder der eigenen Mitarbeiterin, also ein gerüttelt Maß an Menschenkenntnis!

Auch im Führungshandeln gilt aber: Aller Anfang ist schwer. Gracián dreht diese Erkenntnis dialektisch um und empfiehlt, man solle „sich sein Neusein zunutze machen; denn solange jemand noch neu ist, ist er geschätzt" (Nr. 269). Etwas spöttisch fügt er hinzu: „Eine funkelnagelneue Mittelmäßigkeit wird höher geschätzt als ein schon gewohntes Vortreffliches" (ebd.). Der Reiz des Neuen ist aber „von kurzer Dauer" und wird sich „nach vier Tagen" schon verlieren (ebd.). Es ist also sinnvoll, sich den Zauber des Anfangs nutzbar zu machen und alles zu ergreifen, „wonach man füglich trachten kann" (ebd.).

Auch dies ist bis heute in der Managementpraxis bekannt: Grausamkeiten muss man in den ersten 100 Tagen begehen. Danach nutzt sich der Elan zwangsläufig ab, und die bekannten Widerstände kommen aus ihren Verstecken hervor!

Gracián lässt immer offen, um welche Führungsaufgabe es sich konkret handelt. Dies macht es leicht, sich den passenden Kontext selbst vorzustellen und seine Bemerkungen auf die heutige Zeit zu übertragen.

Deutlich wird aber eine gewisse Unterscheidung zwischen dem allgemeinen Verhalten von Führungskräften und den Überlegungen für ein Handeln in Spitzenpositionen. Das nächste Kapitel ist daher denjenigen Aphorismen gewidmet, die sich speziell auf das Verhalten von solchen Spitzenkräften richten (Kapitel 12).

5 ABHÄNGIGKEIT BEGRÜNDEN. Den Götzen macht nicht der Vergolder, sondern der Anbeter. Wer klug ist, sieht lieber die Leute seiner bedürftig als ihm dankbar verbunden; sie am Seil der Hoffnung zu führen, ist Hofmannsart, sich auf ihre Dankbarkeit verlassen Bauernart; denn letztere ist so vergeßlich als erstere von gutem Gedächtnis. Man erlangt mehr von der Abhängigkeit als von der verpflichteten Höflichkeit: wer seinen Durst gelöscht hat, kehrt gleich der Quelle den Rücken, und die ausgequetschte Apfelsine fällt von der goldenen Schüssel in den Kot. Hat die Abhängigkeit ein Ende, so wird das gute Vernehmen es auch bald finden und mit diesem die Hochachtung. Es sei also eine Hauptlehre aus der Erfahrung, daß man die Hoffnung zu erhalten, nie aber ganz zu befriedigen hat, vielmehr dafür sorgen soll, immerdar notwendig zu bleiben, sogar dem gekrönten Herrn. Jedoch soll man dies nicht so sehr übertreiben, daß man etwa schweige, damit er Fehler begehe, und soll nicht des eigenen Vorteils halber den fremden Schaden unheilbar machen.

19 NICHT UNTER ÜBERMÄSSIGEN ERWARTUNGEN AUFTRETEN. Es ist das gewöhnliche Unglück alles sehr Gerühmten, daß es der übertriebenen Vorstellung, die man sich von ihm machte, nachmals nicht gleichkommen kann. Nie konnte das Wirkliche das Eingebildete erreichen: denn sich Vollkommenheiten denken, ist leicht, sie verwirklichen sehr schwer. Die Einbildungskraft verbindet sich mit dem Wunsche und stellt sich daher stets viel mehr vor, als die Dinge sind. Wie groß nun auch die Vortrefflichkeiten sein mögen, so reichen sie doch nicht hin, den vorgefaßten Begriff zu befriedigen; und da sie ihn unter der Täuschung seiner ausschweifenden Erwartung vorfinden, so werden sie eher seinen Irrtum zerstören, als Bewunderung erregen. Die Hoffnung ist eine große Verfälscherin der Wahrheit; die Klugheit weise sie zurecht und sorge dafür, daß der Genuß die Erwartung übertreffe. Daß man beim Auftreten schon einigermaßen die Meinung für sich habe, dient die Aufmerksamkeit zu erregen, ohne dem Gegenstand derselben Verpflichtungen aufzulegen. Viel besser ist es immer, wenn die Wirklichkeit die Erwartung übersteigt und mehr ist, als man gedacht hatte. Diese Regel wird falsch beim Schlimmen, denn da diesem die Übertreibung zustatten kommt, so sieht man solche gern widerlegt, und dann gelangt das, was als ganz abscheulich gefürchtet wurde, noch dahin, erträglich zu scheinen.

26 DIE DAUMENSCHRAUBEN EINES JEDEN FINDEN. Dies ist die Kunst, den Willen anderer in Bewegung zu setzen. Es gehört mehr Geschick als Festigkeit dazu. Man muß wissen, wo einem jeden beizukommen sei. Es gibt keinen Willen, der nicht einen eigentümlichen Hang hätte, welcher nach der Mannigfaltigkeit des Geschmacks verschieden ist. Alle sind Götzendiener, einige der Ehre, andere des Interesses, die meisten des Vergnügens. Der Kunstgriff besteht darin, daß man diesen Götzen eines jeden kenne, um mittels desselben ihn zu bestimmen. Weiß man, welches für jeden der wirksame Anstoß ist, so hat man den Schlüssel zu seinem Willen. Man muß nun auf die allererste Springfeder, oder das primum mobile in ihm, zurückgehen, welches aber nicht etwa das Höchste seiner Natur, sondern meistens das Niedrigste ist; denn es gibt mehr schlecht- als wohlgeordnete Gemüter in der Welt. Jetzt muß man zuvörderst sein Gemüt bearbeiten, dann ihm durch ein Wort den Anstoß geben, endlich mit seiner Lieblingsneigung den Hauptangriff machen; so wird unfehlbar sein freier Wille schachmatt.

62 SICH GUTER WERKZEUGE BEDIENEN. Einige wollen, daß die Nichtswürdigkeit ihrer Werkzeuge ihren eigenen

205

Scharfsinn zu verherrlichen diene: eine gefährliche Genugtuung, welche vom Schicksal eine Züchtigung verdient. Nie hat die Trefflichkeit des Ministers die Größe seines Herrn verringert, vielmehr fällt der Ruhm des Gelungenen stets auf die Hauptursache zurück, wie auch beim Gegenteil der Tadel. Die Fama hält sich immer an die Hauptpersonen; sie sagt nie: der hatte gute, jener schlechte Diener; sondern: der war ein guter, jener ein schlechter Künstler. Also wähle man sie, prüfe man sie, denn einen unvergänglichen Ruhm hat man in ihre Hände zu legen.

70 **ABZUSCHLAGEN VERSTEHEN.** Nicht allen und nicht alles darf man zugestehen. Jenes ist also ebenso wichtig, als daß man zu bewilligen wisse. Besonders ist den Mächtigen Aufmerksamkeit darauf dringend nötig, hier kommt es viel auf die Art an. Das Nein des einen wird höher geschätzt als das Ja mancher andern, denn ein vergoldetes Nein befriedigt mehr als ein trockenes Ja. Viele gibt es, die immer das Nein im Munde haben, wodurch sie den Leuten alles verleiden. Das Nein ist bei ihnen immer das erste, und wenn sie auch nachher alles bewilligen, so schätzt man es nicht, weil es durch jenes schon verleidet ist. Man soll nichts gleich rund abschlagen, vielmehr lasse man die Bittsteller Zug vor Zug von ihrer Selbsttäuschung zurückkommen. Auch soll man nie etwas ganz und gar verweigern; denn das hieße jenen die Abhängigkeit aufkündigen: man lasse immer noch ein wenig Hoffnung übrig, die Bitterkeit der Weigerung zu versüßen. Endlich fülle man durch Höflichkeit die Lücke aus, welche die Gunst hier läßt, und setzte schöne Worte an die Stelle der Werke. Ja und Nein sind schnell gesagt, erfordert aber langes Nachdenken.

80 **BEDACHT IM ERKUNDIGEN.** Man lebt hauptsächlich auf Erkundigung. Das wenigste ist, was wir sehen: wir leben auf Treu und Glauben. Nun ist aber das Ohr die Nebentür der Wahrheit, die Haupttür der Lüge. Die Wahrheit wird meistens gesehen, nur ausnahmsweise gehört. Selten gelangt sie rein und unverfälscht zu uns, am wenigsten, wenn sie von weitem kommt: da hat sie immer eine Beimischung von den Affekten, durch die sie ging. Die Leidenschaft färbt alles, was sie berührt, mit ihren Farben, bald günstig, bald ungünstig. Sie bezweckt immer irgendeinen Eindruck; daher leihe man nur mit großer Behutsamkeit sein Ohr dem Lober, mit noch größerer dem Tadler. In diesem Punkt ist unsere ganze Aufmerksamkeit vonnöten, damit wir die Absicht des Vermittelnden herausfinden und schon zum voraus sehen, mit welchem Fuß er vortritt. Die schlaue Überlegung sei der Wardein des Übertriebenen und des Falschen.

88 DAS BETRAGEN SEI GROSSARTIG, ERHABENHEIT ANSTREBEND. Der große Mann darf nicht kleinlich in seinem Verfahren sein. Nie muß man in den Angelegenheiten der Welt zu sehr ins einzelne gehen, am wenigsten, wenn sie verdrießlicher Art sind; denn obschon es ein Vorteil ist, alles gelegentlich zu bemerken, so ist es doch keiner, alles absichtlich untersuchen zu wollen. Gewöhnlich gehe man mit einer edlen Allgemeinheit zu Werke, die zum vornehmen Anstand gehört. Bei der Lenkung anderer ist eine Hauptsache das Nicht-sehen-wollen. Die meisten Dinge muß man unbeachtet hingehen lassen, zwischen Verwandten, Freunden und zumal zwischen Feinden. Alles Übermaß ist widerwärtig, und am meisten bei verdrießlichen Dingen. Das abermals und immer wieder auf einen Verdruß Zurückkommen ist eine Art Verrücktheit. Das Betragen eines jeden wird gemeiniglich so ausfallen, nach dem sein Herz und sein Verstand ist.

111 FREUNDE HABEN: es ist ein zweites Dasein. Jeder Freund ist gut und weise für den Freund, und unter ihnen geht

207

alles gut ab. Ein jeder gilt soviel, als die andern wollen; damit sie aber wollen, muß man ihr Herz und dadurch ihre Zunge gewinnen. Kein Zauber ist mächtiger als erzeigte Gefälligkeit, und um Freunde zu erwerben, ist das beste Mittel, sich welche zu machen. Das Meiste und Beste, was wir haben, hängt von andern ab. Wir müssen entweder unter Freunden oder unter Feinden leben. Jeden Tag suche man einen zu erwerben, nicht gleich zum genauen, aber doch zum wohlwollenden Freunde; einige werden nachher, nachdem sie eine prüfende Wahl bestanden haben, als Vertraute zurückbleiben.

132 ZWEIMAL ÜBERLEGEN. An Revision appellieren gibt Sicherheit; zumal wenn man mit der Sache nicht ganz im klaren ist, gewinne man Zeit, um entweder einzuwilligen oder sich zu verbessern. Es bieten sich neue Gründe dar, die Beschlüsse zu bekräftigen und zu bestätigen. Handelt sich's um Geben, so wird die Gewißheit, daß die Gabe mit Überlegung verliehen sei, sie werter machen als die Freude über die Schnelligkeit, und das lang Ersehnte wird immer am höchsten geschätzt. Muß man hingegen verweigern, so gewinnt man Zeit für die Art und Weise, wie auch um das Nein zur Reife zu bringen, so daß es weniger herb schmeckt; wozu noch kommt, daß, wenn die erste Hitze des Begehrens vorüber ist, nachher, bei kaltem Blut, das Zurücksetzende einer Weigerung weniger empfunden wird. Dem aber, der plötzlich und eilig bittet, soll man spät bewilligen; denn jenes ist eine List, die Aufmerksamkeit zu umgehen.

180 NIE SICH NACH DEM RICHTEN, WAS DER GEGNER JETZT ZU TUN HÄTTE. Der Dumme wird nie das tun, was der Kluge angemessen erachtet, weil er das Passende nicht herausfindet; ist er hingegen ein wenig klug, so wird er einen Schritt, den der andere vorhergesehen, ja ihm vorgebaut hat, gerade deshalb nicht ausführen. Man muß die Sachen von beiden Gesichtspunkten aus durchdenken, sie sorgfältig von beiden Seiten betrachten und sie zu einem doppelten Ausgang vorbereiten. Die Urteile sind verschieden: der Unentschiedene bleibe aufmerksam und nicht sowohl auf das, was geschehen wird, als auf das, was geschehen kann, bedacht.

187 WAS GUNST ERWIRBT, SELBST VERRICHTEN, WAS UNGUNST, DURCH ANDRE. Durch das erstere gewinnt man die Liebe, durch das andere entgeht man dem Übelwollen. Dem großen Mann gibt Gutes tun mehr Genuß als Gutes empfangen: ein Glück seines Edelmuts. Nicht leicht wird man andern Schmerz verursachen, ohne, entweder durch Mitleid oder durch Vergeltung, selbst wieder Schmerz zu erdulden. Von oben her kann man nur durch Lohn oder Strafe wirken: da erteile man das Gute unmittelbar, das Schlimme mittelbar. Man habe jemanden, auf den die Schläge der Unzufriedenheit, welche Haß und Schmähungen sind, treffen. Denn die Wut des Pöbels gleicht der der Hunde: die Ursache ihres Leidens verkennend, wendet sie sich wider das Werkzeug, welches, wiewohl nicht die Hauptschuld tragend, für die unmittelbare büßen muß.

189 SICH DEN FREMDEN MANGEL ZUNUTZE MACHEN; denn erzeugt er den Wunsch, so wird er zur wirksamsten Daumenschraube. Die Philosophen haben gesagt, der Mangel oder die Privation sei nichts; die Politiker aber meinten, er sei alles. Letztere haben es am besten verstanden. Manche wissen aus dem Wunsche der andern eine Stufe zur Erreichung ihrer Zwecke zu machen. Sie benutzen die Gelegenheit und erregen jenen durch Vorstellung der Schwierigkeit des Erlangens den Appetit. Sie versprechen sich mehr von der Leidenschaftlichkeit der Sehnsucht als von der Lauheit des Besitzes. Denn in dem Maße, als der Widerstand zunimmt, wird der Wunsch leidenschaftlicher. Andere in Abhängigkeit zu erhalten wissen, um seine Zwecke zu erreichen, ist eine große Feinheit.

204 MAN UNTERNEHME DAS LEICHTE, ALS WÄRE ES SCHWER, UND DAS SCHWERE, ALS WÄRE ES LEICHT: jenes, damit das Selbstvertrauen uns nicht sorglos, dieses, damit die Zaghaftigkeit uns nicht mutlos macht. Damit eine Sache nicht getan werde, bedarf es nur, daß man sie als schon getan betrachte; und im Gegenteil macht Fleiß und Anstrengung das Unmögliche möglich. Die großen Obliegenheiten darf man sogar nicht bedenken, damit der Anblick der Schwierigkeit nicht unsere Tatkraft lähme.

210 DIE WAHRHEIT ZU HANDHABEN VERSTEHEN. Sie ist ein gefährlich Ding; jedoch kann der rechtliche Mann nicht unterlassen, sie zu sagen. Hier bedarf es nun der Kunst: geschickte Ärzte der Seele haben auf Arten, sie zu versüßen, gedacht; denn wenn sie auf Zerstörung einer Täuschung hinausläuft, ist sie die Quintessenz des Bitteren. Die gute Manier wendet hier ihre Geschicklichkeit an: sie kann mit derselben Wahrheit dem einen schmeicheln und den andern zu Boden werfen. Man handle die Angelegenheit der Gegenwärtigen in der der längst Vergangenen ab. Bei dem, der zu verstehen weiß, ist ein Wink hinreichend; wäre aber nichts hinreichend, so tritt der Fall des Verstummens ein. Fürsten darf man nicht mit bitteren Arzneien kurieren; deshalb ist es eine Kunst, die Enttäuschungen zu vergolden.

244 ZU VERPFLICHTEN VERSTEHEN. Manche verwandeln ihre eigene Verpflichtung in die des andern, und wissen der Sache den Schein oder doch verstehen zu geben, daß sie eine Gunst erzeigen, während sie eine empfangen. Aus ihrem eigenen Vorteil machen sie eine Ehre für den andern und lenken die Sachen so geschickt, daß es aussieht, als leisteten sie den andern einen Dienst, indem sie sich von ihm beschenken lassen. Mit dieser sonderbaren Schlauheit versetzen sie die Ordnung der Verbindlichkeiten oder machen es wenigstens zweifelhaft, wer dem andern eine Gunst erzeigt. Das Schönste und Beste kaufen sie für bloße Lobeserhebungen, und aus dem Wohlgefallen, welches sie an einer Sache äußern, machen sie eine schmeichelhafte Ehre. So legen sie der Höflichkeit Verpflichtungen auf und machen eine Schuldigkeit aus dem, wofür sie sehr dankbar sein sollten. Dergestalt verwandeln sie das Passive der Verbindlichkeit in das Aktive, worin sie bessere Politiker als Grammatiker sind. Das ist eine große Feinheit; allein eine größere wäre, das Ding zu verstehen und solchen Narrenhandel wieder rückgängig zu machen, indem man ihnen ihre erzeigte Ehre wieder zustellt und dafür seinerseits auch wieder zu dem Seinigen gelangte.

246 NIE DEM RECHENSCHAFT GEBEN, DER SIE NICHT GEFORDERT HAT, und selbst wenn sie gefordert wird, ist es eine Art Vergehen, darin mehr als nötig zu tun. Sich, ehe Anlaß dazu da ist, entschuldigen, heißt sich anklagen; und sich bei voller Gesundheit zu Ader lassen, heißt dem Übel oder der Bosheit zuwinken. Die von selbst gemachte Entschuldigung weckt das schlafende Mißtrauen. Auch soll der Kluge einen fremden Verdacht nicht zu merken scheinen, denn das hieße die Beleidigung aufsuchen; sondern er soll denselben alsdann durch die Rechtlichkeit seines Tuns widerlegen.

254 EIN ÜBEL NICHT GERINGACHTEN, WEIL ES KLEIN IST; denn nie kommt eines allein: sie sind verkettet, wie auch die Glücksfälle. Glück und Unglück gehen gewöhnlich dahin, wo schon das meiste ist. Dazu kommt, daß alle den Unglücklichen fliehen und sich dem Glücklichen an-

211

schließen, sogar die Tauben, bei aller ihrer Arglosigkeit, laufen nach dem weißesten Gerät. Einen Unglücklichen läßt alles im Stich, er sich selbst, die Gedanken, der Leitstern. Man wecke nicht das Unglück, wenn es schläft. Ein Ausgleiten ist wenig; jedoch kann dies unglückliche Fallen sich noch fortsetzen, und da weiß man nicht, wohin es endlich führen wird. Denn wie kein Gut in jeder Hinsicht vollkommen ist, so ist auch kein Übel je gänzlich vollendet. Für die, so vom Himmel kommen, ist uns die Geduld, für die, so von der Erde, die Klugheit verliehen.

257 ES NIE ZUM BRUCH KOMMEN LASSEN, denn bei einem solchen kommt unser Ansehen allemal zu Schaden. Jeder ist als Feind von Bedeutung, wenngleich nicht als Freund. Gutes können wenige uns erweisen, Schlimmes fast alle. Im Busen des Jupiters selbst nistet sein Adler nicht sicher, von dem Tage an, wo er mit einem Käfer gebrochen hat. Mit der Klaue des erklärten Feindes schüren die heimlichen das Feuer an, indem sie nur auf die Gelegenheit gelauert hatten. Aus verdorbenen Freunden werden die schlimmsten Feinde. Mit den fremden Fehlern wollen sie in den Augen der Zuschauer ihre eigenen überdecken. Jeder redet, wie es ihm scheint, und es scheint ihm, wie er es wünscht. Alle sprechen uns schuldig, entweder weil es uns am Anfang an Vorhersicht oder am Ende an Geduld, immer aber, weil es uns an Klugheit gefehlt habe. – Ist jedoch eine Entfremdung nicht zu vermeiden, so sei sie zu entschuldigen und sei eher eine Lauheit der Freundschaft als ein Ausbruch der Wut: hier findet dann der bekannte Satz von einem schönen Rückzuge treffende Anwendung.

258 MAN SUCHE SICH JEMANDEN, DER DAS UNGLÜCK TRAGEN HILFT. So wird man nie, zumal nicht bei Gefahren, allein sein und nicht den ganzen Haß auf sich laden. Einige vermeinen, die ganze Ehre der oberen Leitung allein davonzutragen, und tragen nachher die ganze öffentliche Unzufriedenheit davon. Auf die andere Art hingegen hat man jemanden, von dem man entschuldigt wird oder der das Schlimme tragen hilft. Weder das Geschick noch der große Haufe wagen sich so leicht an zwei; deshalb auch der schlaue Arzt, wenn er die Kur verfehlt hat, doch nicht verfehlt, sich einen andern zu suchen, der unter den Namen einer Konsultation ihm hilft, den Sarg hinauszuschaffen. Man teile mit einem Gefährten Bürden und Betrübnisse, denn dem, der allein steht, fällt das Unglück doppelt unerträglich.

265 SEINE UNTERGEBENEN IN DIE NOTWENDIGKEIT DES HANDELNS ZU VERSETZEN VERSTEHEN. Eine durch die Umstände herbeigeführte Notwendigkeit zu handeln, hat manche mit einem Male zu ganzen Leuten gemacht, wie die Gefahr zu ertrinken Schwimmer. Auf diese Weise haben viele ihre eigene Tapferkeit, ja sogar ihre Kenntnis und Einsicht entdeckt, welche, ohne solchen Anlaß, unter ihrem Kleinmut begraben geblieben wäre. Die Gefahren sind die Gelegenheiten, sich einen Namen zu gründen, und sieht ein Edler seine Ehre auf dem Spiel, wird er für tausend wirksam sein. Obige Lebensregel verstand, wie auch alle übrigen, aus dem Grunde die Königin Isabella die Katholische, und einer klugen Begünstigung dieser Art von ihr verdankt der große Feldherr seinen Ruf und viele andere ihren unsterblichen Ruhm. Durch diese Feinheit hat sie große Männer gemacht.

269 SICH SEIN NEUSEIN ZUNUTZE MACHEN; denn solange jemand noch neu ist, ist er geschätzt. Das Neue gefällt, der Abwechslung wegen, allgemein; der Geschmack erfrischt sich daran, und eine funkelnagelneue Mittelmäßigkeit wird höher geschätzt als ein schon gewohntes Vortreffliches. Das Ausgezeichnete nutzt sich ab und wird allmählich alt. Jedoch soll man wissen, daß jene Glorie der Neuheit von kurzer Dauer sein wird: nach vier Tagen wird die Hochachtung sich schon verlieren. Deshalb verstehe man, sich diese Erstlinge der Wertschätzung zunutze zu machen und ergreife auf dieser schnellen Flucht des Beifalls alles, wonach man füglich trachten kann. Denn ist einmal die Hitze der Neuheit vorüber, so kühlt sich die Leidenschaft ab; dann muß die Begünstigung des Neuen gegen den Überdruß am Gewöhnlichen vertuscht werden, und man glaube nur, daß alles ebenso seine Zeit gehabt hat, welche vorüberging.

„Die Kunst, die Dinge ruhen zu lassen"

DAS VERHALTEN VON SPITZENKRÄFTEN

Der Übergang vom allgemeinen Führungsverhalten zum Verhalten von Spitzenkräften ist naturgemäß fließend; andererseits führt die spezielle Perspektive eines Spitzenamtes zu Anforderungen, die andersartig als andere Führungsaufgaben sind. Gracián stellt sich darauf ein und analysiert mit nüchternem Blick Verhaltensweisen von Spitzenkräften. Es ist sicherlich kein Nachteil, solches Verhalten gelegentlich auch auf andere Kontexte zu übertragen!

Immer wird das nicht möglich sein, etwa schon beim Ratschlag, man möge „aushelfende Geister haben" (Nr. 15). Gracián schreibt ganz nüchtern: „Es ist ein Glück der Mächtigen, dass sie Männer von ausgezeichneter Einsicht sich beigesellen können", weil diese sie „jeder Gefahr der Unwissenheit" entreißen und „schwierige Streitfragen für sie erörtern" (ebd.). Es gehört eben zur Geschicklichkeit der Topleute, „ohne Müheaufwand" durch Rückgriff auf die besten Experten und „durch fremden Schweiß den Ruf eines Orakels" zu erlangen (ebd.).

Solches Glück hat nicht jeder – und man meint, bei Gracián hier doch ein kleines Bedauern zu spüren. Und er formuliert: „Wer nun aber es nicht dahin bringen kann, die Weisen in seinem Dienst zu haben, er ziehe Nutzen von ihnen im Umgang" (ebd.).

215

Zur Führungskunst einer Spitzenkraft gehört auch die Eigenschaft, dass sie andere über ihr Vorhaben „in Ungewissheit lassen" kann: „Mit offenen Karten spielen ist weder nützlich noch angenehm" (ebd.). Gerade wenn „die Höhe seines Amtes Gegenstand der allgemeinen Aufmerksamkeit ist", kann man „Erwartung" erregen, indem man die Katze nicht zu früh aus dem Sack lässt und mit der „Verwunderung über das Neue" dann auch schon „eine Wertschätzung seines Gelingens" erringen kann. Zur Aura der Macht gehört nach Gracián auch „etwas Geheimnisvolles", so wie man überhaupt „sein Inneres nicht jedem aufschließen darf" (ebd.).

Natürlich gehört zu einer Spitzenkraft ein „gesundes Urteil" (Nr. 60). Bei manchen findet sich hier eine Naturbegabung, die aber durch „Alter und Erfahrung" zur „Reife" und so „zu einem vollgültigen und richtigen Urteil" gebracht werden muss (ebd.).

Teil des gesunden Urteils sind auch „warten können" (Nr. 55) und die Selbstbeherrschung von jemand, der „nie aus der Fassung" gerät (Nr. 52). „Erst wenn man Herr über sich, so wird man es nachher über andere sein" und „nur durch die weiten Räume der Zeit gelangt man zum Mittelpunkt der Gelegenheit" (Nr. 55). Das Timing, das Gespür für den richtigen Augenblick, ist schon die Hälfte des Erfolgs: „Das Glück selbst krönt das Warten durch die Größe des Lohns" (ebd.).

„Nie aus der Fassung geraten" (Nr. 52) gilt als Empfehlung besonders dann, wenn es leicht wäre, „sich zu entrüsten" (ebd.). Ein Mann von großem Herzen sei eben, wie alles Große, nur „schwer zu bewegen" (ebd.)! So zeigt sich die Spitzenkraft auch in der „Kunst, die Dinge ruhen zu lassen" (Nr. 138), ja dies umso mehr, „je wütender die Wellen des öffentlichen oder häuslichen Lebens toben" (ebd.).

Wenn die „Stürme der Leidenschaften" toben, dann ist es klug, sich zurückzuziehen, zumal gelegentlich die verabreichten Mittel das Übel nur schlimmer machen! Folglich besteht die Führungskunst mitunter „gerade in der Nichtanwendung der Mittel". Anders gesagt: „Gegen Zwiespalt und Verwirrung ist das beste Mittel, sie ihren Lauf nehmen zu lassen: Denn so beruhigen sie sich von selbst" (ebd.).

Ein für unsere Zeit typisches Anwendungsgebiet ist hier die Öffentlichkeitsarbeit. Niemand, der wegen seiner Aufgabe oder Person auch nur zeitweilig im Rampenlicht der Öffentlichkeit steht, wird jeder veröffentlichten Aussage über ihn begeistert zustimmen. Er oder sie wird sich gelegentlich zu Unrecht kritisiert, missverstanden, vergröbert, tendenziös dargestellt oder einseitig instrumentalisiert finden. Fakten werden gelegentlich recherchiert, aber nicht dargestellt; sie werden zur Kenntnis genommen, aber nicht verwendet oder gar aus dem Zusammenhang gerissen und einseitig in den Dienst einer wirklich oder vermeintlich flotten Schreibe gestellt.

„Nie aus der Fassung geraten" und die Dinge „ihren Lauf nehmen lassen" sind hier die zweckmäßigsten Verhaltensweisen. Denn einerseits hat keine öffentliche Person Anspruch nur auf ihr eigenes Selbstbild – es gibt eben immer auch andere Perspektiven, selbst solche, die nachweislich nicht durch Fakten, sondern eher durch Interessen und Stimmungen gedeckt sind. Andererseits ist ein Kampf gegen journalistische Aussagen unzweckmäßige Zeitvergeudung und führt bei Beobachtern allenfalls zum Eindruck, irgendetwas müsse an der dementierten Aussage ja dran sein – sonst müsste doch niemand die Energie aufbringen, sie zu dementieren!

Ansehen gewinnt vielmehr derjenige, der „im Rufe der Gefälligkeit" steht (Nr. 32). „Die Huld ist eine Eigenschaft der Herrscher, durch welche sie die allgemeine Gunst erlangen" (ebd.). „Huld" ist in unserer Sprache so etwas wie die aufmerksame Zuwendung zu den Anliegen der einzelnen Gesprächspartner, die aus Sicht der Spitzenkraft in aller Regel hierarchisch unter ihr stehen. „Huld" drückt damit ein hierarchisches Gefälle aus: „Dies ist ja eben der einzige Vorzug, den die höchste Macht gibt, dass man mehr Gutes tun kann als alle anderen" (ebd.).

Ähnliche Formen des Sozialverhaltens werden durch die Forderung, man habe ein „joviales Gemüt" (Nr. 79), zum Ausdruck gebracht. „Ein Gran Munterkeit würzt alles" (ebd.). Scherz und Humor können extrem hilfreich in jeder Art von Verhandlung sein, wobei man „weder die Rücksichten der Klugheit noch die Achtung vor dem Anstand aus den Augen" verlieren solle (ebd.).

Schwieriger zu verwirklichen, aber unter den Bedingungen der kritischen Augen öffentlicher Beobachtung dennoch bedenkenswert ist Graciáns Forderung, man solle „ohne Makel sein" (Nr. 23), weil dies „die unerlässliche Bedingung der Vollkommenheit" sei (ebd.). Er meint damit sowohl „Flecken unseres Ansehens, welche das Misswollen sogleich herausfindet und immer wieder darauf zurückkommt", als auch unnötige „Gebrechen", die sich wie ein kleiner Fehler an einen „ganzen Verein erhabener Fähigkeiten" anhängen und „die ganze Sonne verdunkeln" (ebd.).

Gracián weiß sehr wohl, dass solche Forderungen im Nachhinein eher illusionär sind. Sein eigentlicher Rat geht daher in die Richtung, solche Makel schon vorausschauend zu vermeiden, da sie eines Tages zum Nachteil gereichen könnten – wie im Fall des Gouverneurs Spitzer in New York. In diesem Bundesstaat ist die Prostitution verboten, und gerade ihm konnte man als „Kunde Nr. 9" den Umgang mit einer Prostituierten nachweisen. Es waren die beiden teuersten Stunden seiner Karriere, die im März 2008 zu seinem Rücktritt führten.

Für besonders geschickt hält Gracián hier das Vorgehen, das von Julius Cäsar und seiner Glatze berichtet wird: Er habe seinen körperlichen Makel „mit dem Lorbeer" zu bedecken gewusst und sein „physisches Gebrechen" daher in eine Zierde verwandelt (ebd.)!

Letzten Endes soll eine Spitzenkraft einen bestimmten „Ruf erlangen und behaupten" (Nr. 97). Gracián beobachtet sehr klar, dass es leichter ist, einen schon gewonnenen Ruf zu erhalten, als ihn zu erlangen, denn „er entsteht nur aus ausgezeichneten Eigenschaften, und diese sind so selten wie die mittelmäßigen häufig" (Nr. 97).

Nur der „wirklich gegründete Ruf" sei allerdings „von unvergänglicher Dauer" (ebd.). Damit könnte gemeint sein, dass nicht jeder Inhaber eines Spitzenamts den Mantel der Geschichte um sich gelegt fühlen sollte, denn wer heute in aller Munde ist, ist häufig morgen von allen vergessen.

Eine Spitzenposition zeichnet sich durch „das Höchste, in der höchsten Gattung" aus (Nr. 61): „Es kann keinen großen Mann geben, der nicht in irgendetwas alle andern überträfe" (ebd.). Anders gesagt: Mittelmäßigkeit ist häufig und kein Gegenstand der Bewunderung; hervorragend ist nur der, der „das Höchste leisten" kann, und zwar „in der vorzüglichsten Gattung" (ebd.)!

Dazu gehört dann auch eine gewisse Zurückhaltung. Am besten wird man „durch Abwesenheit seine Hochschätzung oder Verehrung befördern" (Nr. 282), denn „wie die Gegenwart den Ruhm vermindert, so vermehrt ihn die Abwesenheit" (ebd.). Der direkte Kontakt lässt nicht immer einen Rückschluss auf die Größe einer Begabung zu: „Die großen Talente verlieren durch die Berührung ihren Glanz, denn es ist leichter, die Rinde der Außenseite als den großen Gehalt des Geistes zu sehen" (ebd.).

Gracián geht hier auf den Ruhm als soziales Phänomen ein, das der tatsächlichen Größe folgen kann, aber nicht muss. Nicht gemeint ist eine Amtsführung durch Nichtstun. Viel eher rät Gracián einmal mehr zu kluger Zurückhaltung auch in der Außenwirkung – denn alles nutzt sich ab.

„Das einzige Mittel gegen ein solches Extrem ist, dass man im Glänzen ein Maß beobachtete" (Nr. 85). Man solle also nicht wie ein abgenutzter Griff wirken, eine „Manille", wie er es nennt (ebd.). Solche „Manillen nutzen die Vollkommenheiten jeder Art an sich ab" und werden am Ende „als gemein verachtet" (ebd.).

Gracián geht hier auf Risiken von Ruhm und Macht ein und zieht den Schluss: „Kargheit im Sichzeigen erhält erhöhte Wertschätzung zum Lohn", denn: „Je mehr eine Fackel leuchtet, desto mehr verzehrt sie sich und verkürzt ihre Dauer" (ebd.).

Scheinbar im Widerspruch dazu steht die Forderung, man müsse auch „zu prunken verstehen" (Nr. 277), denn das sei „die Glanzbeleuchtung der Talente", und schließlich könne nicht jeder Tag ein Tag des „Triumphes" sein (ebd.). Auch zum „Prunken" gehört aber die Klugheit: „Es gehört Kunst zum Prunken" (ebd.), weil die Eitelkeit und das Verächtliche ebenso wie jedes Übermaß zu vermeiden sind; und das Prunken gerät schlecht, „wenn es zur Unzeit kommt" (ebd.).

Gracián zielt auf die richtige Mischung aus Zurückhaltung und öffentlicher Darstellung von Vorzügen und Talenten. Diese Balance ist erneut eine Frage des klugen und nüchternen Urteils. Es überrascht nicht, dass er dem Thema kluger Urteilskraft weitere Aphorismen widmet. So solle man „ein vorurteilsfreier Mann, ein weiser Christ, ein philosophischer Hofmann" sein (Nr. 100), und dabei edauert er, dass „die Philosophie" in seiner Zeit „außer Ansehen gekommen" sei und „alle Achtung verloren" habe (ebd.).

Er bemerkt aber selbst, dass es ja nicht so sehr um das Denken an sich, sondern um die situative Anwendung der Urteilskraft geht. So solle man beispielsweise „Fehler als solche erkennen, auch wenn sie in noch so hohem Ansehen stehen" (Nr. 186): „Der Makellose verkenne das Laster nicht, auch wenn es sich in Gold und Seide kleidet" (ebd.). Es komme selbstverständlich vor, dass auch hochgestellte Personen „mit diesem oder jenem Fehler behaftet" sind, aber da müsse man eben unterscheiden: Immerhin seien diese Personen „keineswegs" durch genau diesen Fehler in ihr Amt gekommen (ebd.)!

Ein Spitzenmann zeichnet sich allerdings nach Gracián auch dadurch aus, dass er „das ausgezeichnet Große seines Jahrhunderts"

220

kenne (Nr. 203). Viel sei das ja in der Regel nicht, denn „das ausgezeichnet Große" ist eben „selten in jeder Hinsicht" (ebd.). Entscheidend aber ist es, sich als „ein Mann von erhabenen Eigenschaften" auszurichten (Nr. 296): „Die vom ersten Range machen Männer ersten Ranges."

Das „Think big" hat auch in der Managementphilosophie unserer Tage seinen Raum. Ebenso gilt die allgemeine Regel, dass Spitzenkräfte sich mit erstklassigen Mitarbeiterinnen und Mitarbeitern umgeben, während mittelmäßige Leute sich mit Menschen umgeben, die ihnen nicht gefährlich werden können: „First class people hire first class people, second class people hire third class people."

Das Schaffen eines Umfelds der Höchstleistung ist eng mit solchen Verhaltensweisen verbunden und befähigt, mit alltäglichen Herausforderungen fertig zu werden. „Der Kluge tue gleich anfangs, was der Dumme erst am Ende" verrichtet (Nr. 268). Was „früh oder spät geschehen muss", das führt er „gern willig und mit Ehren aus" (ebd.). Anders gesagt: Die richtige Reihenfolge des Handelns unterscheidet den „Klugen" vom „Dummen".

Gleiches gilt für die Reaktion auf Beleidigungen. Die Spitzenkraft wird „den Beleidigungen zuvorkommen und sie in Artigkeiten verwandeln" (Nr. 259). Viel besser ist es eben, Beleidigungen „zu vermeiden, als sie zu rächen" (ebd.), und am besten macht man den zum Vertrauten, „der ein Nebenbuhler werden sollte" (ebd.). „Das heißt zu leben wissen, wenn man das, was Verdruss werden sollte, zu Annehmlichkeiten umschafft" (ebd.). Gelingen wird das freilich nicht immer!

Die Spitzenkraft zeichnet sich aber auch dadurch aus, dass sie „die letzten Feinheiten der Kunst stets zurückbehalten" wird (Nr. 212). Schließlich sei es ratsam, immer „überlegen" und immer „Meister" zu bleiben (ebd.). Das bedeutet folglich: „Mit Kunst muss man die Kunst mitteilen und nie die Quelle der Belehrung erschöpfen",

221

denn nur so „wird man sein Ansehen und die fremde Abhängigkeit erhalten" (ebd.).

Diese Empfehlung entspricht zwar nicht dem pädagogischen Eros großer Meister, sehr wohl aber dem Machtkalkül vieler, die eine Spitzenposition bekleiden. Für diese schreibt Gracián auch ganz explizit: „Die Reserve bei allen Dingen ist eine große Regel zum Leben, zum Siegen, und am meisten auf hohen Stellen" (ebd.)!

Ebenso wichtig ist es, sich nie völlig abhängig zu machen. „Man sei niemandem für alles, auch nie allen verbindlich gemacht, denn sonst wird man zum Sklaven oder gar zum Sklaven aller" (Nr. 286).

Die eigene Freiheit ist ein wesentliches Gut, und der „einzige Vorzug des Herrschens ist, dass man mehr Gutes erweisen kann" (ebd.). Folglich achte man mehr darauf, „sich selbst von keinem abhängig" als „viele von sich" abhängig zu sehen (ebd.).

Gracián spricht hier recht klar vom Preis der Macht, die das Privatleben auf ein fast nicht mehr reduzierbares Minimum beschränken und die Pflege freundschaftlicher und familiärer Beziehungen bis zur hohlen Fassade verdorren lassen kann. Sich von den Anmutungen und Zumutungen der Macht nicht abhängig zu machen, erfordert jedoch eine wirklich starke Persönlichkeit. Nicht umsonst fordert Gracián daher: „Die persönlichen Eigenschaften müssen die Obliegenheiten des Amtes übersteigen, und nicht umgekehrt" (Nr. 292). Anders gesagt: „So hoch auch der Posten sein mag, stets muss die Person sich als ihm überlegen zeigen" (ebd.).

Dass diese Forderung nicht immer realisierbar ist, ergibt sich aus der allgemeinen Lebenserfahrung, und auch Gracián ist sich dessen bewusst. Er scheut sich aber nicht, ideale Verhältnisse zu beschreiben, damit diese wenigstens angestrebt, wenn nicht schon vollkommen verwirklicht werden können.

Vorurteilslos geht er andererseits auch mit der Möglichkeit großen Glücks um und bemerkt, man müsse „für große Bissen des Glücks einen Magen haben" (Nr. 102), denn: „Große Glücksfälle setzen den nicht in Verlegenheit, der noch größerer würdig ist" (ebd.). Die Unterschiedlichkeit der Geister zeigt sich auch in ihrer Reaktion auf Glück: „Was manchem schon Überfüllung, ist dem andern noch Hunger" (ebd.). Auch Spitzenkräften empfiehlt er daher zu zeigen, dass man noch Raum „für größere Dinge hat" (ebd.)!

Ehrgeiziges Karrierestreben, Persönlichkeitsbildung und die Wechselfälle des Schicksals sind drei Komponenten, die immer wieder in Graciáns Aphorismen auftauchen. Die einzelnen Aphorismen folgen keiner erkennbaren Ordnung, bilden aber ein gedankliches Ganzes. So wie es Unterschiede der Herangehensweise zwischen den üblichen Führungsaufgaben und dem Verhalten von Spitzenkräften gibt, so lassen sich auch Graciáns Hinweise zur Charakterbildung von Sentenzen unterscheiden, die auf Persönlichkeitsbildung in einem noch umfassenderen Sinn zielen. Übergänge und Akzentsetzungen zwischen beiden Aspekten mögen fließend sein und lassen sich diskutieren. Klar wird aber, dass Gracián ein Idealbild der Persönlichkeit vor Augen hat, das er selbst vertritt und zu deren Erreichen er den Leser und die Leserin anregen möchte (Kapitel 13).

3 ÜBER SEIN VORHABEN IN UNGEWISSHEIT LASSEN. Die Verwunderung über das Neue ist schon eine Wertschätzung seines Gelingens. Mit offenen Karten spielen ist weder nützlich noch angenehm. Indem man seine Absicht nicht gleich kundgibt, erregt man die Erwartung, zumal wenn man durch die Höhe seines Amts Gegenstand der allgemeinen Aufmerksamkeit ist. Bei allem lasse man etwas Geheimnisvolles durchblicken und errege, durch seine Verschlossenheit selbst, Ehrfurcht. Sogar wo man sich herausläßt, vermeide man, zu offen zu sein, eben wie man auch im Umgang sein Inneres nicht jedem aufschließen darf. Behutsames Schweigen ist das Heiligtum der Klugheit. Das ausgesprochene Vorhaben wurde nie hochgeschätzt, vielmehr liegt es dem Tadel bloß, und nimmt es gar einen ungünstigen Ausgang, so wird man doppelt unglücklich sein. Man ahme daher dem göttlichen Walten nach, indem man die Leute in Vermutungen und Unruhe erhält.

15 AUSHELFENDE GEISTER HABEN. Es ist ein Glück der Mächtigen, daß sie Männer von ausgezeichneter Einsicht sich beigesellen können, diese entreißen sie jeder Gefahr der Unwissenheit und müssen schwierige Streitfragen für sie erörtern. Es liegt eine besondere Größe darin, die Weisen in seinem Dienst zu haben, und solche übertrifft bei weitem den barbarischen Geschmack des Tigranes, der etwas darin suchte, gefangene Könige zu Dienern zu haben. Eine ganz neue Herrlichkeit ist es, und zwar im Besten des Lebens, künstlich die zu Dienern zu machen, welche die Natur hoch über uns gestellt hat. Das Wissen ist lang, das Leben kurz, und wer nichts weiß, der lebt auch nicht. Da ist es denn ungemein geschickt, ohne Müheaufwand zu studieren, und zwar viel durch viele, um durch sie alle gelehrt zu sein. Da redet man nachher in der Versammlung für viele, in dem aus eines Munde so viele reden, als man vorher zu Rate gezogen hat: so erlangt man durch fremden Schweiß den Ruf eines Orakels. Jene aushelfenden Geister suchen zuvörderst die Lektion zusammen und tischen sie uns dann in Quintessenzen des Wissens auf. Wer nun aber es nicht dahin bringen kann, die Weisen in seinem Dienst zu haben, der ziehe Nutzen von ihnen im Umgang.

23 **OHNE MAKEL SEIN:** die unerläßliche Bedingung der Vollkommenheit. Es gibt wenige, die ohne irgendein Gebrechen waren, wie im Physischen, so im Moralischen, und sie lieben solches innig, da sie doch leicht es heilen könnten. Mit Bedauern sieht die fremde Klugheit, wie oft einem ganzen Verein erhabener Fähigkeiten ein kleiner Fehler sich keck angehängt hat, und eine Wolke ist hinreichend, die ganze Sonne zu verdunkeln. Dergleichen sind Flecken unseres Ansehens, welche das Mißwollen sogleich herausfindet und immer wieder darauf zurückkommt. Die größte Geschicklichkeit wäre, sie in Zierden zu verwandeln, in der Art, wie Cäsar sein physisches Gebrechen mit dem Lorbeer zu bedecken wußte.

32 **IM RUFE DER GEFÄLLIGKEIT STEHEN.** Das Ansehen derer, die am Staatsruder stehn, gewinnt sehr dadurch, daß sie willfährig sind, und die Huld ist eine Eigenschaft der Herrscher, durch welche sie die allgemeine Gunst erlangen. Dies ist ja eben der einzige Vorzug, den die höchste Macht gibt, daß man mehr Gutes tun kann als alle andern. Freunde sind die, welche Freundschaft erweisen. Dagegen gibt es andre, welche sich darauf legen, ungefällig zu sein, nicht so sehr wegen des Beschwerlichen als aus Tücke; sie sind ganz und gar das Gegenteil der göttlichen Milde.

52 **NIE AUS DER FASSUNG GERATEN.** Ein großer Punkt der Klugheit, nie sich zu entrüsten. Es zeigt einen ganzen Mann

225

von großem Herzen an; denn alles Große ist schwer zu bewegen. Die Affekte sind krankhafte Säfte der Seele; und an jedem Übermaß derselben erkrankte die Klugheit; steigt gar das Übel bis zum Munde hinaus, so läuft die Ehre Gefahr. Man sei daher so ganz Herr über sich und so groß, daß man weder im größten Glück noch im größten Unglück die Blöße einer Entrüstung gebe, vielmehr, als über jene erhaben, Bewunderung gebiete.

55 **WARTEN KÖNNEN.** Es beweist ein großes Herz mit Reichtum an Geduld, wenn man nie in eiliger Hitze, nie leidenschaftlich ist. Erst sei man Herr über sich, so wird man es nachher über andere sein. Nur durch die weiten Räume der Zeit gelangt man zum Mittelpunkt der Gelegenheit. Weise Zurückhaltung bringt die richtigen, lange geheim zu haltenden Beschlüsse zur Reife. Die Krücke der Zeit richtet mehr aus als die eiserne Keule des Herkules. Gott selbst züchtigt nicht mit dem Knittel, sondern mit der Zeit. Ein großes Wort: Die Zeit und ich nehmen es mit zwei andern auf.* Das Glück selbst krönt das Warten durch die Größe des Lohns.

  * *Dies soll Philipp der Zweite gesagt haben.*

60 **GESUNDES URTEIL.** Einige werden klug geboren: mit diesem Vorteil der angeborenen großen Obhut ihrer selbst treten sie an die Studien, und so ist ihnen die Hälfte des Weges zum Gelingen vorausgegeben; wenn nun Alter und Erfahrung ihre Vernunft völlig zur Reife gebracht haben, so gelangen sie zu einem vollgültigen und richtigen Urteil. Sie verabscheuen eigensinnige Grillen jeder Art als Verführerinnen der Klugheit, zumal in Staatsangelegenheiten, welche wegen ihrer hohen Wichtigkeit vollkommene Sicherheit erfordern. Solche Leute verdienen am Staatsruder zu stehen, sei es zur Lenkung oder zum Rat.

61 DAS HÖCHSTE, IN DER HÖCHSTEN GATTUNG: ein gar einziger Vorzug bei der Menge und Verschiedenheit der Vollkommenheiten. Es kann keinen großen Mann geben, der nicht in irgend etwas alle andern überträfe. Mittelmäßigkeiten sind kein Gegenstand der Bewunderung. Die höchste Trefflichkeit in einem hervorstechenden Berufe kann allein uns aus der Menge der Gewöhnlichen herausheben und unter die Zahl der Seltenen versetzen. Ausgezeichnet sein in einem geringen Beruf heißt etwas sein in dem, was wenig ist: was es am Angenehmen voraus haben mag, büßt es am Rühmlichen ein. Das Höchste leisten, und in der vorzüglichsten Gattung, drückt uns gleichsam einen Souveränitätscharakter auf, gebietet Bewunderung und gewinnt die Herzen.

79 JOVIALES GEMÜT. Wenn mit Mäßigung, ist es eine Gabe, kein Fehler. Ein Gran Munterkeit würzt alles. Die größten Männer treiben auch bisweilen Possen, und es macht sie bei allen beliebt; jedoch verlieren sie dabei nie weder die Rücksichten der Klugheit, noch die Achtung vor dem Anstand aus den Augen. Andere wiederum helfen sich durch einen Scherz auf dem kürzesten Wege aus Verwicklungen; denn es gibt Dinge, die man als Scherz nehmen muß, und bisweilen sind es gerade die, welche der andere am ernstlichsten gemeint hat. Man legt dadurch Friedfertigkeit an den Tag, die ein Magnet der Herzen ist.

85 NICHT DIE MANILLE* SEIN. Es ist ein Gebrechen alles Vortrefflichen, daß sein vieler Gebrauch zum Mißbrauch wird. Gerade das Streben aller danach führt zuletzt dahin, daß es allen zum Ekel wird. Zu nichts zu taugen, ist ein großes Unglück; ein noch größeres aber, zu allem taugen zu wollen; solche Leute verlieren durch zu vieles Gewinnen und werden zuletzt allen so sehr zum Abscheu, als sie anfangs begehrt waren. Diese Manillen nutzen die Vollkommenheiten jeder Art an sich ab; und nachdem sie aufgehört haben, als selten geschätzt zu werden, werden sie als gemein verachtet. Das einzige Mittel gegen ein solches Extrem ist, daß man im Glänzen ein Maß beobachtete. Das Übermäßige sei in der Vollkommenheit selbst; im Zeigen derselben aber sei Mäßigung. Je mehr eine Fackel leuchtet, desto mehr verzehrt sie sich und verkürzt ihre Dauer. Kargheit im Sichzeigen erhält erhöhte Wertschätzung zum Lohn.

* *Ausdruck aus dem L'Hombre-Spiel.*

97 RUF ERLANGEN UND BEHAUPTEN: es ist die Benutzung der Fama. Der Ruf ist schwer zu erlangen; denn er entsteht nur aus ausgezeichneten Eigenschaften, und diese sind so selten als die mittelmäßigen häufig. Einmal erlangt aber, erhält er sich leicht. Er legt Verbindlichkeiten auf; aber er wirkt noch mehr. Geht er wegen der Erhabenheit seiner Ursache und seiner Sphäre bis zur Verehrung, so verleiht er uns eine Art Majestät. Jedoch ist nur der wirklich gegründete Ruf von unvergänglicher Dauer.

100 EIN VORURTEILSFREIER MANN, ein weiser Christ, ein philosophischer Hofmann – sein, aber nicht scheinen, geschweige affektieren. Die Philosophie ist außer Ansehen gekommen, und doch war sie die höchste Beschäftigung der Weisen. Die Wissenschaft der Denker hat alle Achtung verloren. Seneca führte sie in Rom ein; eine Zeitlang fand sie Gunst bei Hofe: jetzt gilt sie für eine Ungebührlichkeit. Und doch war stets die Aufdeckung des Trugs die Nahrung des denkenden Geistes, die Freude der Rechtschaffenen.

102 FÜR GROSSE BISSEN DES GLÜCKS EINEN MAGEN HABEN. Am Leibe der Gescheitheit ist ein nicht unwichtiger Teil ein großer Magen; denn das Große besteht aus großen Teilen. Große Glücksfälle setzen den nicht in Verlegenheit, der noch größerer würdig ist. Was manchem schon Überfüllung, ist dem andern noch Hunger. Vielen gibt ein ansehnliches Gericht gleich Unverdaulichkeit, wegen der Kleinheit ihrer Natur, die zu hohen Ämtern weder geboren, noch erzogen ist: ihr Benehmen zeigt danach gleich eine gewisse Säure, die von der unverdienten Ehre aufsteigenden Dämpfe machen ihnen den Kopf schwindlig, wodurch sie an hohen Orten große Gefahr laufen, und sie möchten platzen, weil ihr Glück in ihnen keinen Raum findet. Dagegen zeige der große Mann, daß er noch viel Gelaß für größere Dinge hat, und mit besonderer Sorgfalt meide er alles, was Anzeichen eines kleinen Herzens geben könnte.

138 KUNST, DIE DINGE RUHEN ZU LASSEN, und um so mehr, je wütender die Wellen des öffentlichen oder häuslichen Lebens toben. Im Treiben des menschlichen Lebens gibt es Strudel und Stürme der Leidenschaften; dann ist es klug, sich in den sicheren Hafen der Furt zurückzuziehen. Oft verschlimmern die Mittel das Übel; darum lasse man hier dem Physischen, dort dem Moralischen seinen freien Lauf. Der Arzt braucht gleich viel Wissenschaft zum Nichtverschreiben wie zum Verschreiben, und oft besteht die Kunst gerade in Nichtanwendung der Mittel. Die Strudel im großen Haufen zu beruhigen, sei der Weg, daß man die Hand zurückziehe und sie von selbst sich legen lasse. Ein zeitiges Nachgeben für jetzt sichert den Sieg in der Folge. Eine Quelle wird durch eine kleine Störung getrübt und wird nicht, indem man dazutut, wieder helle, sondern indem man sie sich selber überläßt. Gegen Zwiespalt und Verwirrung ist das beste Mittel, sie ihren Lauf nehmen zu lassen: denn so beruhigen sie sich von selbst.

186 FEHLER ALS SOLCHE ERKENNEN, AUCH WENN SIE IN NOCH SO HOHEM ANSEHEN STEHEN. Der Makellose verkenne das

Laster nicht, auch wenn es sich in Gold und Seide kleidet; ja es wird bisweilen eine goldene Krone tragen, deshalb aber doch nicht weniger verwerflich sein. Die Sklaverei bleibt niederträchtig, sosehr man sie durch die Hoheit des Herrn beschönigen möchte. Die Laster können hoch stehen, sind aber deshalb doch nichts Hohes. Manche sehen, daß jener große Mann mit diesem oder jenem Fehler behaftet ist, aber sie sehen nicht, daß er keineswegs durch denselben ein großer Mann ist. Das Beispiel der Höheren hat eine solche Überredungskraft, daß es uns sogar Häßlichkeiten beredet und selbst die des Gerichts von Schmeichlern bisweilen affektiert wurden, welche jedoch nicht begriffen, daß, wenn man bei den Großen gegen dergleichen die Augen verschließt, man es an den Geringen verabscheut.

203 DAS AUSGEZEICHNET GROSSE SEINES JAHRHUNDERTS KENNEN. Es wird desselben nicht viel sein: ein Phönix in einer ganzen Welt, ein großer Feldherr, ein vollkommener Redner, ein Weiser in einem ganzen Jahrhundert, ein großer König in vielen. Das Mittelmäßige ist sehr gewöhnlich, sowohl der Zahl als der Wertschätzung nach; hingegen das ausgezeichnet Große selten in jeder Hinsicht, weil es vollendete Vollkommenheit erfordert, und je höher die Gattung, desto schwieriger ist das Höchste in ihr. Viele haben den Beinamen des Großen, der dem Cäsar und Alexander gebührt, angenommen, aber vergeblich, da ohne die Taten das Wort ein bloßer Hauch ist. Wenige Senecas hat es gegeben, und nur einen Appelles kannte die Welt.

212 DIE LETZTEN FEINHEITEN DER KUNST STETS ZURÜCKBEHALTEN. Eine Maxime großer Meister, die ihre Klugheit, auch indem sie solche lehren, noch anwenden: immer muß man überlegen bleiben, immer Meister. Mit Kunst muß man die Kunst mitteilen und nie die Quelle der Belehrung erschöpfen, so wenig als die des Gebens. Dadurch wird man sein Ansehen und die fremde Abhängigkeit erhalten. Im Gefallen und im Belehren hat man jene große Vorschrift zu beobachten: stets mit Bewunderung kirre zu erhalten und die Vollkommenheit immer weiter zu führen. Die Reserve bei allen Dingen ist ein große Regel zum Leben, zum Siegen, und am meisten auf hohen Stellen.

259 DEN BELEIDIGUNGEN ZUVORKOMMEN UND SIE IN ARTIGKEITEN VERWANDELN. Es ist schlauer, sie zu vermeiden, als sie zu rächen. Eine ungemeine Geschicklichkeit ist es, einen Vertrauten aus dem zu machen, der ein Nebenbuhler werden sollte, oder Schutzwehren seiner Ehre aus denen, von welchen Angriffe auf dieselbe drohten. Viel tut hinzu, daß man Verbindlichkeiten zu erzeigen wisse, denn schon die Zeit zu Beleidigungen nimmt der weg, welcher veranlaßt, daß Danksagungen sie ausfüllen. Das heißt zu leben wissen, wenn man das, was Verdruß werden sollte, zu Annehmlichkeiten umschafft. Aus dem Mißwollen selbst mache man einen vertraulichen Umgang.

268 DER KLUGE TUE GLEICH ANFANGS, WAS DER DUMME ERST AM ENDE. Der eine und der andere tut dasselbe, nur in der Zeit liegt der Unterschied: jener tut es zur rechten, dieser zur unrechten. Wer sich einmal von Haus aus den Verstand verkehrt angezogen hat, fährt nun immer so fort; was er auf den Kopf setzen sollte, trägt er an den Füßen, aus dem Linken macht er das Rechte und ist so ferner in allem seinem Tun linkisch. Nur eine gute Art auf den rechten Weg zu kommen gibt es für ihn: wenn er nämlich gezwungen tut, was er hätte freiwillig tun können. Der Kluge dagegen sieht gleich, was früh oder spät geschehen muß, und da führt er es gern willig und mit Ehren aus.

231

277 ZU PRUNKEN VERSTEHEN. Es ist die Glanzbeleuchtung der Talente. Für derselben kommt eine günstige Zeit: die benutze man, denn nicht jeder Tag wird der des Triumphes sein. Es gibt Prachtmenschen, in welchen schon das Geringe sehr, das Bedeutende zum Erstaunen glänzt. Gesellt sich zu ausgezeichneten Gaben die Fähigkeit, damit zu prunken, so erlangen sie den Ruf eines Wunders. Es gibt prunkende Nationen, und die spanische ist es im höchsten Grad. Erst das Licht ließ die Pracht der Schöpfung hervortreten. Das Prunken füllt vieles aus, ersetzt vieles, und gibt allem ein zweites Dasein, zumal wenn es sich auf wirklichen Gehalt stützt. Der Himmel, welcher die Vollkommenheiten verleiht, versieht sie auch mit dem Hange, zu prunken; denn jedes von beiden allein würde unpassend sein. Es gehört Kunst zum Prunken. Sogar das Vortrefflichste hängt von Umständen ab und hat nicht immer seinen Tag. Das Prunken gerät schlecht, wenn es zur Unzeit kommt, mehr als jeder andere Vorzug muß es frei von Affektation sein, an welchem Übelstande es allemal scheitert, weil es nahe an die Eitelkeit grenzt und diese an das Verächtliche. Es muß sehr gemäßigt sein, damit es nicht gemein werde, und sein Übermaß steht bei den Klugen schlecht angeschrieben. Bisweilen besteht es mehr in einer stummen Beredsamkeit, indem man gleichsam nur aus Nachlässigkeit seine Vollkommenheiten zum Vorschein kommen läßt; denn das kluge Verhehlen derselben ist das wirksamste Paradieren damit, da man eben durch solches Entziehen die Neugierde am lebhaftesten anreizt. Sehr geschickt auch ist es, nicht die ganze Vollkommenheit mit einem Male aufzudecken, sondern nur einzelne Proben davon verstohlenen Blicken preiszugeben, und dann immer mehr. Jede glänzende Leistung muß das Unterpfand einer größeren sein, und im Beifall der ersten schon die Erwartung der folgenden liegen.

282 DURCH ABWESENHEIT SEINE HOCHSCHÄTZUNG ODER VEREH-
RUNG BEFÖRDERN. Wie die Gegenwart den Ruhm vermindert, so vermehrt ihn die Abwesenheit. Wer abwesend
für einen Löwen galt, war bei seiner Anwesenheit nur
die lächerliche Ausgeburt des Berges. Die großen Talente verlieren durch die Berührung ihren Glanz, denn es
ist leichter, die Rinde der Außenseite als den großen Gehalt des Geistes zu sehen. Die Einbildungskraft reicht
weiter als das Gesicht, und die Täuschung, welche ihren
Eingang gewöhnlich durch die Ohren findet, hat ihren
Ausgang durch die Augen. Wer sich still im Mittelpunkt
des Umkreises seines Rufes hält, wird sich in seinem
Ansehen erhalten. Der Phönix selbst benutzt seine Zurückgezogenheit, um verehrt, und das durch sie erregte
Verlangen, um geschätzt zu bleiben.

286 MAN SEI NIEMANDEM FÜR ALLES, AUCH NIE ALLEN VERBINDLICH
GEMACHT, denn sonst wird man zum Sklaven oder gar
zum Sklaven aller. Einige werden unter glücklicheren
Umständen geboren als andere. Jene, um Gutes zu tun,
diese, um es zu empfangen. Die Freiheit ist viel köstli-
cher als das Geschenk, wofür man sie hingibt. Man soll
weniger Wert darauf legen, viele von sich, als darauf,
sich selbst von keinem abhängig zu sehen. Der einzige
Vorzug des Herrschens ist, daß man mehr Gutes erweisen kann. Besonders halte man die Verbindlichkeit, die
einem aufgelegt wird, nicht für eine Gunst, denn meistenteils wird die fremde List es absichtlich so einge-
leitet haben, daß man ihrer bedürfen mußte.

292 DIE PERSÖNLICHEN EIGENSCHAFTEN MÜSSEN DIE OBLIEGEN-
HEITEN DES AMTES ÜBERSTEIGEN, und nicht umgekehrt. So
hoch auch der Posten sein mag, stets muß die Person
sich als ihm überlegen zeigen. Ein umfassender Geist
breitet sich immer mehr aus und tritt mehr und mehr
hervor in seinem Amte. Hingegen wird der Engherzige

bald seine Blöße zeigen und am Ende an Verpflichtungen und Ansehen bankerott werden. Der große Augustus setzte seine Ehre darein, als Mensch größer denn als Fürst zu sein. Hier kommt nun ein hoher Sinn zustatten und auch ein wohlüberlegtes Selbstvertrauen trägt viel bei.

296 EIN MANN VON ERHABENEN EIGENSCHAFTEN. Die vom ersten Range machen Männer ersten Ranges, und eine einzige derselben gilt mehr als eine große Anzahl mittelmäßiger. Es gab einen Mann, dem es gefiel, alle seine Sachen, sogar den gewöhnlichen Hausrat, besonders groß zu haben: wieviel mehr muß der große Mann dafür sorgen, daß alle Eigenschaften seines Geistes groß seien. In Gott ist alles unendlich und unermeßlich; so auch muß in einem Helden alles groß und majestätisch sein, dergestalt, daß alle seine Taten, ja auch seine Reden, mit einer überschwenglichen, großartigen Erhabenheit bekleidet auftreten.

„Weder ganz sich noch ganz den andern angehören"

DIE BILDUNG DER EIGENEN PERSÖNLICHKEIT

Egal, um welchen Beruf es geht, es ist aus Sicht Graciáns immer vernünftig, sich um die Bildung der eigenen Persönlichkeit zu bemühen, denn diese bleibt einem unabhängig von Erfolgen oder Misserfolgen erhalten.

Er hat dabei recht klare Auffassungen, die man in groben Zügen sogar als eine Bildungstheorie begreifen könnte: „Natur und Kunst" müssen zusammenwirken (Nr. 12). Beide stehen in einem Verhältnis wie vorgegebener „Stoff" und tätiges „Werk" (ebd.), denn „jede Vollkommenheit artet in Barbarei aus, wenn sie nicht von der Kunst erhöht wird", die „dem Schlechten" abhilft und „das Gute" vervollkommnet (ebd.).

Ohne Kunst ist also „die beste natürliche Anlage ungebildet", und sogar „den Vollkommenheiten fehlt die Hälfte, wenn ihnen die Bildung fehlt" (ebd.).

Bildung ist dabei sicher nicht nur das Sammeln formaler Abschlüsse, sondern auch das Lernen aus Erfahrung. Formale und materiale Bildung, intellektuelle und emotionale Kompetenzen sollten Hand in Hand gehen: „Herz und Kopf" (Nr. 2) sind „die beiden Pole der Sonne unserer Fähigkeiten", und „eines ohne das andere" ist nur „halbes Glück" (ebd.).

235

Gracián ist sich im Klaren darüber, dass langfristige Entwicklung ihre Zeit braucht. „Seine Vollendung erreichen" (Nr. 6) ist ein Ziel für Person und Beruf und bleibt eine Aufgabe, „bis man den Punkt erreicht, wo alle Fähigkeiten vollständig, alle vorzüglichen Eigenschaften entwickelt sind" (ebd.). Man wird aber nicht fertig geboren, und manche „kommen spät zur Reife" (ebd.).

Personalentwicklung in vielen Betrieben krankt am Mangel eines Gesamtkonzepts. Häufig beschränkt man sich auf das Trainieren funktionaler Anforderungen, vielleicht garniert mit einer Reihe von sozialen Skills. Tatsächlich aber steckt hinter jeder Maßnahme der Personalentwicklung ein Menschenbild, und es ist nur günstig, wenn dieses Menschenbild mit den Strategien und übergreifenden Zielen eines Unternehmens zusammenpasst!

Für die eigene Persönlichkeitsbildung ist ein realistisches Selbstbild eine wesentliche Voraussetzung: Man müsse „von sich und seinen Sachen vernünftige Begriffe haben" (Nr. 194). Dies gilt besonders „beim Antritt einer Laufbahn", also bei der Berufswahl und bei der Wahl der ersten Beschäftigung. Illusionen sind hier nur schädlich, denn „jeder hat eine hohe Meinung von sich, am meisten aber die, welche am wenigsten Ursache haben" (ebd.). Hält jemand an solchen Illusionen fest, werden sie „eine Quelle der Qualen, wenn einst die wahrhafte Wirklichkeit die Täuschung zerstört" (ebd.). Es empfiehlt sich also, trotz hochfliegender Träume im Urteil über die eigenen Fähigkeiten auf dem Boden zu bleiben: „Jeder träumt sich sein Glück und hält sich für ein Wunder" (ebd.).

Der Kluge wiederum hofft zwar das Beste, erwartet aber das Schlimmste, „um, was kommen wird, mit Gleichmut zu empfangen" (ebd.). Ehrgeiz schadet zwar nicht, sodass man „etwas zu hoch" zielen solle, „damit der Schuss richtig treffe" (ebd.). Nur hüte man sich vor Übertreibungen, die dann von der Wirklichkeit und der Erfahrung schmerzhaft korrigiert werden.

Die Fähigkeit zum kritischen Urteil über sich selbst ist auch dort erforderlich, wo man „seine Lieblingsfehler kennen" soll (Nr. 161).
Solche Fehler hat auch „der vollkommenste Mensch", und schwierig wird es dann, wenn man diese Fehler nicht nur kennt, sondern
auch liebt (ebd.). Gegen solche „Schandflecke der Vollkommenheiten", die „andern so widerlich als ihm selbst wohlgefällig" sind,
hilft nur die „kühne Selbstüberwindung" (ebd.) – aber Gracián lässt
es in großer Lebensklugheit offen, wie oft diese „Selbstüberwindung" tatsächlich zum Erfolg führt!

Dass der Erfolg nicht ohne Selbstkontrolle möglich ist, betont
Gracián an verschiedenen Stellen. Man müsse „seinen Hauptfehler
kennen" (Nr. 225), denn es gibt niemand, „der nicht das Gegengewicht seines glänzendsten Vorzugs in sich trüge" (ebd.). Der
erste Schritt ist hier der klassische Weg der Selbsterkenntnis, um
dann mit „Sorgfalt" gegen den Fehler anzukämpfen. Jedenfalls muss
man, „um Herr über sich zu sein", sich selbst „gründlich kennen"
(ebd.).

Der Erfolg benötigt die Kombination von Wort und Tat, denn
„Reden und Taten machen einen vollkommenen Mann" (Nr. 202):
„Sagen soll man, was vortrefflich, und tun, was ehrenvoll ist: Das
eine zeigt die Vollkommenheit des Kopfes, das andere die des
Herzens" (ebd.).

Vorrang aber hat nach Gracián die Tat, denn „die Reden sind der
Schatten der Taten", und „Sagen ist leicht, Tun ist schwer" (ebd.).
Anders gesagt: „Die Taten sind die Substanz des Lebens, die Reden
sein Schmuck" (ebd.).

In vielen betrieblichen Kontexten kann dieser Satz geradezu erfri-
schend wirken. „Bei uns ist eine steile Karriere direkt proportional
zur großen Klappe und umgekehrt proportional zur Sachkenntnis",
erzählte mir ein Ingenieur, der in einem sehr großen Konzern arbeitet. Die Kunst der Selbstdarstellung hat natürlich eher mit Reden
als mit Tatkraft zu tun.

237

Nimmt der Erfolg begnadeter Selbstdarstellung in einem Unternehmen gefährlich zu, kann es im Lauf der Zeit selbst ins Schlingern kommen – wenn es keine Gegenkräfte zu solchen Entwicklungen mobilisiert.

Aber auch für den Einzelnen gilt, dass er in seiner Entwicklung nicht stehen bleiben soll. Vielmehr soll er „seinen Geist mithilfe der Natur und Kunst zu erneuern verstehen" (Nr. 276). Gracián teilt hier das Leben in Etappen von je sieben Jahren ein und wirbt dafür, dass ein mit solchen Etappen einhergehender Wechsel der Erkenntnisperspektive auch eine Verbesserung darstellen könnte, etwa durch ein „Veredeln seines Geschmacks" (ebd.).

Ganz allgemein legt er der Geschmacksbildung einen großen Stellenwert bei. „Einen hohen Geist erkennt man an der Erhabenheit seiner Neigung", und „erhabener Geschmack" ist „der Bildung fähig wie der Verstand" (Nr. 65). „Wie große Dinge für einen großen Mund, so sind erhabene Dinge für erhabene Geister" (ebd.).

Geschmack hat aber auch eine soziale Komponente, die sich „durch fortgesetzten Umgang" mitteilt, sodass es „ein besonderes Glück ist, mit Leuten von richtigem Geschmack umzugehen" (ebd.). Andererseits ist jede Übertreibung schädlich, etwa wenn jemand sich allzu viel auf den eigenen Geschmack einbildet, „mit allem unzufrieden ist" und dadurch „ein höchst albernes Extrem" erreicht (ebd.).

Zu Graciáns Lehre vom guten Geschmack gehört es weiterhin, sich „in nichts gemein" zu machen (Nr. 28), das heißt, eine gewisse Distanz zu den Auswüchsen der Populärkultur zu halten. „Gemeiner Beifall in Fülle gibt dem Verständigen kein Genügen" und der „Atem des großen Haufens" befriedigt ihn nicht (ebd.).

Gleiches gilt für Fragen intellektueller Neugier: „Während die allgemeine Dummheit bewundert, deckt der Verstand des Einzelnen den Trug auf" (ebd.).

Diese Distanzierung von den „Wundern des Pöbels" (ebd.) und der Populärkultur ist Teil des Elitebewusstseins, das Gracián pflegt und bei seinen Leserinnen und Lesern gerne voraussetzt. Wie weit dies in einer demokratisch geprägten Kultur seine Berechtigung hat, ist freilich eine andere, auch heute wieder heiß umstrittene Frage.

Gracián liefert allerdings auch einen positiven Entwurf für seine Lehre von der Geschmacksbildung. Man solle eben „gleich auf das Gute in jeder Sache treffen", denn das „ist das Glück des guten Geschmacks" (Nr. 140)!

Gemeint ist damit ein Stück Lebensart. Gracián unterscheidet zwischen solchen Menschen, die „unter tausend Fehlern gleich auf die einzige Vollkommenheit treffen, die ihnen aufstößt" und von der sie lernen können, und solchen, die „unter tausend Vollkommenheiten sogleich den einzigen Fehler herausfinden" und sich selbst damit ein „trauriges Leben" machen, weil sie nur „am Bitteren" zehren (ebd.).

Im charakterlichen Bereich entspricht dem guten Geschmack nach Gracián die Souveränität des Handelns. „Jeder sei in seiner Art majestätisch", schreibt er (Nr. 103). Wer es in der Persönlichkeitsbildung zu etwas bringen möchte, strebe danach, dass „alle seine Handlungen, nach seiner Sphäre, eines Königs würdig" seien, selbst wenn er kein König ist (ebd.).

Das Ideal der Souveränität beschreibt Gracián wie folgt: „Erhaben seien seine Handlungen, von hohem Flug seine Gedanken, und in allem seinem Treiben stelle er einen König an Verdienst, wenn auch nicht an Macht dar" (ebd.). Erstrebenswert ist nicht „eitles Zeremoniell", sondern eine königliche „Untadelhaftigkeit der Sitten" (ebd.) – egal, welchen Rang man in der Hierarchie einnimmt.

Wer sich bilden will, wird „mit großen Männern sympathisieren" (Nr. 44), denn es „gibt eine Verwandtschaft der Herzen und Gemütsarten" (ebd.), und es ist „eine Eigenschaft der Heroen, mit

239

Heroen übereinzustimmen" (ebd.). Man soll sich allerdings „nicht in den Personen täuschen" (Nr. 157), weil dies „die schlimmste und leichteste Täuschung" ist (ebd.). Denn „Sachen verstehen und Menschen kennen sind zwei weit verschiedene Dinge" (ebd.). So gilt es also, nicht nur Bücher, sondern auch „Menschen studiert zu haben" (ebd.).

Gracián macht außerdem darauf aufmerksam, wie schwer es gelegentlich ist, Sein und Schein voneinander zu unterscheiden. Man müsse eben „ins Innere schauen" (Nr. 146), denn das „Wahre und Richtige" lebt „tief zurückgezogen und verborgen", geschätzt vor allem von den „Weisen und Klugen" (ebd.).

Ganz entscheidend für die umfassend gebildete Persönlichkeit ist schon bei Gracián die Fähigkeit, „Nein" zu sagen. Man müsse „sich zu entziehen wissen" (Nr. 33). Diese Lebensregel sei besonders hoch zu halten, denn „es gibt fremdartige Beschäftigungen, welche die Motten der kostbaren Zeit sind" (ebd.). Noch härter: „Sich mit etwas Ungehörigem beschäftigen ist schlimmer als Nichtstun" (ebd.).

Es muss einen Raum innerer und äußerer Distanz von den Anforderungen anderer geben. „So sehr darf man nicht allen gehören, dass man nicht mehr sich selber angehörte" (ebd.). Das „Übermaß" ist auch im Umgang fehlerhaft. „Mit dieser klugen Mäßigung wird man sich am besten die Gunst und Wertschätzung aller erhalten" und brauche auch „der Aufrichtigkeit seines guten Geschmackes" keine Gewalt anzutun (ebd.)!

Letztlich solle man „weder ganz sich noch ganz den andern angehören" (Nr. 252). Weder die „Bequemlichkeit" des Egozentrikers, der „sich ganz für sich allein besitzen will", noch die Betriebsamkeit des Funktionärs, der „keinen Tag und keine Stunde für sich hat", sind erstrebenswert (ebd.). Die Balance zwischen Aufgabenorientierung und der Zeit für einen selbst bringt Gracián auch zu einer geradezu postmodern anmutenden Haltung gegenüber Eigentum und Besitz: „Manche Dinge muss man nicht eigentümlich besitzen. Man genießt sie besser als fremde denn als eigene" (Nr. 263). Schließlich bringe Besitz auch Verdruss: „Man hat nichts davon, als dass man die Sachen für andere unterhält" (ebd.). Umgekehrt kann man ohne Eigentum und Besitz „doppelt" genießen.

In einer Zeit, die die berufliche Arbeit und Selbstverwirklichung zum Zentralwert gelingender Existenz stilisiert und gleichzeitig unter massenhafter Arbeitslosigkeit leidet, ist Graciáns abgewogener Ratschlag in hohem Maße bedenkenswert. Das „Burn-out-Syndrom", das „Ausbrennen" vieler Menschen, ist ein Symptom für die Einseitigkeit der Lebensführung, die nicht selten zu beobachten ist. Während die einen weder Samstag noch Sonntag kennen, fehlt es den anderen am strukturierten Ablauf ihrer Zeit, weil sie keine dauerhafte Erwerbstätigkeit finden. Während die einen Schwierigkeiten haben, ihr persönliches Leben von den vielen Stunden des Berufslebens abzugrenzen, leiden die anderen unter depressiven Verstimmungen aufgrund des Gefühls, letztlich nicht gebraucht und geschätzt zu werden.

Wie so oft liegt für Gracián das Geheimnis des Erfolgs in der richtigen Balance. Dies gilt auch für den Zielpunkt der Persönlichkeitsbildung, die „Reife" (Nr. 293). Sie macht den Menschen „wertvoll" (ebd.): „Die Reife verbreitete über all seine Fähigkeiten einen gewissen Anstand und erregt Hochachtung" (ebd.). Sie erfordert nämlich „einen sehr vollendeten Mann, denn jeder ist so weit ein ganzer Mann, als er Reife hat" (ebd.).

Handeln aber solle man stets so, „als würde man gesehen" (Nr. 297).

Dieses Handeln unter dem Vorbehalt der Augen Dritter entspricht einer gewissen Introjektion der Selbstkontrolle.

Das von Gracián gezeichnete Idealbild ist zwar nicht im engeren Sinn philosophisch abgeleitet, kann aber in seiner inhaltlichen Ausprägung durchaus mit Kants kategorischem Imperativ in Verbindung gebracht werden. Für den Klugen gilt nach Gracián: „Auch wenn allein, handelt er wie unter den Augen der ganzen Welt" (ebd.), denn „der ist ein umsichtiger Mann, welcher sieht, dass man ihn sieht oder doch sehen wird" (ebd.).

Ob man Graciáns Forderung stärker unter dem Aspekt der Gewissensbildung oder der vorsorglichen Antizipation von Sozialkontrolle liest, ist in unserem Zusammenhang nicht entscheidend. Klar ist, dass er ein umfassendes Gemälde der gebildeten Persönlichkeit entwirft, deren ideale Züge auch im 21. Jahrhundert durchaus bedenkenswert bleiben.

Gracián weiß aber auch, dass weder Bildung noch Ehrgeiz ausreichen, um großen Erfolg zu erringen. Worauf es ankommt, ist die Krone des Glücks, nämlich die Verbindung von eigenen Fähigkeiten mit günstigen Umständen! Darauf wird in Kapitel 14 einzugehen sein!

2 HERZ UND KOPF – die beiden Pole der Sonne unserer Fähigkeiten. Eines ohne das andere halbes Glück. Verstand reicht nicht hin, Gemüt ist erfordert. Ein Unglück der Toren ist Verfehlung des Berufs im Stande, Amt, Lande, Umgang.

6 SEINE VOLLENDUNG ERREICHEN. Man wird nicht fertig geboren; mit jedem Tag vervollkommnet man sich in seiner Person und seinem Beruf, bis man den Punkt seiner Vollendung erreicht, wo alle Fähigkeiten vollständig, alle vorzüglichen Eigenschaften entwickelt sind. Dies gibt sich daran zu erkennen, daß der Geschmack erhaben, das Denken geläutert, das Urteil reif und der Wille rein geworden ist. Manche gelangen nie zur Vollendung, immer fehlt ihnen noch etwas; andere kommen spät zur Reife. Der vollendete Mann, weise in seinen Reden, klug in seinem Tun, wird zum vertrauten Umgang der gescheiten Leute zugelassen, ja gesucht.

12 NATUR UND KUNST – der Stoff und das Werk. Keine Schönheit besteht ohne Nachhilfe, und jede Vollkommenheit artet in Barbarei aus, wenn sie nicht von der Kunst erhöht wird: diese hilft dem Schlechten ab und vervollkommnet das Gute. Die Natur verläßt uns gemeinhin beim Besten; nehmen wir unsere Zuflucht zur Kunst. Ohne sie ist die beste natürliche Anlage ungebildet, und den Vollkommenheiten fehlt die Hälfte, wenn ihnen die Bildung fehlt. Jeder Mensch hat ohne künstliche Bildung etwas Rohes und bedarf in jeder Art von Vollkommenheit der Politur.

28 IN NICHTS GEMEIN. Erstlich: nicht im Geschmack. O des großen Weisen, den es niederschlug, daß seine Sache der Menge gefiel!* Gemeiner Beifall in Fülle gibt dem Verständigen kein Genügen. Dagegen sind manche wahre Chamäleone der Popularität, daß sie ihren Ge-

243

nuß nicht in den sanften Anhauch Apolls, sondern in den Atem des großen Haufens setzen. – Zweitens: nicht im Verstande. Man finde kein Genügen an den Wundern des Pöbels, dessen Unwissenheit ihn nicht über das Erstaunen hinauskommen läßt; während die allgemeine Dummheit bewundert, deckt der Verstand des einzelnen den Trug auf.

* *Ein griechischer Redner fragte, als das Volk ihm Beifall zurief, betroffen seine Freunde: Habe ich etwas Verkehrtes gesagt?*

33 SICH ZU ENTZIEHEN WISSEN. Wenn eine große Lebensregel die ist, daß man zu verweigern verstehe, so folgt, daß es noch eine wichtigere ist, daß man sich selbst, sowohl den Geschäften als den Personen, zu verweigern wisse. Es gibt fremdartige Beschäftigungen, welche die Motten der kostbaren Zeit sind! Sich mit etwas Ungehörigem beschäftigen, ist schlimmer als Nichtstun. Für den Umsichtigen ist es nicht hinreichend, daß er nicht zudringlich sei, sondern er muß auch dafür sorgen, daß andre sich ihm nicht aufdringen. So sehr darf man nicht allen angehören, daß man nicht mehr sich selber angehörte. Ebenso darf man auch seinerseits nicht seine Freunde mißbrauchen, und nicht mehr von ihnen verlangen, als sie eingeräumt haben. Jedes Übermaß ist fehlerhaft, aber am meisten im Umgang. Mit dieser klugen Mäßigung wird man sich am besten die Gunst und Wertschätzung aller erhalten, weil alsdann der so kostbare Anstand nicht allmählich bei Seite gesetzt wird. Man erhalte sich also die Freiheit seiner Sinnesart, liebe innig das Auserlesene jeder Gattung und tue nie der Aufrichtigkeit seines guten Geschmackes Gewalt an.

44 MIT GROSSEN MÄNNERN SYMPATHISIEREN. Es ist eine Eigenschaft der Heroen, mit Heroen übereinzustimmen. Hierin liegt ein Wunder der Natur, sowohl wegen des Geheimnisvollen darin, als auch wegen des Nützlichen. Es gibt eine Verwandtschaft der Herzen und Gemütsarten; ihre Wirkungen sind solche, wie sie die Unwissenheit des großen Haufens Zaubertränken zuschreibt. Sie bleibt nicht bei der Hochachtung stehen, sondern geht bis zum Wohlwollen, ja bis zur Zuneigung. Sie überredet ohne Worte und erlangt ohne Verdienst. Es gibt eine aktive und eine passive; beide sind heilbringend, und um so mehr, in je erhabenerer Gattung. Es ist eine große Geschicklichkeit, sie zu erkennen, zu unterscheiden und sie zu nutzen zu verstehen. Denn kein Eigensinn kann ohne diese geheime Gunst zum Zwecke führen.

65 ERHABENER GESCHMACK. Er ist der Bildung fähig wie der Verstand. Je mehr Einsicht, desto größere Anforderungen, und, werden sie erfüllt, desto mehr Genuß. Einen hohen Geist erkennt man an der Erhabenheit seiner Neigung: ein großer Gegenstand muß es sein, der eine große Fähigkeit befriedigt. Wie große Bissen für einen großen Mund, so sind erhabene Dinge für erhabene Geister. Die trefflichsten Gegenstände scheuen ihr Urteil und die sichersten Vollkommenheiten verläßt das Zutrauen. Der Dinge erster Trefflichkeit sind wenige; daher sei die unbedingte Hochschätzung selten. Durch fortgesetzten Umgang teilt sich der Geschmack allmählich mit; weshalb es ein besonderes Glück ist, mit Leuten von richtigem Geschmack umzugehen. Andererseits soll man nicht ein Gewerbe daraus machen, mit allem unzufrieden zu sein, welches ein höchst albernes Extrem ist, und noch abscheulicher, wenn es aus Affektation, als wenn es aus Verstimmung entspringt. Einige möchten, daß Gott eine andere Welt, mit ganz andern Vollkommenheiten schüfe, um ihrer ausschweifenden Phantasie Genüge zu tun.

103 JEDER SEI IN SEINER ART MAJESTÄTISCH. Wenn er auch kein König ist, müssen doch alle seine Handlungen, nach seiner Sphäre, eines Königs würdig sein und sein Tun in den Grenzen seines Standes und Berufs königlich. Erhaben seien seine Handlungen, von hohem Flug seine Gedanken, und in allem seinem Treiben stelle er einen König an Verdienst, wenn auch nicht an Macht dar; denn das wahrhaft Königliche besteht in der Untadelhaftigkeit der Sitten, und so wird der die Größe nicht beneiden dürfen, der ihr zum Vorbild dienen könnte. Besonders aber sollte denen, welche dem Throne näher stehen, etwas von der wahren Überlegenheit ankleben, und sie sollten lieber die wahrhaft königlichen Eigenschaften als ein eitles Zeremoniell sich anzueignen suchen, nicht eine leere Aufgeblasenheit affektieren, sondern das wesentlich Erhabene annehmen.

140 GLEICH AUF DAS GUTE IN JEDER SACHE TREFFEN. Es ist das Glück des guten Geschmacks. Die Biene geht gleich zur Süßigkeit für ihre Honigscheibe und die Schlange zur Bitterkeit für ihr Gift. So wendet auch der Geschmack einiger sich gleich dem Guten, der anderer dem Schlechten entgegen. Es gibt nichts, woran nicht etwas Gutes wäre, zumal ein Buch, als ein Werk der Überlegung. Allein manche sind von einer so unglücklichen Sinnesart, daß sie unter tausend Vollkommenheiten sogleich den einzigen Fehler herausfinden, der dabei wäre, diesen nun tadeln und davon viel reden, als wahre Aufsammler aller Auswürfe des Willens und des Verstandes anderer; so häufen sie Register von Fehlern auf, welches mehr eine Strafe ihrer schlechten Wahl als eine Beschäftigung ihres Scharfsinnes ist. Sie haben ein trauriges Leben davon, indem sie stets am Bittern zehren und Unvollkommenheiten ihre Leibspeise sind. Glücklicher ist der Geschmack anderer, welche unter tausend Fehlern gleich auf die einzige Vollkommenheit treffen, die ihnen aufstößt.

146 INS INNERE SCHAUEN. Man findet meistenteils die Dinge weit verschieden von dem, was sie schienen; und die Unwissenheit, welche nicht tiefer als die Rinde eingedrungen war, sieht, wenn man zum Innern gelangt, ihre Täuschung schwinden. In allem geht stets die Lüge voran, die Dummköpfe hinter sich ziehend am Seil ihrer unheilbaren Gemeinheit; die Wahrheit aber kommt immer zuletzt, langsam heranhinkend am Arm der Zeit. Für sie bewahren daher die Klugen die andere Hälfte jener Fähigkeit auf, deren Werkzeug unsere gemeinsame Mutter uns weislich doppelt verliehen hat. Der Trug ist etwas sehr Oberflächliches; daher treffen, die selbst oberflächlich sind, gleich auf ihn. Das Wahre und Richtige aber lebt tief zurückgezogen und verborgen; um desto höher geschätzt zu werden von seinen Weisen und Klugen.

157 SICH NICHT IN DEN PERSONEN TÄUSCHEN, welches die schlimmste und leichteste Täuschung ist. Besser man werde im Preise als in der Ware betrogen. Bei Menschen mehr als bei allem andern ist es nötig, ins Innere zu schauen. Sachen verstehen und Menschen kennen, sind zwei weit verschiedene Dinge. Es ist eine tiefe Philosophie, die Gemüter zu ergründen und die Charaktere zu unterscheiden. So sehr als die Bücher, ist es nötig, Menschen studiert zu haben.

161 SEINE LIEBLINGSFEHLER KENNEN. Auch der vollkommenste Mensch wird dergleichen haben, und entweder ist er mit ihnen vermählt oder in geheimer Liebschaft. Oft liegen sie im Geiste, und je größer dieser ist, desto größer auch sie, oder auch desto auffallender. Nicht, daß der Inhaber sie nicht kennen sollte; sondern er liebt sie. Ein doppeltes Übel: leidenschaftliche Neigung, und für Fehler. Sie sind Schandflecke der Vollkommenheiten und andern so widerlich als ihm selbst wohlgefällig.

Hier nun gilt es eine kühne Selbstüberwindung, um seine übrigen Vorzüge von solchem Makel zu befreien. Denn darauf stoßen alle; und wenn sie das übrige Gute, was sie bewundern, zu loben haben, halten sie bei diesem Anstoß still und schwärzen ihn möglichst an, zur Verunglimpfung der sonstigen Talente.

194 VON SICH UND SEINEN SACHEN VERNÜNFTIGE BEGRIFFE HABEN, zumal beim Antritt einer Laufbahn. Jeder hat eine hohe Meinung von sich, am meisten aber die, welche am wenigsten Ursache haben. Jeder träumt sich sein Glück und hält sich für ein Wunder. Die Hoffnung macht die übertriebensten Versprechungen, welche nachher die Erfahrung durchaus nicht erfüllt. Dergleichen eitle Einbildungen werden eine Quelle der Qualen, wenn einst die wahrhafte Wirklichkeit die Täuschung zerstört. Der Kluge komme solchen Verirrungen zuvor; er mag immerhin das Beste hoffen, jedoch erwarte er stets das Schlimmste, um, was kommen wird, mit Gleichmut zu empfangen. Zwar ist es geschickt, etwas zu hoch zu zielen, damit der Schuß richtig treffe; jedoch nicht so sehr, daß man den Antritt seiner Laufbahn darüber ganz verfehle. Diese Berichtigung der Begriffe ist schlechterdings notwendig; denn vor der Erfahrung ist die Erwartung meistens sehr ausschweifend. Die beste Universalmedizin gegen alle Torheiten ist die Einsicht. Jeder erkenne die Sphäre seiner Tätigkeit und seines Standes, dann wird er seine Begriffe nach der Wirklichkeit berichtigen.

202 REDEN UND TATEN MACHEN EINEN VOLLENDETEN MANN. Sagen soll man, was vortrefflich, und tun, was ehrenvoll ist: das eine zeigt die Vollkommenheit des Kopfes, das andere die des Herzens, und beide gehen aus der Erhabenheit der Seele hervor. Die Reden sind der Schatten der Taten; jene sind weiblicher, diese männlicher Natur. Besser, gerühmt zu sein, als ein Rühmer. Das Sagen ist leicht, das Tun schwer. Die Taten sind die Substanz des Lebens, die Reden sein Schmuck. Das Ausgezeichnete in Taten ist bleibend, das in Reden vergänglich. Die Handlungen sind die Frucht der Gedanken: waren diese weise, so sind jene erfolgreich.

225 SEINEN HAUPTFEHLER KENNEN. Keiner lebt, der nicht das Gegengewicht seines glänzendsten Vorzugs in sich trüge; wird nun dasselbe noch von der Neigung begünstigt, so erlangt es eine tyrannische Gewalt. Man eröffne den Krieg dawider durch Aufrufen der Sorgfalt dagegen, und der erste Schritt sei, seinen Hauptfehler sich offenbar zu machen; denn einmal erkannt, wird er bald besiegt sein, vorzüglich, wenn der damit Behaftete ihn ebenso deutlich auffaßt wie der Beobachter. Um Herr über sich zu sein, muß man sich gründlich kennen. Hat man erst jenen Anführer seiner Unvollkommenheiten zur Unterwerfung gebracht, so werden alle übrigen nachfolgen.

252 WEDER GANZ SICH, NOCH GANZ DEN ANDERN ANGEHÖREN; denn beides ist eine niederträchtige Tyrannei. Daraus, daß einer sich ganz für sich allein besitzen will, folgt alsbald, daß er auch alle Dinge für sich allein haben will. Solche Leute wollen nicht in der geringsten Sache nachgeben, noch das mindeste von ihrer Bequemlichkeit opfern. Sie sind nicht verbindlich, sondern verlassen sich auf ihre Glücksumstände, welche Stütze jedoch unter ihnen zu brechen pflegt. Man muß bisweilen auch den andern angehören, damit sie wieder uns angehören. Wer aber ein öffentliches Amt hat, muß der öffentliche Sklave sein, oder: lege die Würde mit der Bürde nieder, würde die Alte des Hadrian sagen.* Im Gegenteil gibt es auch Leute, welche ganz den andern angehören; denn die Torheit geht stets ins Übertriebene, hier aber auf eine

249

unglückliche Art. Diese haben keinen Tag und keine Stunde für sich, sondern gehören so sehr den andern an, daß einer schon der Diener aller genannt wurde. Dies erstreckt sich sogar auf den Verstand, indem sie für alle wissen und bloß für sich unwissend sind. Der Aufmerksame begreife, daß keiner ihn sucht, sondern jeder seinen Vorteil in ihm oder durch ihn.

* *Welche bekanntlich dem Kaiser, als er sie mit „Ich habe keine Zeit" abwies, zurief: „So sei kein Kaiser!"*

263 MANCHE DINGE MUSS MAN NICHT EIGENTÜMLICH BESITZEN. Man genießt sie besser als fremde denn als eigene: ihr Gutes ist den ersten Tag für den Besitzer, alle folgenden für die andern. Fremde Sachen genießt man doppelt, nämlich ohne die Sorge wegen der Beschädigung, und dann mit dem Reiz der Neuheit. Alles schmeckt besser nach dem Entbehren: sogar das fremde Wasser scheint Nektar. Der Besitz der Dinge vermindert nicht nur unsern Genuß, sondern er vermehrt auch unsern Verdruß, sowohl beim Ausleihen als beim Nichtausleihen: man hat nichts davon, als daß man die Sachen für andere unterhält, wobei man sich mehr Feinde macht als Erkenntliche.

276 SEINEN GEIST MIT HILFE DER NATUR UND KUNST ZU ERNEUERN VERSTEHEN. Man sagt, daß von sieben zu sieben Jahren die Gemütsart sich ändert – nun so sei es ein Verbessern und Veredeln seines Geschmacks. Nach den ersten sieben Jahren tritt die Vernunft ein, so möge nachher mit jedem Stufenjahr eine neue Vollkommenheit hinzukommen. Man beobachte diesen natürlichen Wechsel, um ihm nachzuhelfen, und hoffe auch an andern eine Verbesserung. Hieraus entspringt es, daß viele mit dem Stande oder Amt auch ihr Betragen geändert haben. Bisweilen wird man es nicht eher gewahr, als bis es im höchsten Grade hervortritt. Mit zwanzig Jahren ist der

Mensch ein Pfau; mit dreißig ein Löwe; mit vierzig ein Kamel; mit fünfzig eine Schlange, mit sechzig ein Hund; mit siebzig ein Affe; mit achtzig – nichts.

293 VON DER REIFE. Sie leuchtet aus dem Äußeren hervor, noch mehr aus der Sitte. Die materielle Gewichtigkeit macht das Gold, die moralische den Mann wertvoll. Die Reife verbreitet über alle seine Fähigkeiten einen gewissen Anstand und erregt Hochachtung. Die Gesetztheit des Menschen ist die Fassade seiner Seele: sie besteht nicht in der Unbeweglichkeit des Dummen, wie es der Leichtsinn haben möchte, sondern in einer sehr ruhigen Autorität. Ihre Reden sind Sentenzen, ihr Wirken gelingende Taten. Sie erfordert einen sehr vollendeten Mann, denn jeder ist so weit ein ganzer Mann, als er Reife hat. Indem er aufhörte, ein Kind zu sein, fing er an, Ernst und Autorität zu erhalten.

297 STETS HANDELN, ALS WÜRDE MAN GESEHEN. Der ist ein umsichtiger Mann, welcher sieht, daß man ihn sieht oder doch sehen wird. Er weiß, daß die Wände hören, und daß schlechte Handlungen zu bersten drohen, um herauszukommen. Auch wenn allein, handelt er wie unter den Augen der ganzen Welt. Denn da er weiß, daß man einst alles wissen wird, so betrachtet er als schon gegenwärtige Zeugen die, welche es durch die Kunde späterhin werden müssen. Jener, welcher wünschte, daß die ganze Welt ihn stets sehen möchte, war nicht darüber besorgt, daß man ihn in seinem Haus aus den nächsten beobachten konnte.

„Seinen Glücksstern kennen"

DIE VERBINDUNG VON FÄHIGKEIT UND GÜNSTIGEN UMSTÄNDEN

Gracián, der wohl die Höhen und Tiefen seiner eigenen Karriere gut im Blick hatte, ist ein Meister der Balance: Weder lässt er den Eindruck zu, durch bestimmte Tricks und Finessen sei der berufliche Erfolg letztlich planbar, noch nimmt er Zuflucht zu einer individuellen Bildungsromantik, die äußeren Erfolg – so wie saure Trauben – scheinbar verachtet, um das Hohelied des umfassend gebildeten Geistes zu singen.

Kennzeichnend für seine Einstellung ist eine Mischung aus beruflichem Ehrgeiz und Streben nach Persönlichkeitsbildung. Dabei weiß er sehr wohl, dass die äußeren Umstände günstig sein müssen: Daher geht es um die Verbindung von Fähigkeiten und Glück.

Nur muss man auch die Fähigkeit haben, günstige Umstände überhaupt zu erkennen und zielsicher zu nutzen. „Die Kunst, Glück zu haben", nennt dies Gracián (Nr. 21): „Es gibt Regeln für das Glück, denn für den Klugen ist nicht alles Zufall", und „die Bemühung kann dem Glücke nachhelfen" (ebd.). Gracián behauptet sogar eine Art von Glücksgerechtigkeit, „indem jeder gerade so viel Glück und so viel Unglück hat als Klugheit oder Unklugheit" (ebd.).

Er greift damit ein altes Thema auf: den Tun-Ergehens-Zusammenhang, der aus vernünftigem Handeln einen Anspruch auf Glück

253

und gutes Leben ableitet. Dass dies nicht immer so ist, kann seit den Tagen des Hiob als Gemeingut gelten. Andererseits gilt immer wieder: Es kommt auch darauf an, was der Einzelne aus seinem Schicksal macht.

Gracián fordert, man solle „die Dinge nie wider den Strich nehmen, wie sie auch kommen mögen" (Nr. 224), denn alles hat „eine rechte und eine Kehrseite", und „selbst das Beste und Günstigste verursacht Schmerz, wenn man es bei der Schneide ergreift" (ebd.).

Es ist eben alles auch eine Sache der Perspektive, und es gilt, die günstigste Seite einer Entwicklung für sich aufzufassen: „In allem liegt Günstiges und Ungünstiges; die Geschicklichkeit besteht im Herausfinden des Vorteilhaften" (ebd.). Wer sich an diese „wichtige Lebensregel für alle Zeiten und alle Stände" hält, gewinnt „eine große Schutzwehr gegen die Widerwärtigkeiten des Geschicks" (ebd.).

Erfolg erfordert aber auch, dass man „seine vorherrschende Fähigkeit" und „sein hervorstehendes Talent" kennt (Nr. 34): „Jeder wäre in irgend etwas ausgezeichnet geworden, hätte er seinen Vorzug gekannt" (ebd.). Das eigene Talent soll dann Gegenstand für „allen Fleiß" sein (ebd.).

In moderner Wirtschaftssprache spricht man davon, „Stärken zu stärken" oder – anders gesagt – Kernkompetenzen zu entwickeln. Dies setzt natürlich – auf der Ebene des Einzelnen ebenso wie auf der Ebene eines Unternehmens – eine realistische Einschätzung der eigenen Möglichkeiten und das Ergreifen sich bietender Chancen voraus.

„Nach der Gelegenheit leben", nennt dies Gracián, denn „unser Handeln, unser Denken, alles muss sich nach den Umständen richten" (Nr. 288). Wer klug ist, weiß, „dass der Leitstern der Klugheit darin besteht, dass man sich nach der Gelegenheit richte" (ebd.), denn „Zeit und Gelegenheit warten auf niemanden" (ebd.).

Gracián erkennt im Auf und Ab der Zeiten richtiggehende Konjunkturen des Glücks, die Schopenhauer mit dem Begriff „im Schwung sein", das heißt „in Mode sein", übersetzt: „Das wirksamste Werkzeug der Herrschaft über andere, das Im-Schwunge sein, ist Sache des Glücks, doch lässt es sich durch Kunst befördern" (Nr. 274).

Mit dieser Kunst meint er die „Anziehungskraft", die der „Zauber kluger Höflichkeit" ist (ebd.). „Verdienste reichen nicht aus, wenn sie nicht von der Gunst unterstützt werden, welche es eigentlich ist, die den Beifall verleiht" (ebd.).

Nicht allein die sachliche Arbeit und die professionelle Meisterschaft, sondern auch die „Gunst bei den Leuten" sind für den Erfolg von Bedeutung (Nr. 40). „Ausgezeichnete Fähigkeiten reichen nicht hin", denn wirksamer ist deren Verbindung mit der allgemeinen Zuneigung (ebd.). Gefragt ist die Kombination von „Wohlwollen" und „Wohltun" (ebd.). „Die Höflichkeit ist die größte politische Zauberei der Großen" (ebd.).

Dass es neben Karriere und Macht auch noch den Ruhm der Unsterblichkeit gibt, ist Graciáns stille Hoffnung. Er spricht vom „Geschichtsblatt" und von der „Gunst der Schriftsteller", die eben „unsterblich" sei (ebd.). Wie so oft kommt auch bei ihm die immanente Spannung zwischen Geist und Macht, zwischen intellektuellem Nachruhm und mächtiger Position in der Gegenwart zwischen den Zeilen zum Ausdruck!

Schon beim Zusammenhang zwischen Beliebtheit (oder „Gunst") und beruflichem Erfolg weist er auf die Verbindung von Handlungssubstanz und Stil hin. Höflichkeit alleine reicht eben nicht aus, und man solle „nicht an der großen Höflichkeit sein Genügen haben" (Nr. 191).

Er geht so weit, den Blendern, die vor allem durch Höflichkeit wirken, „eine Art Betrug" vorzuwerfen (ebd.), „denn mit dem schmei-

255

chelhaften Hutabziehen allein bezaubern sie eitle Dummköpfe. Ehrenbezeigungen sind ihre Münze, und sie bezahlen mit dem Hauch schöner Redensarten" (ebd.).

Höflichkeit kann so zum Mittel werden, „andere abhängig zu machen" und für sich selbst „Vorteile" zu erringen (ebd.). „Wer alles verspricht, verspricht nichts; aber Versprechungen sind die Falle für die Dummen" (ebd.).

Trotz allem Ehrgeiz solle man eben doch „ein Mann von Gehalt" sein (Nr. 175). „Ein elendes Ding ist äußeres Ansehen, welchem kein innerer Gehalt zugrunde liegt" (ebd.). Hirngespinste und Luftgebäude haben keine lange Dauer: „Ein Betrug macht viele andere notwendig, daher denn das ganze Gebäude schimärisch ist und, weil in der Luft erbaut, notwendig zur Erde herabfallen muss" (ebd.). Denn „falsch angelegte Dinge sind nie von Bestand" (ebd.).

Bei den Luftschlössern der falsch angelegten Dinge ließe sich natürlich trefflich nach dem Wesen der mehrfach weitergereichten Verbriefungen und strukturieren Finanzierungen fragen, die in Verbindung mit den „Subprime Loans" am Anfang der weltweiten Finanzkrise 2007/2008 standen. Wenn es kein Maß für einen Wert gibt, weil ein Marktwert nicht mehr existiert und ein anders ermittelter Wert von so vielen Prämissen abhängt, dass er nicht praktikabel wird, dann wird die Erstellung von Bankbilanzen so luftig, dass sie von Hirngespinsten nicht mehr grundsätzlich abweicht.

Vernünftige Menschen reagieren da mit Misstrauen, und so ist die gegenwärtige Finanzkrise eben auch stark von einem generalisierten Misstrauen der Banken untereinander geprägt. Sicheren Grund scheint man nur noch in Rohstoffen und Gold zu finden, die dann eben prompt neue Höchststände erreichen: Noch nie lag Erdöl über 140 Dollar pro Barrel, noch nie lag Gold über 1000 Dollar pro Unze, und noch nie hat – wie im März 2008 – die Hüterin neoliberaler Ideen wie die Weltbank vorsichtig nach einem Eingreifen des Staates in die Liquiditätsversorgung der Volkswirtschaften gerufen!

Was immer passiert, nach Gracián sollten wir „leidenschaftslos" sein (Nr. 8), denn dies sei „eine Eigenschaft der höchsten Geistesgröße" und ein „Triumph des freien Willens" (ebd.).

Der planende Geist wird eben immer „das Ende bedenken" (Nr. 59). „Wenn man in das Haus des Glücks durch die Pforte des Jubels eintritt, so wird man durch die des Wehklagens wieder heraustreten, und umgekehrt" (ebd.). Unglückskinder erleben „einen gar fröhlichen Anfang, aber ein sehr tragisches Ende" (ebd.), sodass es besser ist, einen guten Abgang als einen guten Anfang vorzubereiten.

„Denn die Zurückgewünschten sind selten" (ebd.). Die langfristige Richtschnur des Handelns darf nicht vom kurzfristigen „Beifallklatschen" abhängen. „Daher soll man auf das Ende bedacht sein und seine Sorgfalt mehr auf ein glückliches Abgehen als auf den Beifall beim Auftreten richten" (ebd.).

Dies bedeutet aber nicht unbedingt, dass man sich jederzeit an alle Spielregeln halten müsse. Wer „den glücklichen Ausgang im Auge behalten" will (Nr. 66), der muss über „die strenge Richtigkeit der Maßregeln" hinausgehen, denn „wer gesiegt hat, braucht keine Rechenschaft ablegen" (ebd.).

Dies nähert sich der problematischen Maxime, dass der Zweck die Mittel heiligt, durchaus an: „Ein gutes Ende übergoldet alles, wie sehr auch immer das Unpassende der Mittel dagegen sprechen mag" (Nr. 66). Dass es dabei Grenzen gibt, wird an anderen Stellen ersichtlich.

Gracián ist sich aber sehr wohl des Umstands bewusst, dass es gelegentlich nötig ist, eingefahrene Wege zu verlassen und Spielregeln neu zu definieren: „Denn zuzeiten besteht die Kunst darin, dass man gegen die Regeln der Kunst verfährt, wenn nämlich ein glücklicher Ausgang anders nicht zu erreichen steht" (ebd.).

Viele strategische Fallstudien gehen – meist allerdings erst im Nachhinein – auf dieses Brechen und Neuerfinden von Spielregeln ein. Dabei hat der Erste in der Regel einen Vorteil, den „First Mover's Advantage"!

Gracián bezieht diese Erkenntnis allerdings weniger auf das Geschäftsleben, sondern eher auf das Ansehen der Entdecker und Eroberer: „Es ist ein großer Ruhm, der Erste in seiner Art zu sein", denn diese stecken den größten Teil („das Majorat") der Ehre ein (Nr. 63): „Die ersten jeder Art gehen mit dem Majorat des Ruhms davon, den Übrigen bleiben eingeklagte Alimente" und werden den „Flecken, Nachahmer zu sein", nicht mehr los (ebd.). „Nur der Scharfsinn außerordentlicher Geister bricht neue Bahnen zur Auszeichnung", aber richtig ist natürlich auch, dass manche „lieber die Ersten in der zweiten Klasse als die Zweiten in der ersten" sein mögen (ebd.).

Man solle aber „nicht mit seinem Glücke prahlen" (Nr. 106). Der normale „Neid" sei ja schon ausreichend, man müsse sich nicht noch zusätzlich breitmachen. „Hochachtung erlangt man desto weniger, je mehr man darauf ausgeht" (ebd.).

Sie hängt schließlich „von der Meinung anderer" ab, sodass sie nicht einfach erreicht werden kann. „Wer mit seinem Amte viel Aufhebens macht, verrät, dass er es nicht verdient hat und die Würde für seine Schultern zu viel ist" (ebd.). Gracián richtet sich nicht gegen ein „angemessenes Ansehen", das mit bestimmten Ämtern verbunden ist (ebd.), stellt aber den Anspruch, man solle „eher durch das Ausgezeichnete seiner Talente als durch zufällige Äußerlichkeiten" Anerkennung suchen (ebd.).

Es reicht auch nicht aus, sich auf einmal errungenen Lorbeeren auszuruhen. Immer wieder muss man „seinen Glanz erneuern"

(Nr. 81): „Die Trefflichkeiten werden alt und mit ihnen der Ruhm"
(ebd.).

Verblüffend modern, ja postmodern wirkt Graciáns Aufforderung,
sich immer wieder neu zu erfinden: „Man bewirke also seine Wiedergeburt, in der Tapferkeit, im Genie, im Glück, in allem" – und
man „gehe, wie die Sonne, wiederholt auf", am besten auch noch
durch einen Wechsel im „Schauplatz seines Glanzes" (ebd.)!

Natürlich muss man bei solchen Vorhaben „seinen Glücksstern
kennen" (Nr. 196). Denn trotz der „Gleichheit, ja Einerleiheit der
Verdienste" mischt das Schicksal „die Karten, wie und wann es
will" (ebd.). Also gilt: „Jeder kenne seinen Glücksstern, eben wie
auch sein Talent: Denn davon hängt es ab, ob er sein Glück macht
oder verscherzt" (ebd.).

Die Mischung aus Talent und Chancenbewusstsein für den richtigen Augenblick macht also den Erfolg aus: Man achte darauf,
„seinem Stern zu folgen, ihm nachzuhelfen, und hüte sich, ihn zu
vertauschen" (ebd.).

Mit einer gewissen Nachdenklichkeit bemerkt Gracián schließlich,
es sei ein großes Glück, „zur Hochachtung auch die Liebe zu besitzen" (Nr. 290). Achtung gehe eben nicht automatisch auch mit dem
Geliebtwerden einher, zumal die Liebe zur „Vertraulichkeit" (ebd.)
führt, die dann der Hochachtung abträglich ist. Wer darüber nach-
denkt, wie viel Rollendistanz gerade Menschen in hohen gesellschaftlichen Positionen ausstrahlen, und wer gelegentlich beobachtet, wie wenig sie auch im privaten Bereich an Nähe zuzulassen
verstehen, kann darüber ins Grübeln kommen, ob er nun stärker
nach Achtung oder nach Liebe strebt – oder ob es nicht doch in einem gewissen Maß möglich ist, beides miteinander zu verbinden!
So könnte man sich sogar fragen, ob dann die eigene Karriere für
Gracián letztlich eigentlich nicht das höchste Ziel darstellt!

Dass Gracián vermutlich doch auch persönlich in der christlichen
Tradition zu Hause ist, zeigt ein Aphorismus, der Ignatius von

Loyola (1491 – 1556), dem Gründer des Jesuitenordens, nachgesagt wird (vgl. dazu G. Eickhoff 1991, S. 111 – 126):

„Man wende die menschlichen Mittel an, als ob es keine göttlichen, und die göttlichen, als ob es keine menschlichen gäbe" (Nr. 251). Was genau damit gemeint ist, und wie weit man gehen darf, lässt Gracián allerdings bewusst im Dunkeln – Teil seines dialektischen Umgangs mit den verschiedenen Quellen des von ihm verarbeiteten geistigen Erbes!

Im letzten Aphorismus des *Handorakels* geht Gracián ähnlich traditionsbewusst und dialektisch vor, wenn er fordert, man solle „mit einem Wort: Ein Heiliger sein, und damit ist alles auf einmal gesagt" (Nr. 300). Die Kommentatoren sind sich keineswegs darin einig, ob er mit dem Begriff des Heiligen hier eher ironisch und augenzwinkernd oder letztlich ernsthaft und aus persönlicher Überzeugung umgeht.

Diese Offenheit möglicher Deutungen gehört aber zu Graciáns Stil. Er legt sich jedenfalls darauf fest, dass der äußere Erfolg nicht alles sein kann: „Die Fähigkeit und die Größe soll man nach der Tugend messen und nicht nach Umständen des Glücks" (ebd.). Denn „die Tugend ist die Sonne des Mikrokosmos oder der kleinen Welt, und ihre Hemisphäre ist das gute Gewissen" (ebd.). Sie ist so schön, „dass sie Gunst findet vor Gott und Menschen" (ebd.).

Sein Ideal bestimmt er mit den Worten „santidad, salud y sabiduría", das heißt Heiligkeit, Gesundheit und Weisheit, denn „die Tugend ist das gemeinsame Band aller Vollkommenheiten und der Mittelpunkt aller Glückseligkeit" (ebd.). Tugend wird dabei nicht als Einschränkung und Begrenztheit im Horizont der Konformität verstanden, sondern eher als werteorientierte Tüchtigkeit.

Zu ihr gehören Eigenschaften wie die eines vernünftigen, umsichtigen, klugen, tapferen, glücklichen und wahrhaftigen Menschen (ebd.). „Nichts ist liebenswürdig als nur die Tugend, und nichts verabscheuungswert als nur das Laster" (ebd.). Letztlich kommt es, so wirkt Graciáns abschließender Aphorismus, trotz aller Bemühungen auf den äußeren Erfolg gar nicht recht an: Nur die Tugend, nicht die Umstände des Glücks machen einen Menschen „im Leben liebenswürdig und im Tode denkwürdig" (ebd.).

Für alle, die gerne mehr Erfolg hätten im Leben, ist dies tröstlich; für alle, die besonderen Erfolg haben, eine weitere Dimension der Herausforderung: dass es nämlich darum gehen kann, den eigenen Erfolg mit ehrlichen Mitteln und guten Gewissens zu erringen. Genau das wäre Gegenstand der werteorientierten Tüchtigkeit und professionellen Kraft, die Gracián mit dem altertümlichen Wort „Tugend" (virtud) bezeichnet!

8 LEIDENSCHAFTSLOS SEIN – eine Eigenschaft der höchsten Geistesgröße, deren Überlegenheit selbst sie loskauft vom Joche gemeiner äußerer Eindrücke. Keine höhere Herrschaft, als die über sich selbst und über seine Affekte, sie wird zum Triumph des freien Willens. Sollte aber jemals die Leidenschaft sich der Person bemächtigen, so darf sie doch nie sich an das Amt wagen, und um so weniger, je höher solches ist. Dies ist eine edle Art, sich Verdrießlichkeiten zu ersparen, ja sogar auf dem kürzesten Wege zu Ansehen zu gelangen.

21 DIE KUNST, GLÜCK ZU HABEN. Es gibt Regeln für das Glück, denn für den Klugen ist nicht alles Zufall. Die Bemühung kann dem Glücke nachhelfen. Einige begnügen sich damit, sich wohlgemut an das Tor der Glücksgöttin zu stellen und zu erwarten, daß sie öffne. Andere, schon besser, streben vorwärts und machen ihre kluge Kühnheit geltend, damit sie auf den Flügeln ihres Wertes und ihrer Tapferkeit die Göttin erreichen und ihre Gunst gewinnen mögen. Jedoch richtig philosophiert, gibt es keinen andern Weg als den der Tugend und Umsicht, indem jeder gerade so viel Glück und so viel Unglück hat als Klugheit oder Unklugheit.

34 SEINE VORHERRSCHENDE FÄHIGKEIT KENNEN, sein hervorstehendes Talent; sodann dieses ausbilden und den übrigen nachhelfen. Jeder wäre in irgend etwas ausgezeichnet geworden, hätte er seinen Vorzug gekannt. Man beobachte also seine überwiegende Eigenschaft und verwende auf diese allen Fleiß. Bei einigen ist der Verstand, bei andern die Tapferkeit vorherrschend. Die meisten tun aber ihren Naturgaben Gewalt an und bringen es deshalb in nichts zur Überlegenheit. Das, was anfangs der Leidenschaft schmeichelte, wird von der Zeit zu spät als Irrtum aufgedeckt.

40 GUNST BEI DEN LEUTEN. Die allgemeine Bewunderung zu erlangen, ist viel; mehr jedoch, die allgemeine Liebe. In etwas hängt es von der Gunst der Natur, aber mehr von der Bemühung ab; jene legt den Grund, diese führt es aus. Ausgezeichnete Fähigkeiten reichen nicht hin, obwohl sie vorausgesetzt werden; denn hat man einmal die Meinung gewonnen, so ist es leicht, auch die Zuneigung zu gewinnen. Sodann erwirbt man Wohlwollen nicht ohne Wohltun. Gutes getan, mit beiden Händen, schöne Worte, noch bessere Taten, lieben, um geliebt zu werden. Die Höflichkeit ist die größte politische Zauberei der Großen. Erst strecke man seine Hand zu Taten aus und sodann nach den Federn; vom Stichblatt nach dem Geschichtsblatt; denn es gibt auch eine Gunst der Schriftsteller, und sie ist unsterblich.

59 DAS ENDE BEDENKEN. Wenn man in das Haus des Glückes durch die Pforte des Jubels eintritt, so wird man durch die des Wehklagens wieder heraustreten, und umgekehrt. Daher soll man auf das Ende bedacht sein und seine Sorgfalt mehr auf ein glückliches Abgehen als auf den Beifall beim Auftreten richten. Es ist das gewöhnliche Los der Unglückskinder, einen gar fröhlichen Anfang, aber ein sehr tragisches Ende zu erleben. Das so gemeine Beifallsklatschen beim Auftreten ist nicht die Hauptsache, allen wird es zuteil, sondern das allgemeine Gefühl, das sich bei unserem Abtreten äußert. Denn die Zurückgewünschten sind selten. Wenige geleitet das Glück bis an die Schwelle; so höflich es gegen die Ankommenden zu sein pflegt, so schnöde gegen die Abgehenden.

63 ES IST EIN GROSSER RUHM, DER ERSTE IN SEINER ART ZU SEIN, und zwiefach, wenn Vortrefflichkeit dazu kommt. Großen Vorteil hat der Bankhalter, der mit den Karten in der Hand spielt: er gewinnt, wenn die Partie gleich ist. Mancher wäre ein Phönix in seinem Beruf gewesen, hätte er keine Vorgänger gehabt. Die ersten jeder Art gehen mit dem Majorat des Ruhms davon, den übrigen bleiben eingeklagte Alimente; was sie auch immer tun mögen, so können sie den gemeinen Flecken, Nachahmer zu sein, nicht abwaschen. Nur der Scharfsinn außerordentlicher Geister bricht neue Bahnen zur Auszeichnung, und zwar so, daß für die dabei zu laufende Gefahr die Klugheit gutsagt. Durch die Neuheit ihres Unternehmens haben Weise einen Platz in der Matrikei der großen Männer erworben. Manche mögen lieber die Ersten in der zweiten Klasse als die Zweiten in der ersten sein.

66 DEN GLÜCKLICHEN AUSGANG IM AUGE BEHALTEN. Manche setzen sich mehr die strenge Richtigkeit der Maßregeln zum Ziel als das glückliche Erreichen des Zwecks; allein stets wird, in der öffentlichen Meinung, die Schmach des Mißlingens die Anerkennung ihrer sorgfältigen Mühe überwiegen. Wer gesiegt hat, braucht keine Rechenschaft abzulegen. Die ganze Beschaffenheit der Umstände können die meisten nicht sehen, sondern bloß den guten oder schlechten Erfolg; daher wird man nie in der Meinung verlieren, wenn man seinen Zweck erreicht. Ein gutes Ende übergoldet alles, wie sehr auch immer das Unpassende der Mittel dagegen sprechen mag. Denn zuzeiten besteht die Kunst darin, daß man gegen die Regeln der Kunst verfährt, wenn nämlich ein glücklicher Ausgang anders nicht zu erreichen steht.

81 SEINEN GLANZ ERNEUERN. Es ist das Vorrecht des Phönix. Die Trefflichkeiten werden alt und mit ihnen der Ruhm; ein mittelmäßiges Neues sticht oft das Ausgezeichnete, wenn es alt geworden ist, aus. Man bewirke also seine Wiedergeburt, in der Tapferkeit, im Genie, im Glück, in allem. Man trete mit neuen, glänzenden Sachen hervor

und gehe, wie die Sonne, wiederholt auf. Auch wechsele man den Schauplatz seines Glanzes, damit hier das Entbehren Verlangen, dort die Neuheit Beifall erwecke.

106 NICHT MIT SEINEM GLÜCKE PRAHLEN. Es ist beleidigender, mit Stand und Würde zu prunken, als mit persönlichen Eigenschaften. Das Sich-breit-machen ist verhaßt; man sollte am Neide genug haben. Hochachtung erlangt man desto weniger, je mehr man darauf ausgeht; denn sie hängt von der Meinung anderer ab, weshalb man sie sich nicht nehmen kann, sondern sie von den andern verdienen und abwarten muß. Hohe Ämter erfordern ein ihrer Ausübung angemessenes Ansehen, ohne welches sie nicht würdig verwaltet werden können; daher erhalte man ihnen die Ehre, die nötig ist, um seiner Pflicht nachkommen zu können: man dringe nicht auf Ehrerbietung, wohl aber befördere man sie. Wer mit seinem Amte viel Aufhebens macht, verrät, daß er es nicht verdient hat und die Würde für seine Schultern zu viel ist. Wenn man je sich geltend machen will, so sei es eher durch das Ausgezeichnete seiner Talente als durch zufällige Äußerlichkeiten. Selbst einen König soll man mehr wegen seiner persönlichen Eigenschaften ehren als wegen seiner äußerlichen Herrschaft.

175 EIN MANN VON GEHALT SEIN; und wer es ist, findet kein Genüge an denen, die es nicht sind. Ein elendes Ding ist äußeres Ansehen, welchem kein innerer Gehalt zugrunde liegt. Nicht alle, die ganze Leute zu sein scheinen, sind es; vielmehr sind manche trügerisch: von Schimären geschwängert, gebären sie Betrügereien, wobei sie von anderen, ihnen ähnlichen unterstützt werden, welche am Ungewissen, welches ein Betrug verheißt, weil es recht viel ist, mehr Gefallen finden als am Sicheren, welches eine Wahrheit verheißt, weil es nur wenig ist. Am Ende nehmen ihre Hirngespinste ein schlechtes

265

Ende, weil sie ohne feste und mächtige Grundlage waren. Ein Betrug macht viele andere notwendig, daher denn das ganze Gebäude schimärisch ist und, weil in der Luft erbaut, notwendig zur Erde herabfallen muß. Falsch angelegte Dinge sind nie von Bestand; schon daß sie so viel verheißen, muß sie verdächtig machen; wie das, was zu viel beweist, selbst nicht richtig sein kann.

191 NICHT AN DER GROSSEN HÖFLICHKEIT SEIN GENÜGEN HABEN; denn sie ist eine Art Betrug. Einige bedürfen, um hexen zu können, nicht der Kräuter Thessaliens, denn mit dem schmeichelhaften Hutabziehen allein bezaubern sie eitle Dummköpfe. Ehrenbezeigungen sind ihre Münze, und sie bezahlen mit dem Hauch schöner Redensarten. Wer alles verspricht, verspricht nichts; aber Versprechungen sind die Falle für die Dummen. Die wahre Höflichkeit ist Schuldigkeit, die affektierte, zumal die ungebräuchliche, Betrug: sie ist nicht Sache des Anstands, sondern ein Mittel, andere abhängig zu machen. Ihr Bückling gilt nicht der Person, sondern deren Glücksumständen, und ihre Schmeichelei nicht den etwa erkannten Trefflichkeiten, sondern den gehofften Vorteilen.

196 SEINEN GLÜCKSSTERN KENNEN. Niemand ist so hilflos, daß er keinen hätte, und ist er unglücklich, so ist es, weil er ihn nicht kennt. Einige stehen bei Fürsten und Mächtigen im Ansehen, ohne zu wissen, wie oder weshalb, als nur, daß eben ihr Schicksal ihnen diese Gunst leicht machte, wobei der Bemühung bloß das Nachhelfen blieb. Andere besitzen die Gunst der Weisen. Mancher fand bei einer Nation bessere Aufnahme als bei der andern und war in dieser Stadt lieber gesehen als in jener. Ebenso hat man oft mehr Glück in einem Amte oder Stand als in den übrigen; und alles dies bei Gleichheit, ja Einerleiheit der Verdienste. Das Schicksal mischt die Karten, wie und wann es will. Jeder kenne seinen Glücksstern, eben wie auch sein Talent: denn davon hängt es ab, ob er sein Glück macht oder verscherzt. Er wisse seinem Stern zu folgen, ihm nachzuhelfen und hüte sich, ihn zu vertauschen, denn das wäre, wie wenn man den Polarstern verfehlt, auf welchen doch der nahe Kleine Bär hindeutet.

224 DIE DINGE NIE WIDER DEN STRICH NEHMEN, WIE SIE AUCH KOMMEN MÖGEN. Alle haben eine rechte und eine Kehrseite, und selbst das Beste und Günstigste verursacht Schmerz, wenn man es bei der Schneide ergreift; hingegen wird das Feindseligste zur schützenden Waffe, wenn beim Griff angefaßt. Über viele Dinge hat man sich schon betrübt, über welche man sich würde gefreut haben, hätte man ihre Vorteile betrachtet. In allem liegt Günstiges und Ungünstiges; die Geschicklichkeit besteht im Herausfinden des Vorteilhaften. Dieselbe Sache nimmt sich, in verschiedenem Lichte gesehen, gar verschieden aus: man betrachte sie also im günstigen Lichte und verwechsle nicht das Gute mit dem Schlimmen. Hieraus entsteht es, daß manche aus allem Zufriedenheit, andere aus allem Betrübnis schöpfen. Diese Betrachtung ist eine große Schutzwehr gegen die Widerwärtigkeiten des Geschicks und eine wichtige Lebensregel für alle Zeiten und alle Stände.

251 MAN WENDE DIE MENSCHLICHEN MITTEL AN, ALS OB ES KEINE GÖTTLICHEN, UND DIE GÖTTLICHEN, ALS OB ES KEINE MENSCHLICHEN GÄBE. Große Meisterregel, die keines Kommentars bedarf.

274 ANZIEHUNGSKRAFT BESITZEN – sie ist ein Zauber kluger Höflichkeit. Man benutze diesen Magnet seiner angenehmen Eigenschaften mehr zur Erwerbung der Zuneigung als wirklicher Vorteile, doch auch zu allem.

Verdienste reichen nicht aus, wenn sie nicht von der Gunst unterstützt werden, welche es eigentlich ist, die den Beifall verleiht. Das wirksamste Werkzeug der Herrschaft über andere, das Im-Schwungesein, ist Sache des Glücks, doch läßt es sich durch Kunst befördern; denn wo ausgezeichnete natürliche Anlagen sind, faßt das Künstliche besser Wurzel. Durch jenes nun gewinnt man die Herzen, und allmählich kommt man in den Besitz der allgemeinen Gunst.

288 NACH DER GELEGENHEIT LEBEN. Unser Handeln, unser Denken, alles muß sich nach den Umständen richten. Man wolle, wenn man kann, denn Zeit und Gelegenheit warten auf niemanden. Man lebe nicht nach ein für allemal gefaßten Vorsätzen, es sei denn zugunsten der Tugend, noch schreibe man dem Willen bestimmte Gesetze vor, denn morgen schon wird man das Wasser trinken müssen, welches man heute verschmähte. Es gibt so verschrobene Querköpfe, daß sie verlangen, alle Umstände bei einem Unternehmen sollen sich nach ihren verrückten Grillen fügen und nicht anders. Der Weise hingegen weiß, daß der Leitstern der Klugheit darin besteht, daß man sich nach der Gelegenheit richte.

290 ES IST VIEL GLÜCK, ZUR HOCHACHTUNG AUCH DIE LIEBE ZU BESITZEN. Gemeiniglich darf man, um sich die Achtung zu erhalten, nicht sehr geliebt sein. Die Liebe ist verwegener als der Haß. Zuneigung und Verehrung lassen sich nicht wohl vereinen. Zwar soll man nicht sehr gefürchtet sein, aber auch nicht sehr geliebt. Die Liebe führt die Vertraulichkeit ein, und mit jedem Schritt, den diese vorwärts macht, macht die Hochachtung einen zurück. Man sei eher im Besitz einer verehrenden als einer hingebenden Liebe: so ist sie ganzen Leuten angemessen.

300 MIT EINEM WORT: EIN HEILIGER SEIN, und damit ist alles auf einmal gesagt. Die Tugend ist das gemeinsame Band aller Vollkommenheiten und der Mittelpunkt aller Glückseligkeit. Sie macht einen Mann vernünftig, umsichtig, klug, verständig, weise, tapfer, überlegt, redlich, glücklich, beifällig, wahrhaft und zu einem Helden in jedem Betracht. Drei Dinge, welche im Spanischen mit einem S anfangen, machen glücklich: Heiligkeit, Gesundheit und Weisheit. Die Tugend ist die Sonne des Mikrokosmos oder der kleinen Welt, und ihre Hemisphäre ist das gute Gewissen. Sie ist so schön, daß sie Gunst findet vor Gott und Menschen. Nichts ist liebenswürdig als nur die Tugend, und nichts verabscheuungswert als nur das Laster. Die Tugend allein ist Sache des Ernstes, alles andere ist Scherz. Die Fähigkeit und die Größe soll man nach der Tugend messen und nicht nach Umständen des Glücks. Sie allein ist sich selbst genug: sie macht den Menschen im Leben liebenswürdig und im Tode denkwürdig.

Nachwort

Dieses Buch hat eine besondere Entstehungsgeschichte. Angestoßen durch Martin Janik, den kompetenten und anregenden Lektor des Carl Hanser Verlags in München, bedurfte es einer längeren Inkubationszeit, bis mir das Projekt dieses Buches klar vor Augen stand: als Einladung, die eigene Zeit nicht allzu wichtig zu nehmen, indem wir lernen von den Beobachtungen einer anderen, längst vergangenen Zeit.

Physisch habe ich das Buch im Februar und März 2008 schreiben können – in einer besonderen Zeit, denn am 30. Januar 2008 war ich – wohl auch aufgrund meiner besonderen Verbindung von akademischen und wirtschaftlichen Kompetenzen – zum Rektor der Katholischen Universität Eichstätt-Ingolstadt gewählt worden. Im Februar und März bereitete ich mich weiter auf diese mögliche Aufgabe vor und wartete auf das letztlich nicht eintreffende Nihil Obstat aus Rom. Die Wahl wurde aber – wie ich Anfang Mai 2008 erfuhr – nicht wirksam, weil sie der zuständige Bischof nicht bestätigte.

Die mit diesem Vorgang verbundenen öffentlichen Spekulationen haben mich häufig an die Weisheiten Graciáns erinnert. Dazu gehört die Unterscheidung zwischen den verschiedenen Bildern einer Person, eines Amtes oder einer öffentlichen Aufgabe. Zum einen war zu lernen, wie intensiv sich die Öffentlichkeit in Gestalt von Zeitungen, Rundfunk und Fernsehen für eine Personalie an einer Universität interessiert. Zum zweiten war immer wieder bemerkenswert, wie sehr sich die Brille und Perspektive des jeweils Berichtenden auf Form und Inhalt seiner Berichte auswirkte. Wäh-

271

rend die einen das Gefühl einer großen Ungerechtigkeit hatten, schlugen sich andere – vorwiegend katholische – Medien auf die Seite des „bischöflichen Rechts auf Entscheidung".

Dieses war im Übrigen von niemand bestritten worden; fraglich – aber jetzt nur noch von historischem Interesse – waren freilich der Zeitraum der Entscheidungsfindung, der Stil ihrer Kommunikation und der Umgang mit Personen.

Hier ist nicht der Ort, auf Einzelheiten einzugehen. Persönlich halte ich es mit dem Prinzip von „engaño" und „desengaño" von Gracián und ziehe den Schluss: besser eine rechtzeitige Enttäuschung als eine lange Täuschung. Von Interesse fand ich in besagtem Zusammenhang auch eine Äußerung von Winston Churchill, der einmal gesagt haben soll, Erfolg sei die Fähigkeit, von Misserfolg zu Misserfolg zu schreiten, ohne je seine Begeisterung zu verlieren.

Zum Zeitpunkt dieses Nachworts – Anfang August 2008 – hat sich der Pulverdampf zum Glück gelegt, und die Universität geht nun ihren eigenen Weg.

Dies gilt natürlich auch für den Autor. Der Wert und der Preis der Unabhängigkeit sind schließlich nichts anderes als zwei Seiten ein und derselben Medaille. Die besondere Faszination, Managementerfahrung nicht nur in der Unternehmensberatung und im Familienkonzern, sondern auch im Kontext von Private Equity und beim Aufbau einer eigenen Unternehmensgruppe sammeln und einbringen zu können, prägt natürlich auch die Bilder, die sich bei einer Lektüre des Gracian-Textes aufdrängen. Der besondere Luxus der Reflexionsdistanz ist und bleibt dabei ein hohes Gut, das auch in einer auf schnelle Verwertbarkeit und funktionellen Nutzen ausgerichteten Zeit seinen Stellenwert in der persönlichen Lebensführung hat.

Den Leserinnen und Lesern wünsche ich vergnügliche Stunden und gute Anregungen, um je auch für sich die nötige Reflexionsdistanz zum Tageslärm zu gewinnen!

Ulrich Hemel

GLOSSAR

Affektation (Nr. 123): Übersteigerung, Überspanntheit, „Affektiertsein"

Amant (Nr. 173): Ein Liebender oder ein Liebhaber

Antiparastatisch (Nr. 56): Aus dem Widerstreit des Gegensätzlichen heraus handelnd

Argus (Nr. 83): Argus oder Argos war ein vieläugiger Wächter aus der griechischen Mythologie. Wer mit Argusaugen wacht, legt es darauf an, beim andern auch den kleinsten Fehler zu entdecken.

Arrieregarde (Nr. 170): Eine Nachhut oder Rückzugslinie

Biedermann (Nr. 280): Schopenhauer übersetzt hier das spanische „Hombre de lei" (heute: „hombre de ley") im Stil seiner Zeit. Gemeint ist ein Mann von Redlichkeit und Rechtschaffenheit.

Dietrich (Nr. 213): Schlüssel oder Nachschlüssel

Elysium (Nr. 109): Das Land der Seligen in der Unterwelt, das Paradies, das Glück

Faktion (Nr. 218): Eine Partei

Fiskal (Nr. 148): Staatsanwalt, Zensor

Gran (Nr. 92, Nr. 182): Alte Apothekerbezeichnung für die Schwere eines Pfefferkorns (60,9 mg); kommt von „granum" (lat. „Korn")

Kirren (Nr. 95): erregen (wie bei der Balz im Tierreich)

Kothurn (Nr. 71): Bühnenschuh mit hoher Sohle, Stelze im griechischen Theater

273

Manille (Nr. 85): Das spanische „manilla" bezeichnet einen (mehr oder weniger abgenutzten) Griff

Matrikei (Nr. 63): Liste, Register

Nemine discrepante (Nr. 91): "obwohl niemand eine andere Auffassung vertritt" (Latein)

Nisi caste tamen caute (Nr. 126): Aus der Priesterbildung übernommener scherzhafter Sprachgebrauch: „Wenn es keusch schon nicht geht, dann wenigstens vorsichtig!"

Ostrazismus (Nr. 83): Aus dem Griechischen für „Scherbengericht", Verurteilung, Mißbillligung

Rüstung (Nr. 95): Abweichend vom heutigen Sprachgebrauch ist „Vorbereitung" oder „Aufmerksamkeit" gemeint; vgl. auch den industriellen Sprachgebrauch von „rüsten" und „Rüstzeit".

Schimären (Nr. 30, Nr. 133): Truggestalten, Illusionen

Schlimmer Finger (Nr. 145): Gemeint ist hier der verwundete, verletzte Finger, also im übertragenen Sinn die verletzliche Seite in einem.

Vomitiv (Nr. 213): Brechmittel

Wardein (Nr. 80): Wachturm einer Burg

Briesemeister, Dietrich: „Neulateinische Gracián-Übersetzungen", in: Neumeister, Sebastian/Briesemeister, Dietrich (Hrsg.): *El mundo de Gracián, Actas del Coloquio Internacional Berlin 1988*, Berlin 1991, S. 221 – 231

Calderón, Correa: *Baltasar Gracián. Su vida y su obra*, Madrid 1961

Coster, Adolphe: „Baltasar Gracián (1601 – 1658)", in: *Revue hispanique* 76, 1913, S. 347 – 754

Eickhoff, Georg: „La ‚regla de gran maestro' des ‚Oráculo manual' im Kontext biblischer und ignatianischer Tradition", in: Neumeister, Sebastian/Briesemeister, Dietrich (Hrsg.): *El mundo de Gracián. Actas del Coloquio Internacional Berlin 1988*, Berlin 1991, S. 111 – 126

Elias, Norbert: *Über den Prozeß der Zivilisation. Soziogenetische und psychogenetische Untersuchungen, Bd. 2: Wandlungen der Gesellschaft – Entwurf zu einer Theorie der Zivilisation*, Frankfurt am Main 1976

Fricke, Harald: *Aphorismus*, Stuttgart 1984

Hemel, Ulrich: *Wert und Werte. Ethik für Manager*, 2., überarbeitete und erweiterte Aufl., München 2007

Hengel, Martin: *Judentum und Hellenismus*, 2. Aufl., Tübingen 1973

Hinz, Manfred: „Zur Kritik einiger neuerer Publikationen über Baltasar Gracián", in: *Romanistische Zeitschrift für Literaturgeschichte* 11, 1987, S. 245 – 265

Horkheimer, Max: „Zur Kritik der instrumentellen Vernunft (1946)", in: ders.: *Gesammelte Schriften*, Bd. 6, hrsg. von Alfred Schmidt, Frankfurt am Main 1991, S. 19–186

Jansen, Hellmut: *Die Grundbegriffe des Baltasar Gracián*, Genf/ Paris 1958

Koppenfels, Werner von: „Graciáns (Über-)Lebenslehre", in: Gracián, Baltasar: *Handorakel und Kunst der Weltklugheit*, München 2005 (Nachwort), S. 168–175

Krauss, Werner: *Graciáns Lebenslehre*, Frankfurt am Main 1947

Lasinger, Wolfgang: *Aphoristik und Intertextualität bei Baltasar Gracián*, Tübingen 2000

Lay, Rupert/Posé, Ulf D.: *Die neue Redlichkeit*, Frankfurt am Main/ New York 2006

Malik, Fredmund: *Führen Leisten Leben. Wirksames Management für eine neue Zeit*, 14. Aufl., München/Stuttgart 2002

Neumann, Gerhard (Hrsg.): *Der Aphorismus*, Darmstadt 1976

Neumeister, Sebastian: „Schopenhauer als Leser Graciáns", in: Neumeister, Sebastian/Briesemeister, Dietrich (Hrsg.): *El mundo de Gracián. Actas del Coloquio Internacional Berlin 1988*, Berlin 1991, S. 261–277

Oetinger, Bolko von/Ghyczy, Tiha von/Bassford, Christopher (Hrsg.): *Clausewitz – Strategie denken*, 5. Aufl., München 2006

Ringgren, Helmer/Zimmerli, Walther: *Sprüche/Prediger*, 3., neu bearbeitete Aufl., Göttingen 1980 (= ATD 16/1; Das Alte Testament Deutsch, Neues Göttinger Bibelwerk)

Sanders, Hans: „Scharfsinn. Ein Trauma der Moderne: Gracián und La Rochefoucauld", in: *Iberoamericana* 37/328, 1989, S. 4–39

Schmid, Wilhelm: *Auf der Suche nach einer neuen Lebenskunst. Die Frage nach dem Grund und die Neubegründung der Ethik bei Foucault*, Frankfurt am Main 1991

276

Schröder, Gerhart: *Baltasar Graciáns „Criticón". Eine Untersuchung zur Beziehung zwischen Manierismus und Moralistik*, München 1966

Schulte, Hans-Gerd: *El desengano. Wort und Thema in der spanischen Literatur des Goldenen Zeitalters*, München 1969

Werle, Peter: *El Héroe. Zur Ethik des Baltasar Gracián*, Tübingen 1992